業界マイスターに学ぶ

せんいの基礎講座

監 修：一般社団法人 繊 維 学 会

編 集：一般社団法人 日本繊維技術士センター

ファイバー・ジャパン 企画出版

発刊に寄せて

　本書は，一般社団法人　繊維学会が発行する機関誌である繊維学会誌に，2014年10月から2016年4月まで19回にわたって連載された，本書と同名の基礎講座の内容をまとめたものである。企画の当初から単行本化の計画があり，学会誌の通常の記事が2段組みで印刷されるのに対し，本講座の頁だけは将来の書籍化を意識して1段組みとなっていた。その内容は「繊維の基礎知識」「糸の基礎知識」「織物の基礎知識」「編物の基礎知識」「物性」「染色加工」「アパレル製品の基礎知識」の7編から構成され，繊維に係わるすべての分野が川上から川下まで網羅された意欲作である。

　教科書を執筆するのは，実は，意外に時間のかかる作業である。頭の中に知識として蓄えられている内容でも，一つひとつ裏をとる作業を積み重ねなければならない。用語の使い方にも細心の注意を払う必要がある。また，多くの場合，原稿の長さに厳しい制限があるため，簡素化した表現でいかに過不足なく内容を伝えるかということにも腐心しなければならない。このような観点から本書を読んでみると，先ず気付くのは一つひとつの文章が短いこと。そして，各編・各項目の冒頭を中心に，さまざまな事柄の定義が厳密に，しかも簡潔に記されている点である。このことが，まるで辞書を読んでいるような明快さを醸し出している。それでいて，各編の構成には独特の工夫が凝らされている。全体の統一感を目指すより，各編の執筆者の個性を尊重した編集姿勢となっている。

　本書の執筆陣は15名の繊維部門技術士の方々である。技術士は日本の国家資格であり，21の技術部門の一つとして繊維部門がある。部門間で差はあるが，平均合格率が20％に満たない最難関の国家資格の一つといえる。技術士の試験に合格するには，極めて高度な専門知識と，それを簡潔に，また高い論理性をもって表現する能力が要求される。本書の編集を担当した一般社団法人　日本繊維技術士センターは，繊維部門の技術士が集まり，その専門能力を相互に継続研鑽し繊維産業の発展に寄与することを目的に活動している団体である。技術士の多くは，大手繊維会社の精鋭として活躍された方々であり，豊富な現場経験

をお持ちである。普段は温和でも，こと繊維技術に関しては頑固一徹な方々の集まりという印象である。そして，敢えていえば本書の執筆陣にはシニア世代の方が多い。個性ある7編の執筆を担当された方々が，ご自身が長い時間をかけて培い獲得された技術の奥義を後輩に伝えようとして書かれた「思いを込めた一文」を探し出すのも一興であろう。

　少し話が固い方向に行き過ぎたきらいがあるが，本書はタイトルを「せんい」とひらがなで表現し，「基礎講座」と銘打っていることからわかるとおり，「せんい」を初めて学ぶ方々を意識して執筆されている。一方，「せんい」の分野は川上から川下まで幅広く，自分の専門領域に関する知識はあっても，少し離れた領域について十分な基礎知識をもつことは，実は容易ではない。このような苦労を感じている中堅，あるいはベテランの方々にも，本書は本当に役に立つと自信をもって推薦することができる。それは，限られた紙数のなかで，基礎ばかりでなく最先端技術の内容もしっかりと盛り込まれ，その内容の取捨選択には，技術士ならではの現場の視点，現場から消費者へと繋がる視点が活かされているからである。その結果，これだけはどうしても伝えておきたいという思いがひしひしと感じられる書きぶりとなっている。端から端まで読み通しても，索引を活用して辞書的に使っても，とにかくポイントを外さずに本当に必要な知識を得ることのできる良書ということができるだろう。

　　2016年10月

　　　　　　　　　　　　　　　　一般社団法人 繊　維　学　会

　　　　　　　　　　　　　　　　　　会長　鞠谷　雄士

発刊にあたって

繊維製品は，有史以来，人々の身体を気候の変化や外界から守ってきたばかりでなく，美的感覚にもとづくファッションをも生み出してきました。最近では，衣料分野において各種の新しい機能をもつ繊維や加工技術が開発されるとともに，飛行機や宇宙機器用の先端材料，血液透析などの医療分野，また IC パネルといった電子分野など多くの先端産業においても，繊維はなくてはならない材料ないし製品となっています。しかも，これらに関する日本の技術は世界をリードしています。

しかし，繊維の大半は，今なお衣料用途であり，労務コストなどの理由により，日本製の繊維製品は減少してきています。一方，世界規模では繊維製品の生産は増大しており，繊維産業はグローバルには成長産業であるといえます。

繊維産業はグローバルな成長産業であるばかりでなく，各種先端分野で拡大が期待されるとはいえ，若年技術者の不足とともに，その技術の伝承には多くの課題があります。繊維は，天然繊維から化学繊維まで種類が極めて多いうえに，同じ種類の繊維でも，繊維の特性や太さ・長さなどの形態が異なります。また，衣料や産業資材として製品になるまでには，紡績，製織，ニット，不織布などの糸や布帛の製造，染色や機能加工・仕上げなどの繊維加工，また縫製や製品評価といった長い工程を通らなければなりません。さらには，繊維製品の取り扱いについての知識も必要になります。しかも，これらのそれぞれの工程において，適用される技術や設備は実に多様であり，特徴ある優れた製品をつくり出すためにはそれぞれの最適化を図る必要があります。技術の伝承，さらに進んで新製品・新技術の開発を行うためには，これらの一連の技術について十分な知識を得た上で，専門分野についてはより深い技術を習得することが必要になります。

繊維学会は，月刊誌「繊維と工業」に一連の繊維技術を解説する基礎講座の連載を企画され，それぞれの分野の第一線で活躍しているか，あるいは今までに活躍してきた繊維部門の技術士（文部科学省管轄の国家資格）の集まりである，われわれ一般社団法人　日本繊維技術士センターへ執筆の依頼をいただきました。要請に応えて，2014年10月から2016年4月の間，計19回にわたって，当センター所属の技術士がそれぞれの専門分野を分担連載してきました。このたび，この連載内容を見直し，繊維学会の計らいのもとに，株式会社　繊維社の協力を得て，技術解説書として出版することになりました。

　繊維産業に従事している方々や繊維ついて学ぶ学生の皆様が，本書を通じて，繊維および繊維製品について系統的に広く学んでいただき，繊維技術を継承いただくことはもちろん，繊維産業のグローバルな成長の担い手として活躍いただくことを期待します。また，先端産業分野における新しい革新のヒントにつなげていただければ，この上ない喜びです。

　2016年8月

　　　　　　　　　　　　　　　一般社団法人　日本繊維技術士センター（JTCC）

　　　　　　　　　　　　　　　　　　　理事長　井塚　淑夫

業界マイスターに学ぶ

せんいの基礎講座

目　次

発刊に寄せて
―――――――――――――― 一般社団法人　繊　維　学　会　会長　鞠谷　雄士　iii

発刊にあたって
―――――― 一般社団法人　日本繊維技術士センター　理事長　井塚　淑夫　v

第1編　繊維の基礎知識 Basic Knowledge of Fiber　1

―――――――――― 北村　和之
（一般社団法人　日本繊維技術士センター　評議員）

井塚　淑夫
（一般社団法人　日本繊維技術士センター　理事長）

向山　泰司
（一般社団法人　日本繊維技術士センター　相談役）

第1章　序　論 …………… 3	5.2	異収縮混繊糸 ………………… 51
1.1　繊維の分類 …………… 3	5.3	サイドバイサイド型
1.2　繊維を形成する分子の特徴 … 7		コンジュゲート繊維 ………… 52
1.3　繊維の太さ（繊度）の表示 … 9	5.4	超極細繊維 …………………… 53
第2章　天然繊維 ………… 10	5.5	ポリエステル繊維の高発色化 … 55
2.1　綿 …………………… 10	5.6	軽量・保温性繊維 …………… 56
2.2　麻 …………………… 13	5.7	吸放湿繊維 …………………… 58
2.3　羊　毛 ……………… 15	5.8	吸水性繊維 …………………… 60
2.4　絹 …………………… 19	5.9	吸湿発熱性繊維 ……………… 61
第3章　化学繊維の製法 ……… 23	5.10	制電性繊維，導電性繊維 …… 62
3.1　紡糸の基本プロセス …… 23	5.11	抗菌防臭繊維，制菌繊維 …… 63
3.2　紡糸方式各論 ………… 24	5.12	消臭繊維 ……………………… 64
第4章　化学繊維 ………… 31	5.13	紫外線遮蔽繊維 ……………… 66
4.1　再生繊維 ……………… 31	5.14	最近話題のその他の繊維 …… 67
4.2　半合成繊維 …………… 35	**第6章　高性能繊維** ……… 70
4.3　汎用合成繊維 ………… 37	6.1	超高強力・高弾性率繊維 …… 70
第5章　高機能・高感性繊維 … 50	6.2	難燃繊維 ……………………… 74
5.1　異形断面繊維 ………… 50	6.3	無機繊維 ……………………… 79

第2編 糸の基礎知識 Basic Knowledge of Yarn 87

安部　正毅
（一般社団法人　日本繊維技術士センター　執行役員）

松本　三男
（一般社団法人　日本繊維技術士センター　執行役員）

第1章　糸　89
　1.1　糸の分類　89
　1.2　糸の太さの表示法　96
　1.3　むらの評価　98

第2章　紡績　100
　2.1　紡績糸の製造方法　100
　2.2　混　紡　114
　2.3　革新紡績　114

　2.4　新技術　117
　2.5　紡績の知恵（糸つなぎ）　119

第3章　加工糸　121
　3.1　加工糸特性による
　　　各種加工法の分類　121
　3.2　各種加工法の概要　121
　3.3　加工糸の製造および取り扱い
　　　130

第3編 織物の基礎知識 Basic Knowledge of Textile 135

中川　建次
（一般社団法人　日本繊維技術士センター　執行役員）

松原　富夫
（一般社団法人　日本繊維技術士センター　理事）

第1章　織物の定義　137
　1.1　織物とは何か　137
　1.2　織物・編物・不織布・
　　　皮革の比較　137

第2章　織物の種類と特徴　139
　2.1　素材で区分　139
　2.2　糸で区分　140
　2.3　形態で区分　140
　2.4　工程で区分　141
　2.5　用途で区分　142
　2.6　機能で区分　142
　2.7　組織で区分　142

第3章　織物の製造　157
　3.1　織物の製造工程概要　157
　3.2　主な工程　159

第4章　織物の規格　172
　4.1　幅　172
　4.2　長　さ　173
　4.3　織縮み　173
　4.4　密　度　173
　4.5　目　付　174
　4.6　厚　さ　174
　4.7　カバーファクタ　174

第5章　織物の欠点　175
　5.1　欠点名と内容　175

第4編 編物の基礎知識 Basic Knowledge of Knitting 179

田中　幸夫
（一般社団法人　日本繊維技術士センター　顧問）

橋詰　久
（一般社団法人　日本繊維技術士センター　監事）

はじめに ················ 181

第1章　編物の基礎知識 ······ 184
1.1　編　目 ···················· 184
1.2　編み方による分類 ········· 184

第2章　よこ（緯）編とたて（経）編
······················ 187
2.1　よこ編 ···················· 187
2.2　たて編 ···················· 188
2.3　編み方による大分類 ······· 189

第3章　よこ編の基本組織 ···· 191
3.1　よこ編の基本ループと
編成記号 ················ 191
3.2　よこ編の三原組織 ········· 192

第4章　よこ編の変化組織 ···· 196
4.1　平編の変化組織 ··········· 196
4.2　ゴム編の変化組織 ········· 199
4.3　パール編の変化組織 ······· 202

第5章　たて編の基本組織 ····· 204
5.1　たて編の基本ループと編成記号··· 204

5.2　たて編の三原組織 ··········· 205

第6章　たて編の変化組織 ····· 208

第7章　編成の基礎知識 ········ 215
7.1　編針の種類 ················ 215
7.2　編針以外の編成要素 ········· 216
7.3　針床（ニードルベッド） ····· 217
7.4　編機のゲージ ·············· 218
7.5　基本工程 ·················· 218

第8章　編機の種類 ·········· 221
8.1　よこ（緯）編機 ············ 221
8.2　たて（経）編機 ············ 226

第9章　まとめ ············· 229
9.1　知っておきたい基礎知識,
技術用語 ················ 229
9.2　編物の種類と用途概略 ····· 230

第10章　技術動向 ············· 233

第5編　物　性　*Physical Properties*　239

······················後藤　淳一
（一般社団法人　日本繊維技術士センター　執行役員）

中西　輝薫
（一般社団法人　日本繊維技術士センター　評議員）

はじめに ················ 241

第1章　機械的特性 ··········· 242
1.1　引張強さ ·················· 242
1.2　引裂強さ ·················· 243
1.3　破裂強さ ·················· 245
1.4　摩耗強さ ·················· 246

第2章　外観特性 ············· 248
2.1　防しわ性 ·················· 248
2.2　ウォッシュ・アンド・ウェア性
（W＆W性） ·············· 249
2.3　プリーツ性 ················ 250
2.4　ピリング性 ················ 252
2.5　スナッグ性 ················ 255

第3章　寸法安定性 ··········· 256
3.1　洗濯収縮 ·················· 257
3.2　アイロンプレス収縮 ········· 258

第4章　衛生機能的特性 ······· 259
4.1　水分に関する性質 ··········· 259
4.2　熱に関する性質 ············ 263
4.3　空気に関する性質 ··········· 264
4.4　静電気に関する性質 ········· 265
4.5　微生物（細菌）に関する性質
······················ 266

第5章　風合い特性 ············· 267

第6章　織物と編物の比較 ····· 270

ix

第6編 染色加工 Dyeing and Finishing 273

嶋田　幸二郎
（一般社団法人　日本繊維技術士センター　執行役員）

今田　邦彦
（一般社団法人　日本繊維技術士センター　理事）

第1章　染色加工の目的 ……… 275
1.1　色・柄の付与 ……………… 275
1.2　必要な特性の付与 ………… 278

第2章　染　色 ……………… 279
2.1　繊維と染料 ………………… 279
2.2　染色の最適化 ……………… 282

第3章　染色の工程 ………… 288
3.1　デザイン表現と染色方法 …… 288
3.2　染色の基本工程 …………… 290
3.3　準備工程 …………………… 291
3.4　先染め ……………………… 299

3.5　後染め ……………………… 303
3.6　捺　染 ……………………… 307

第4章　加　工 ……………… 319
4.1　仕上げ加工 ………………… 319
4.2　特殊加工 …………………… 323

第5章　検　査 ……………… 333
5.1　外観品位 …………………… 333
5.2　色判定 ……………………… 334
5.3　物　性 ……………………… 334
5.4　染色堅ろう度 ……………… 335

第7編 アパレル製品の基礎知識 Basic Knowledge of Apparel 337

相馬　成男
［相馬技術士事務所（繊維部門）］

上田　良行
［上田繊維技術士事務所］

第1章　アパレルの製造 ……… 339
1.1　アパレルとは ……………… 339
1.2　アパレル生産工程の概要 …… 340
1.3　アパレルの企画・設計 ……… 340
1.4　アパレル縫製工場の
　　 工程概要と生産設備 ………… 355

第2章　アパレルの品質 ……… 373
2.1　衣料品に対する消費者苦情
　　 ………………………………… 373
2.2　衣服の使用と性能変化 ……… 377
2.3　苦情事故を発生させないために
　　 ………………………………… 387

・索　引 ……………………………………………………………………………… 408

第1編

繊維の基礎知識
Basic Knowledge of Fiber

第1章	**序　論**	3

- 1.1　繊維の分類
- 1.2　繊維を形成する分子の特徴
- 1.3　繊維の太さ（繊度）の表示

第2章	**天然繊維**	10

- 2.1　綿
- 2.2　麻
- 2.3　羊　毛
- 2.4　絹

第3章	**化学繊維の製法**	23

- 3.1　紡糸の基本プロセス
- 3.2　紡糸方式各論

第4章	**化学繊維**	31

- 4.1　再生繊維
- 4.2　半合成繊維
- 4.3　汎用合成繊維

第5章	**高機能・高感性繊維**	50

- 5.1　異形断面繊維
- 5.2　異収縮混繊糸
- 5.3　サイドバイサイド型　コンジュゲート繊維
- 5.4　超極細繊維
- 5.5　ポリエステル繊維の高発色化
- 5.6　軽量・保温性繊維
- 5.7　吸放湿繊維
- 5.8　吸水性繊維
- 5.9　吸湿発熱性繊維
- 5.10　制電性繊維，導電性繊維
- 5.11　抗菌防臭繊維，制菌繊維
- 5.12　消臭繊維
- 5.13　紫外線遮蔽繊維
- 5.14　最近話題のその他の繊維

第6章	**高性能繊維**	70

- 6.1　超高強力・高弾性率繊維
- 6.2　難燃繊維
- 6.3　無機繊維

執 筆 者

北村　和之（Kazuyuki KITAMURA）
（一般社団法人　日本繊維技術士センター　評議員）

井塚　淑夫（Yoshio IZUKA）
（一般社団法人　日本繊維技術士センター　理事長）

向山　泰司（Taiji MUKAIYAMA）
（一般社団法人　日本繊維技術士センター　相談役）

第1章

序　論

1.1　繊維の分類

1.1.1　原料による繊維の分類

　繊維は，天然繊維と化学繊維の2つに大別される。原料による繊維の分類を図1.1（次ページ）[1]に示す。

(1)天然繊維

　天然繊維は，植物繊維，動物繊維，鉱物繊維の3つに分類される。

　植物繊維の主成分はセルロース（炭水化物の一種）であり，グルコースが数千個以上つながって大きな分子（高分子）となったものである。

　動物繊維の主成分はたんぱく質で，多種類のアミノ酸が数千〜数万個つながって高分子となったものである。

　鉱物繊維は，ある特定の種類の岩石を砕いて繊維にしたものであり，その一部はアスベストとして建築材料などに使用されてきた。数十年前から健康への影響が指摘されていたが，今日その被害が大きくクローズアップしている。

(2)化学繊維

　化学繊維は，再生繊維，半合成繊維，合成繊維，無機繊維に分類される。

　再生繊維は，天然物の中に存在する繊維状の高分子物質を抽出し，化学処理によって繊維の形に再生したものである。衣料用繊維の原料として用いられるのは，木材中のセルロースを抽出した木材パルプと，綿実から刈り取ったコットンリンターであり，前者からはビスコースレーヨン（ポリノジックを含む）とリヨセル，後者からはキュプラが製造される。

第1編　繊維の基礎知識

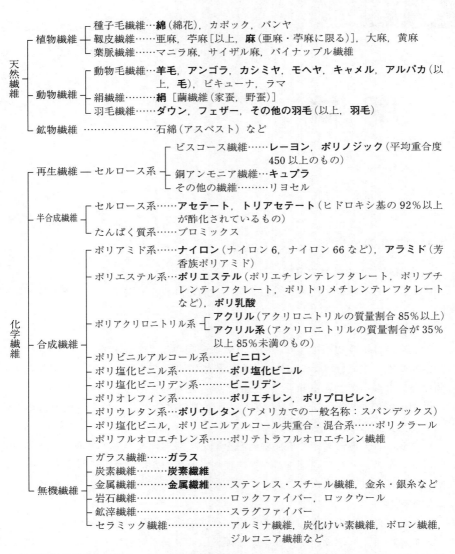

注）繊維製品品質表示規定：家庭用品品質表示法にもとづく繊維製品品質表示規定により，国内で販売するすべての衣料品に原料繊維とその比率を表示することが義務付けられており，原料繊維の表示に用いる用語は，指定用語として同規定で定められている。図1.1では，指定用語は太字で示されている。

図 1.1　原料による繊維の分類[1]

第1章　序　論

　半合成繊維は，天然物から抽出した高分子物質に化学物質を結合させて改質
した後に繊維化したものであり，今日，量産されているものに木材パルプ（セ
ルロース）に酢酸を結合させたアセテートがある。

　合成繊維は，分子量の小さな原料物質から化学的に高分子をつくり，繊維に
したものである。三大合成繊維といわれるポリエステル，ナイロン，アクリル
のほかに，ポリウレタン，ビニロンなど多種の繊維がある。新しいものでは，
PTT（ポリトリメチレンテレフタレート）繊維やポリ乳酸繊維がある。

　無機繊維は，人工的に繊維にした無機物であり，ガラス繊維，炭素繊維，金
属繊維，セラミック繊維，岩石繊維，鉱滓繊維などがある。力学特性や耐熱性
に優れ，産業用繊維資材として使用される。炭素繊維の中間原料はアクリル繊
維などの有機繊維であるが，炭素繊維自体は無機繊維に分類される。

1.1.2　短繊維と長繊維

　繊維には短繊維と長繊維がある。

　天然繊維では，絹だけは500〜1,500 m 程度の連続した長さをもつ長繊維で
あるが，その他は短繊維であり，その長さや太さは繊維の種類によって異なり，
また同じ種類の繊維でも品種によって異なる。主な天然繊維の長さと太さを表
1.1 に示した。

表 1.1　天然繊維の長さと太さ

繊維の種類		長さ(mm)	太さ(幅)(µm)	備　考
綿	海島綿	38〜51	16〜17	世界最高級の品質
	米綿(アップランド)	24〜30	18〜20	世界の需要の90% を占める
麻	亜麻	25〜30	15〜17	寒冷地の植物
	苧麻(ラミー)	70〜280	25〜75	熱帯・亜熱帯地方の植物
羊毛(メリノ種)		75〜120	10〜28	最高級の羊毛
絹 (家蚕絹のブラン)		1,200〜1,500 (単位：m)	10〜13	品種改良により，1,500m 程度まで可能となった

　化学繊維は，連続した長繊維（フィラメント）として紡糸され，そのまま長繊
維からなる糸，すなわち長繊維糸（フィラメント糸）として用いる場合と，切断
して短繊維（ステープルファイバー）として用いる場合がある。衣料用の主な化
学繊維の用途を長・短繊維別に分けると，表1.2 のようになる。

　短繊維は，紡績工程を経て紡績糸として使用されるほか，一部は詰め綿や不

表 1.2　衣料用の主な化学繊維の用途

分類	繊維	短繊維	長繊維	備考
再生繊維	レーヨン	○	△(少量)	国内では長繊維の生産なし
	リヨセル	○	(△)	国内では生産なし
	キュプラ	△(微量)	○	
半合成繊維	アセテート	−	○	タバコフィルターには短繊維
合成繊維	ナイロン	△(少量)	○	粘り強さがナイロンの特徴
	ポリエステル	○	○	多用途に適性がある
	アクリル	○	△(微量)	羊毛に似た柔らかさが特徴
	ポリウレタン	−	○	ストレッチ性が特徴

織布の原料としても用いられる。紡績とは，短い繊維を平行に配列して太いひも状の束を作り，引き伸ばして所定の細さにし，撚りを加えて(または他の方法で)集束し，糸にすることである。紡績糸となる繊維には捲縮があり，繊維間には空隙が多いので，紡績糸は内部に多量の空気を含んでかさ高となり，柔らかく，保温性に優れる。

紡績糸とフィラメント糸の比較を図 1.2[2)]に示した。

フィラメント糸は，そのまま生糸(なまいと)として用いるほか，各種の加工糸や，フィラメント糸と短繊維を複合した紡績糸として用いる場合などがある。

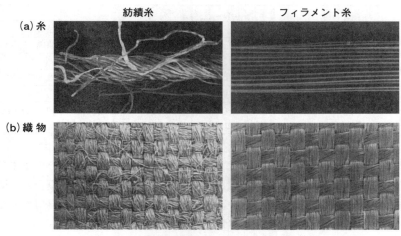

図 1.2　紡績糸とフィラメント糸(糸と織物)[2)]

1.2 繊維を形成する分子の特徴

1.2.1 高分子

綿や麻の主成分であるセルロースは，グルコース（ブドウ糖）が数千個以上つながり，羊毛や絹の主成分であるたんぱく質は，多種類のアミノ酸が数千個連結した鎖状に長い巨大な分子となったものである。

このような巨大な分子を高分子（あるいは高分子化合物，ポリマー）といい，これに対して，グルコースやアミノ酸のように高分子を構成する単位となる小さな分子を低分子化合物（あるいは単量体，モノマー）という。図1.3[3)]に低分子と高分子の関係を示す。

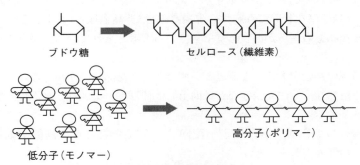

図1.3 低分子と高分子[3)]

合成繊維の場合は，モノマーを石油・石炭・天然ガス系や植物系の原料から製造し，これを化学反応によって数百から数千個連結して高分子をつくる。モノマーを連結して高分子にする化学反応を，重合（polymerization）という。

1.2.2 重合度，分子量

1個のポリマーに連結しているモノマーの数を重合度という。重合度が大きくなるほど分子相互の凝集力が大きくなり，その集合体である繊維の強さや耐熱性が向上する。

高分子の定義は厳密ではないが，一般に分子量が10,000以上のものをいう。

高分子の分子量は，一般的には均一ではなく分布をもっており，測定によって求めることができるのは平均分子量である。

繊維を構成する高分子の平均分子量と平均重合度の例を，表1.3に示す。

表1.3 繊維を形成する高分子の分子量と重合度

繊維	平均分子量(万)	平均重合度
綿	30～50	2,000～3,000
レーヨン	5～8	300～500
アセテート	4～5	250～300
ナイロン	1.6～3.2	150～300
ポリエステル	1～2	50～100
ポリプロピレン	20～34	5,000～8,000

1.2.3 結晶領域，非晶領域

繊維は，線状の高分子が規則正しく配列して結晶を形成している部分(結晶領域)と，無秩序な状態で存在する非結晶部分(非晶領域)，およびその中間のさまざまな状態の領域が混在してできていると考えられている。微小な空孔も多い。

結晶領域の割合が大きくなるほど，すなわち，結晶化度が高くなるほど繊維の強さや耐熱性，寸法安定性などは向上し，伸び率，柔軟性，吸湿性，染色性などは低下する。

化学繊維の場合は，分子の配列(配向という)と結晶化度を制御することによって，物性の調整を行う。

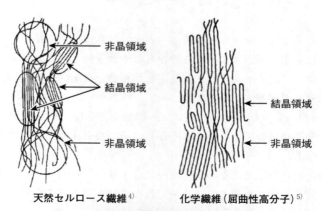

天然セルロース繊維[4]　　　化学繊維(屈曲性高分子)[5]

図1.4　繊維の微細構造モデル(結晶領域)
高分子を1本の線で表わしている

高分子の結晶構造のモデルとして，以前は，1本の分子鎖は結晶領域と非晶領域を何回も通り抜けて存在していると考えられていた。綿など天然のセルロースについては，今日でも同様に考えられているが，屈曲性高分子からなる通常の化学繊維については，1960年頃から，1本の鎖が折りたたまれながら配列し，分子鎖の末端や一部が乱れて無定形領域をつくる折りたたみ構造が提案され，今日の定説となっている。図1.4[4),5)]に，結晶領域の繊維微細モデルを示した。図中では，高分子を1本の線で表わしている。

1.2.4 フィブリルとミクロフィブリル

麻や絹などを湿潤状態で機械的に揉(も)むと，フィブリル(fibril)と呼ばれる細い繊維に分離する。この現象をフィブリル化(fibrillation：分繊)という。フィブリルの各々は，さらに細分化されて，究極的にはミクロフィブリル(micro-fibril)という最小の存在単位に分かれる。ミクロフィブリルの大きさは，天然繊維・化学繊維を問わず，概ね共通しており，太さ約 5～10 nm，長さ約60～100 nm であることが電子顕微鏡解析により明らかにされている。

1.3 繊維の太さ(繊度)の表示

繊維や糸の太さを表わす指標として，デニール(denier)とテックス(tex)がある。デニールは長さが9,000 mの試料のグラム数で，テックスは長さが1,000 mの試料のグラム数で表わす。ISOでは，繊維や糸の太さを表わす国際単位(SI単位)としてテックスを推奨しており，日本化学繊維協会加盟の化学繊維会社では，1999年10月から，それまでのデニール表示をテックス表示に切り替えた。ただし，日本ではテックスよりもデニール表示の数値に近いデシテックス(dtex)を用いている(1 dtex = 0.1 tex = 0.9 denier)。テックスの数値が同じであっても，密度が小さいものほど太いものになる。

第2章

天然繊維

2.1 綿

2.1.1 綿繊維の生成

綿の繊維は，種子の表皮細胞が生長した種子毛である。長い綿毛(lint)と短い地毛(fuzz)の2種類があり，紡績の原料として用いるのは綿毛である。

綿毛の生長の第1期は伸長の期間で，環状の構造をもった第1次細胞膜を形成する。第2期は肥厚の期間で，第1次細胞膜の内側に，セルロースの薄い層が1日1層ずつ20～25層が年輪状に沈着し，らせん状の微細構造をもつ第2次細胞膜を形成する。

綿実が裂けてコットンボールとなり，綿の繊維が露出すると，水分が蒸発し，繊維は扁平となり，次に述べる天然撚りが生じる。図1.5[6]に，綿繊維細胞の生成過程を示す。

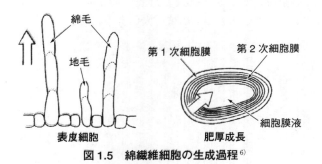

図1.5　綿繊維細胞の生成過程[6]

2.1.2 綿繊維の構造

① 綿繊維の断面は扁平なリボン状で，ルーメン（lumen）と呼ばれる中空部がある。図1.6[7)]に綿繊維の断面図を示す。

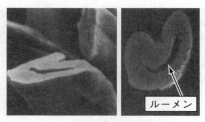

図1.6 綿繊維の断面図[7)]

② 繊維軸に沿って不規則な捩れ（天然撚り）がある。天然撚りの数は綿花の品種によって差があり，60〜120個/cmで，撚り方向は一定ではなく所々で逆転している。図1.7[8)]に綿繊維の側面図を示す。

③ セルロースが約94％（精練前の乾燥ベース）を占め，他にヘミセルロースやペクチンなどの多糖類，たんぱく質，蝋（ろう）分，灰分などを含む。綿のセルロースは，重合度が数千から部位によっては1万数千に達し，再生セルロース繊維の300〜700に比べて非常に大きく，結晶化度も高い。図1.8にセルロースの構造式を示す。

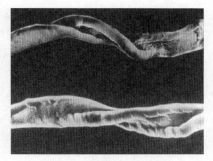

図1.7 綿繊維の側面図[8)]

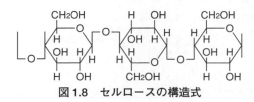

図1.8 セルロースの構造式

2.1.3 綿繊維の特徴

① **柔軟性**：扁平であり，中空部があるので柔らかい。
② **嵩高性，軽量性，保温性**：中空構造や天然撚りのため，紡績糸はかさ高となり，多量の空気を含むので軽量で保温性に優れる。
③ **紡績性**：天然撚りのため，繊維どうしがよく絡み合って紡績工程が円滑に進

み，強さの優れた紡績糸が得られる。
④**吸湿性，吸水性**：綿の主成分であるセルロースには，親水性に富むヒドロキシ基（－OH：旧名は水酸基）が多く，かつ，綿には非結晶部も適度に存在するので吸湿性が優れ，天然撚りにもとづく微細な空間や中空部に液状の水が吸い取られる。ただし，同じセルロースからなるレーヨンやキュプラに比べて結晶化度が高いので，これらに比べると水分率は低い。
⑤**耐水性**：再生セルロース繊維のレーヨンは，湿潤によって強さは乾燥時の約60％程度に低下するが，綿は湿潤によって逆に強くなる。乾湿強力比は102～108％。
⑥**染色性**：染色には，反応染料を用いることが多く，セルロースのヒドロキシ基と共有結合を形成するので鮮明に染色され，かつ，湿潤堅ろう度が高い。
⑦**耐熱性**：アイロン仕上げの適正温度は180～200℃の「高」で，当て布は不要とされている。セルロースのヒドロキシ基による水素結合で，分子間に強い引力が働いているため，熱によって分子間を引き離すことはむずかしく，240～245℃で着色分解するが，その前に軟化したり，溶融したりすることはない。図1.9にセルロースの水素結合を示す。
⑧**制電性**：綿繊維は，繊維自体の電気抵抗が小さく，その上，電気をよく通す水分を多く含むので，帯電しにくい。
⑨**耐薬品性**：アルカリに強いので，石けんや洗剤で洗うことができる。
⑩**収縮，しわ・型崩れ**：布地は，製造工程で繊維に張力が掛かった状態でセットされるので，歪みをもっている。洗濯すると，水を吸って膨潤し，セットされていた状態が崩れて歪みが解け，元の自然なリラックスした状態に戻るため，収縮が生じる。

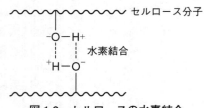

図1.9 セルロースの水素結合

⑪**抗菌性**：かびに侵されやすい。
⑫**耐光性**：長時間日光に曝すと黄変し，脆くなる。

2.1.4 綿の種類
(1)綿の品質
①**繊維長**：繊維が長いほど細い糸を紡ぎやすく，光沢の優れた糸が得られる。
②**繊　度**：繊維が細いほど糸は柔らかく，また，糸の太さが一定の場合は，構

成繊維の本数が多くなるので強さが増す。
③**天然撚り**：天然撚りが多いほどバルキー性・保温性などの優れた糸が得られ，また繊維間の摩擦力が大きくなるので，引張りに対する抵抗力が大きくなる。

(2)繊維長による分類

綿の繊維長は，ICAC（国際綿花諮問委員会）によって5段階に分類される。表1.4に，繊維長による綿の分類と代表的な品種および紡績できる糸番手を示す。

表1.4　繊維長による綿の分類と代表的な品種および紡績できる糸番手

分類	繊維長（インチ）	代表的な品種	紡績できる糸の太さ（番手）
短繊維綿	26/32 未満 (20.6 mm 未満)	デシ綿（アジア在来種）	機械紡績には使用しない （用途：ふとんわた，脱脂綿*）
中繊維綿	26/32～32/32 (20.6～25.4 mm)	パキスタン綿，米国テキサス綿	20番手以下の太い糸
中長繊維綿	33/32～35/32 (26.2～27.8 mm)	アプランド綿（米国サンホーキン綿，オーストラリア綿，旧ソ連綿，中国綿など）	50番手以下
長繊維綿	36/32～42/32 (28.6～33.3 mm)	スーダン綿	80番手以下
超長繊維綿	44/32 以上 (34.9 mm 以上)	海島綿，エジプト綿，米国スーピマ綿，ペルー綿，スーダン綿，新疆ウイグル146	高級細番手糸 (80番手よりも細い糸)

＊デシ綿は，現在はほとんど生産されていない。
注）綿番手：綿番手は，1ポンド(453.59 g)の糸から長さが840ヤード(768.1 m)の綛（かせ）が何個取れるかを表わす。細い糸ほど，番手数字が大きくなる。

2.2 麻

2.2.1 麻の種類

麻とは，長くて強い繊維が採れる植物の総称であり，種類は数十にのぼる。

幹茎の表皮と木質部との間にある靭皮部から採り出した靭皮繊維と，葉から採り出した葉脈繊維に大別され，靭皮繊維は柔らかいため衣料や家庭用品に用いられる。その代表格が亜麻と苧

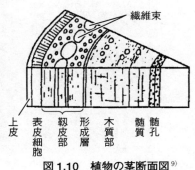

図1.10　植物の茎断面図[9]

麻(ちょま)であり，家庭用品品質表示法で「麻」と表示できるのは，この2種である。図1.10[9]に，植物の茎断面図を示す。

(1) 亜　麻

植物体から糸になる手前までをフラックス(flax)といい，糸および製品をリネン(linen)という。寒冷地の一年生の植物で，主な産地はフランス北部，ベルギー，ロシア，東欧諸国，中国東北部などである。繊維は細くて短く，しなやかである。

(2) 苧　麻 (ramie：ラミー)

熱帯・亜熱帯地方の多年生の植物で，主な産地は中国南東部，フィリピン，ブラジルなどであり，中国では1年に3～4回，フィリピンでは5～6回収穫する。茎の太さや草の高さは亜麻より大きく，繊維は太くて長く，しゃり感やこしがある。

2.2.2　麻繊維の外観，構造

主成分はセルロースであるが，綿より純度は低く，乾燥ベースで亜麻82%，苧麻76%程度である(綿は約94%)。ペクチン(糖の一種)含量が多くて繊維間を結束しており，単繊維1本1本まで分離されることは少なく，紡績用には数本結束した繊維束のまま利用される。このため硬くて強い。

断面は，亜麻は多角形，苧麻は扁円形で，ともに中空孔がある。表面には筋

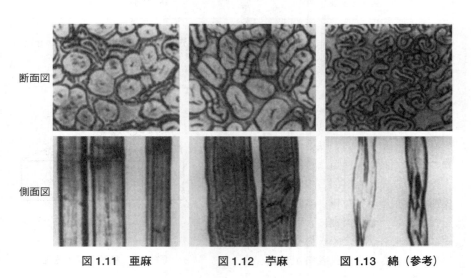

図1.11　亜麻　　　　図1.12　苧麻　　　　図1.13　綿（参考）

や節があるが，綿のような天然撚りはない．図1.11に亜麻，図1.12に苧麻，図1.13に綿（参考）のそれぞれの断面および側面図を示す．

2.2.3 麻繊維の特性

① 綿よりも結晶化度が高く，引張強さやヤング率が非常に大きく，伸び率は3％未満と小さい．
② 吸湿性・吸水性に優れ，また吸収した水分の拡散・放湿速度が速い．
③ 湿潤によって引張強さが増大する．
④ 熱伝導性が良いので，体温を奪って放熱し，肌に接触冷感・涼感を与える．
⑤ 染まりにくい．
⑥ フィブリル化して白化しやすい．
⑦ 変形すると元に戻りにくく，しわになりやすい．

表1.5に亜麻，苧麻，綿の繊維特性を示す．

表1.5 亜麻，苧麻，綿の繊維特性

	亜麻	苧麻	綿（アプランド）
長さ(mm)	20〜30	20〜250	24〜30
太さ(μm)	15〜24	20〜80	18〜20
引張強さ(cN/dtex)	4.9〜5.6	5.7	2.6〜4.3
乾湿強力比	108	118	102〜110
伸び率(％)	1.5〜2.3	1.8〜2.3	3〜7

2.3 羊 毛

動物には，硬い剛毛と柔らかい産毛（うぶげ）が一緒に生えている．衣料として利用できるのは産毛であり，カシミヤやビクーニャから収穫できる産毛の量はごく少量であるが，羊の場合は長年にわたる品種改良の結果，すべてが産毛なので格段に大量の毛を収穫することができる．

羊種では，メリノ種が世界各地に広く分布し，最も優れた品質の羊毛

図1.14 オーストラリア・メリノ

を，最も多く産出している。なかでも，オーストラリア・メリノ(図1.14)は特に優れており，最も白く，細く，捲縮が多く，衣料用に最も適した羊毛を産出する。

2.3.1 羊毛の基本構造

羊毛は，皮質部と表皮部からなる。

皮質部は繊維全体の約87%を占め，オルソコルテックスとパラコルテックスという2種類の細胞で構成され，メリノ種など細繊度の羊毛では，2種の細胞が長さ方向に平行に貼り合わされた構造をとっている。

コルテックスは，紡錘状の細胞数十個がCMC(Cell Membrane Complex：細胞膜複合体)と呼ばれる親水性のたんぱく質で接合された集積体である。

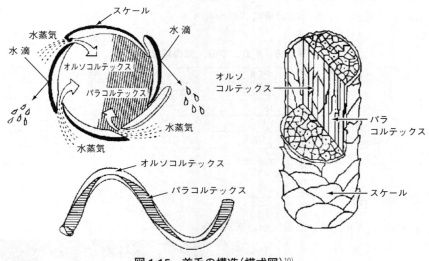

図1.15　羊毛の構造(模式図)[10]

〈たんぱく質の分子構造〉

α-アミノ酸($H_2N-CHR-COOH$)がアミド結合(-CO-NH-)で連結し，右図のような構造を形成。

R，R'にはヒドロキシ基(-OH)，カルボキシ基(-COOH)，アミノ基($-NH_2$)などの親水性で，反応性に富む原子団を含むものも多い。また，アミド結合も親水性である。

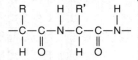

図 1.15[10]に，羊毛の構造（模式図）を示す。

表皮部は羊毛繊維全体の約 10% を占め，繊維本体を覆っている鱗片状の物質で，スケールあるいはキューティクルと呼ばれ，CMC でコルテックス接合されている。1 本の繊維中の CMC は 1 つにつながっているので，繊維全体に水分が行きわたることができる。

2.3.2　羊毛の特徴

(1)はっ水性と吸湿性

羊毛の主成分はケラチンというタンパク質であり，分子構造の中に親水基を多く含むので本来は親水性であるが，スケールの最外層の表面は化学的に結合した脂質で覆われているためはっ水性であり，水滴を弾き返す[注]。一方，コルテックスや CMC は親水性なので，CMC を介して水蒸気が繊維内部へ浸透する。このために，羊毛繊維ははっ水性でありながら吸湿性にも優れ，標準状態（20℃，65% RH）における平衡水分率は 16% で，天然繊維では最高である。吸湿に伴う発熱量も多い。

注）スケールにも微細孔があり，水滴は通さないが水蒸気は透過する。

(2)クリンプと弾性，保温性

皮質部の 2 種のコルテックスは，収縮性が異なるためにクリンプ（捲縮）が現われる。このクリンプが羊毛繊維の優れた弾性をもたらし，また紡績糸の内部に多量の空気を閉じ込める。空気の熱伝導率は非常に低いため，この空気が人体から発する熱の放出を防ぎ，また，外の寒気を遮断して優れた保温性をもたらしている。

(3)伸長特性

羊毛をゆっくり引き伸ばすと約 30% も伸び，また，そのために必要な力は，他のどの繊維よりもはるかに小さい。また，伸ばした力を緩めてしばらく放置すると元の長さに戻る。このために，羊毛製品はしわになりにくく，しわになっても元に戻りやすい。

また，羊毛繊維の分子間には，シスチン結合（ジスルフィド結合ともいう）や塩結合によって架橋が形成され，三次元網目構造をとっている。これらも羊毛の耐しわ性に寄与している。図 1.16[11]に羊毛の微細構造を，図 1.17[12]に羊毛繊維の分子間結合を示す。

(4)ハイグラルエキスパンション（Hygral Expansion：吸湿伸長）

吸湿によってクリンプが伸び，毛織物が伸びる。この現象をハイグラルエキ

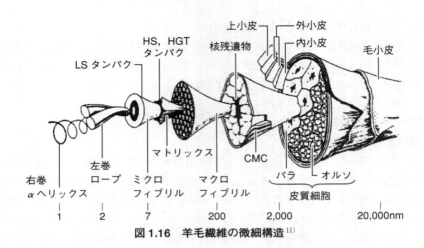

図1.16 羊毛繊維の微細構造[11]

スパンションといい，放湿すると元の寸法に戻る。製品でこれを繰り返すと，生地表面の波打ち現象や型崩れの原因となる。

(5)フェルト化（フェルト収縮）

羊毛繊維は，湿潤によってスケールの先端が反り返って開く。これは，キューティクルの最内層部の方が外側の層よりも親水性に富み，膨潤度が大きいことによる。この状態で揉まれると，繊維が毛

図1.17 羊毛繊維の分子間結合[12]

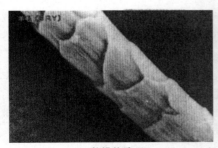
乾燥羊毛

湿潤羊毛

図1.18 乾燥羊毛・湿潤羊毛の表面写真[13]

根の方向に一方的に移動し、互いに絡み合って固く縮んだ状態になる。これをフェルト化といい、欠点の1つでもあるが、一方ではコート地などの毛織物を緻密化する加工として利用されている(縮絨あるいは縮充という)。図1.18[13]に、乾燥した羊毛と湿潤した羊毛の表面写真を示す。

(6)その他の特徴

①**染色性**：羊毛の染色は、主に酸性染料を用いて行われ、染料のもつ酸性基が、羊毛の分子中に存在する塩基性のアミノ基とイオン結合を形成する。発色性が優れ、染料は水溶性であるが、湿潤堅ろう度が問題となることは少ない。

②**耐薬品性**：羊毛はアルカリには弱いので、アルカリ性である石けんや弱アルカリ性の合成洗剤は使用できない。酸に対しては、綿などよりはるかに強いので、刈り取った羊毛に混入している植物性の夾雑物は、硫酸で処理して炭状にして除去する方法がある(化炭処理)。

③**耐熱性**：羊毛のアイロン仕上げの適正温度は、140〜160℃の中温とされている。羊毛や絹は、α-アミノ酸[注]が連結して非常に多くのアミド結合(この場合はペプチド結合という)を形成しており、これらのアミド結合が図1.19で示すように、隣接する分子間に水素結合を形成し、相互に強い引力が働いている。このために、

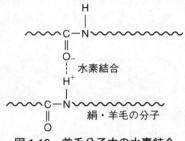

図1.19　羊毛分子中の水素結合

羊毛や絹は熱を加えても軟化したり溶融したりすることはない。

注)　α-アミノ酸とはカルボキシ基が結合している炭素原子(α炭素)にアミノ基も結合しているアミノ酸である。

④**燃焼性**：羊毛を燃やすと特有の臭気を発して燃えるが、火炎を離すと炭化した煤が残り、燃え続けることはない。また、燃焼しても溶融せず炭化する。羊毛が比較的燃えにくいのは、窒素を多く含むことと水分率が高いことによる。

⑤**虫害性**：羊毛は、絹と同様に虫害を受けやすいので、保管には注意を要する。

2.4　絹

絹には、家蚕絹と野蚕絹がある。家蚕絹は、屋内で桑の葉を飼料として飼育

される家蚕の繭(まゆ)から採取され,野蚕絹は,山野で,カシワ,クヌギ,ナラなどの野生植物の葉を飼料として成育する野蚕の繭から採取される。単に絹糸という時は,家蚕絹を指すことが多い。ここでは家蚕絹を対象とする。

2.4.1 繭の形成

蛾の卵から孵化した蚕の幼虫が食餌して絹たんぱく質を作り,体内の絹糸腺に蓄える。孵化より約25日後から,自分を包むように周囲に吐糸し,約3日間で繭を作り,その中に巣ごもりする。繭の中で半月余を過ごし,この間に蛹(さなぎ)になり,さらに成虫(蛾)に成長し,繭の一端を食い破って(酵素で溶かして)外へ出る。

繭を食い破る前に,熱風(120℃前後から徐々に降温させ,60℃へと変温する)に約5時間さらして殺蛹(さつよう)する。殺蛹前の繭を生繭(なままゆ)といい,殺蛹処理を行ったものを乾繭(かんけん)という。

図1.20[14]に蚕の変態と繭を示した。

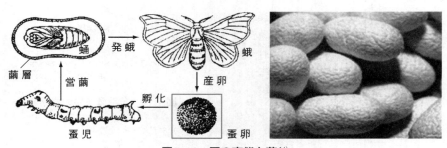

図1.20 蚕の変態と繭[14]

2.4.2 繭糸の構造

繭糸(けんし)は,2本のフィブロイン繊維がセリシンで覆われて接着された構造をしており,フィブロイン70〜75%,セリシン25〜30%のほか,炭水化物,蝋分,無機物,色素など2〜3%を含む。セリシンで覆われた状態の糸を生糸(きいと)といい,繭から生糸を取り出す一連の作業を製糸という。

繭糸の繊度は繭の種類によって異なり,また1本の繭糸でも長さ方向に変化があるが,平均して約3.3 dtexであるので,9頭の繭から繰糸すれば,約30 dtexの糸ができる。多少の太細があるので,これを27中(なか)と呼ぶ。代表的なのは,21中と27中である。

1頭の蚕から採れる繭糸は，長いもので約1,200～1,500 m である。

2.4.3 精　練
生糸からセリシンを除去することを精練といい，精練を行った糸を練り糸という。フィブロインおよびセリシンは，ともにアミノ酸が多数結合してできたたんぱく質であるが，セリシンは水溶性アミノ酸を多く含み，弱アルカリ性の熱水に溶けるので，フィブロインを損傷させずにセリシンだけを除去することができる。

フィブロインの断面は三角形に近いが，形も大きさもばらつきが大きく，同じ繭でも繭層の外層，中層，内層で異なり，中層で最も太くなる。

セリシンを適度に残すことによって風合いの異なる織物を作ることができ，また，織布にした後に精練を行うことも多い。糸での精練を先練り，織物にしてからの精練を後練りという。後練りの場合は，布を構成する繊維の間に約25％の間隙ができるので，柔らかく，ドレープ性の優れた生地になる。ポリエステル織物のアルカリ減量加工は，これに倣ったものといわれる。図1.21[15)]に生糸の断面形態を，図1.22[15)]に絹の断面形態を示した。

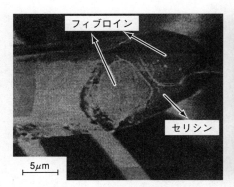

図1.21　生糸の断面形態[15)]

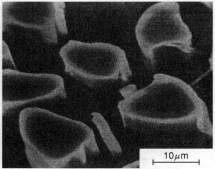

図1.22　絹の断面形態[15)]
絹の断面形態（不均一性が特徴）

2.4.4　フィブロイン繊維のミクロ構造
1本のフィブロインは，直径が約1 μm の微細な繊維（フィブリルという）が数百～数千本集束したもので構成されている。フィブロインをアルカリ水溶液で膨潤させてガラス棒の先で叩くと，フィブリルに分裂する。このフィブリル

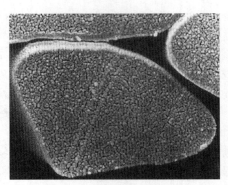

図 1.23 フィブロイン繊維の断面図[16]

に水を加え,メノウ乳鉢でよく擦り潰して電子顕微鏡で観察すると,直径10 nm ほどの細かい断片が見られる。この断片は,ミクロフィブリルと呼ばれるものである。図 1.23[16]にフィブロイン繊維の断面図を示した。

2.4.5 絹の特徴

①独特の美しい光沢と色彩。

②肌触りが柔らかく,かつ,こしがあり,ドレープ性に優れる。

③ヤング率,引張強さは大きくて綿に近いが,伸び率は綿や麻よりはるかに大きく,羊毛に近い。

④吸湿性が優れ,標準状態(20℃,65%RH)における平衡水分率は羊毛に次ぎ,綿よりも高い。

⑤アイロン仕上げの適正温度は,140～160℃ の中温とされている。熱を加えても,軟化や溶融は起こらない。

⑥絹の欠点

  a) しわになりやすい。

  b) 摩擦によって,布面に粉が付いたように光沢が異常となり(すれ),さらに,過度の摩擦によってフィブリル化し,いっそう外観を損なう。

  c) 長期保存や日光に当たると黄変し,脆化する。

  d) 虫害を受けやすい。

第3章

化学繊維の製法

3.1 紡糸の基本プロセス

紡糸の基本は，次の3つの要素からなる。

① 原料となる高分子(ポリマー)を，加熱によって溶融させるか，または，溶媒に溶解して流動性のある液体にし，紡糸原液とする。

② 紡糸原液を，直径が 0.1〜0.2 mm 程度の細孔(ノズル)から押し出し，引き伸ばして細くしながら，冷却または溶媒を除去することによって固化させる。

③ さらに引き伸ばして(延伸という)，分子を繊維軸方向に配列させ，必要に応じて熱処理を行って結晶化させる。

図 1.24 に，屈曲性高分子の繊維形成過程モデルを示す。

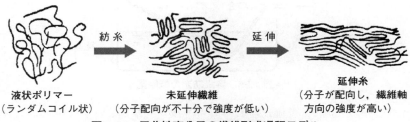

図 1.24　屈曲性高分子の繊維形成過程モデル

3.2 紡糸方式各論

紡糸法は湿式紡糸,乾式紡糸,溶融紡糸に大別される。

(1) 湿式紡糸

湿式紡糸は,相分離法,液晶紡糸,ゲル紡糸に大別され,ここでは相分離法について解説する。

原料となるポリマーを溶媒に溶解して紡糸原液をつくり,ノズルから凝固液(または凝固浴ともいう)と呼ばれる液の中へ押し出して引き伸ばす。紡糸原液中の溶媒は凝固液と自由に混ざり合うが,ポリマーは凝固液には溶けないので,糸条(ノズルから押し出された繊維状のもの)中の溶媒が凝固液中へ拡散し,逆に凝固液が糸条中へ浸透するため,糸条中ではポリマー濃厚相とポリマー希薄相への相分離が進み,濃厚相のポリマーは互いに凝集して粒子となり,引き伸ばされて繊維状の固体となる。この一連の過程を凝固という。凝固の過程で延伸されて分子の配向が進む。凝固された繊維がさらに延伸され,引き取られるものもある。

湿式紡糸で製造される代表的な繊維として,レーヨン,リヨセル,キュプラ,アクリル,ビニロンなどがあり,紡糸速度は,通常,数十 m/分から,数百 m/分台までである。

相分離型の湿式紡糸で凝固を速く進行させると,紡糸ノズルが円形であっても繊維断面は非円形となったり,繊維表面の組織は緻密であるが内層部は粗な構造(スキン・コア構造)となりやすい。

図 1.25 に湿式紡糸の概略図を示す。

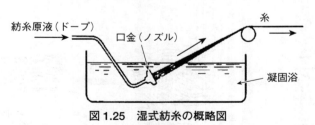

図 1.25 湿式紡糸の概略図

湿式紡糸の一種に,乾湿式紡糸(エアギャップ紡糸ともいう)がある。これは,紡糸口金と凝固浴の間に数 mm〜数十 cm の空隙を設ける紡糸法であり,この方法によれば糸条の細化が液による抵抗を受けないエアギャップ部に集中し,

無理なく均一に細くなる。その結果，繊維の表面は滑らかで光沢の強いものとなる。また，紡糸の高速化にも有利となる。リヨセルやアクリルの一部，後述の液晶紡糸などで利用されている。ただし，口金の細孔が接近すると，繊維どうしの接着が生じるので，孔密度には限界がある。

図1.26に乾湿式紡糸の概略図を示す。

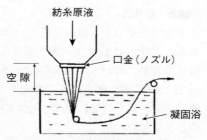

図1.26　乾湿式紡糸の概略図

(2) 乾式紡糸

ポリマーを揮発性の溶媒に溶解して紡糸原液をつくり，紡出直前で予熱した後，加熱気体の中へ紡出し，溶媒を蒸発させることによって，固化させながら引き伸ばして繊維を形成させる。

代表的な繊維として，ポリウレタンとアセテートがあり，アクリル繊維でも一部で行われている。

乾式紡糸の紡糸速度は，一般的には数百 m/分といわれているが，今日では千数百 m/分も実用化されている。

溶媒が糸条の中心部から表面に向かって拡散する速度と，糸条表面からの溶媒の蒸発速度とのバランスによって繊維の断面形状が変化し，溶媒の蒸発速度が速いと，紡糸ノズルが円形であっても繊維断面は扁平や繭形などになりやすい。

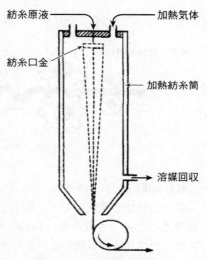

図1.27　乾式紡糸の概念図

注)加熱気流の方向は，糸条と逆平行(下から上へ)の場合もある。

図1.27に乾式紡糸の概略図を示す。

(3) 溶融紡糸

ポリマーを加熱溶融させて高温の粘稠な液状にしたものを，冷たい雰囲気(通常は冷空気)中へ紡出して引き伸ばし，固化させて繊維化する。

代表的な繊維には，ポリエステル，ナイロン，ポリプロピレン，PTT，ポリ乳酸などがある。溶融紡糸は，さらに次の4つの方式に分類される。

①紡糸・延伸法

　未延伸糸をつくる紡糸工程と，これを延伸する延伸工程に分けて行う方式である。未延伸糸とは，繊維の形をしているが，分子鎖の配向度が低く，3～4倍まで容易に伸ばすことができ，かつ，元に戻らない糸をいい，通常，2,000 m/分程度以下の紡糸速度で製造される。延伸工程では，未延伸糸を数倍に延伸して分子鎖を適度に配向させ，必要に応じて熱処理を行って結晶化させ，延伸糸とする。

　ステープルの場合は，繊維を数十万本引き揃えた未延伸糸の束（トウ）を延伸し，たとえば図1.28のような方法で捲縮を付与した後に，適用する紡績の方式に適した繊維長に切断する。

図1.28　ステープルの捲縮付与装置

②直延伸法（スピンドロー）

　紡糸と延伸を連結して1工程で行う方式で，衣料用フィラメントの場合は，延伸された糸の巻取速度は5,000～6,000 m/分が一般的である。工程省略に加えて，付帯作業の自動化技術も発達しており，フィラメントの製造に広く用いられている。

　紡糸・延伸法との比較を図1.29[17]および図1.30[18]にモデル的に示した。なお，タイヤコードなど産業資材用の高強力繊維を製造する場合は，3～4段階に分けて高倍率の延伸と熱セットを行う。

　図1.29に紡糸延伸法を，図1.30に直延伸法（スピンドロー）を示す。

③POY-DTY法

　溶融紡糸の紡糸速度を速くすると，紡糸中の糸条に加わる張力によって，分子鎖がいくぶん配向して未延伸糸の強度が増し，その分だけ後で延伸できる余地が小さくなる。たとえば，ポリエステルで3,000～4,000 m/分の紡糸速度で製造した未延伸糸の場合は，適切な延伸倍率は1.4～1.8程度の低倍率であり，

第3章 化学繊維の製法

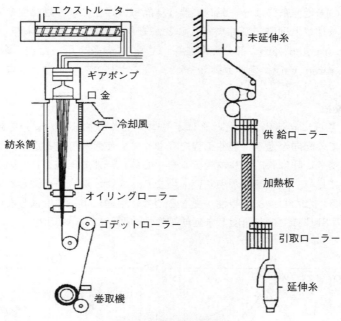

図 1.29 紡糸延伸法[17]

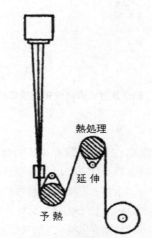

図 1.30 直延伸法(スピンドロー)[18]

かつ，この未延伸糸には分子配向に伴う結晶核の存在により耐熱性を有するので，仮撚り加工と同時に延伸を行うことができる。この場合の未伸糸をPOY（partially oriented yarn：部分配向糸）といい，この糸を用いた加工糸をDTY（draw-textured yarn：延伸仮撚り糸）という。ポリエステルやナイロンで行われている。

④超高速紡糸

紡糸をさらに高速化し，たとえばポリエステルで約6,000 m/分を超えると，紡糸工程での配向が進み，延伸工程を経なくても使用が可能となる。この方法は超高速紡糸と呼ばれ，ポリエステルを中心に，一部で実施されている。通常の延伸糸に比べ，熱収縮率が小さい，染まりやすい，風合いが柔らかいなどの特徴がある。ただし，加工特性が異なるので，用途によっては適しない場合もある。図1.31 [19]に，紡糸速度と未延伸糸物性の関係について示す。

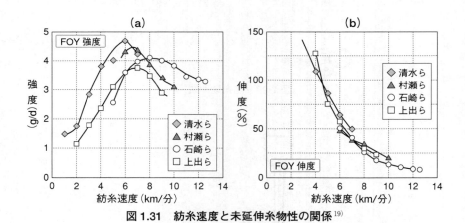

図1.31 紡糸速度と未延伸糸物性の関係[19]

(4)液晶紡糸

分子どうしが強い引力で凝集して，棒状や板状の形をつくる剛直性高分子の中には，温度や濃度などの特定の条件下では，分子鎖の多くの部分が平行に配列し結晶を形成していながら，全体としては流動性のある液状を示すことがある。このような状態を液晶といい，分子の絡み合いが少ないため小さな応力で容易に滑るように流れ，見掛け粘度が非常に低い状態となる。このような液晶状態の高分子液を紡出すると，吐出時のせん断応力によって結晶部分が繊維軸

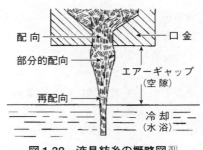

図1.32　液晶紡糸の概略図[20]

図1.33　液晶紡糸における繊維化の概念図[20]

に平行に配列してノズルを通過し，紡出直後にはやや乱れるが，その後の張力によって配列が回復し，その配列を保った状態で固化し繊維となるので，延伸工程を経なくても分子鎖の配向と結晶化が高度に発達した繊維が得られる。図1.32[20]に液晶紡糸（リオトロピック）の概略図を，図1.33[20]に液晶紡糸における繊維化の概念図を示す。結晶化をより進めるために，通常，緊張状態で高温の熱処理を行う。

　得られた繊維は，引張強さ，弾性率（ヤング率），耐熱性，難燃性，耐薬品性，電気絶縁性などに極めて優れた，いわゆるスーパー繊維となる。

　この紡糸法を液晶紡糸といい，DuPont社の女性研究者S.クオレクによって1968年に見出され，パラ系アラミド繊維（「ケブラー®」）が創出された。現在では，この他にPBO繊維とポリアリレート繊維がある。パラ系アラミド繊維，PBO繊維は溶媒を用いるリオトロピック液晶紡糸により，ポリアリレート繊維は加熱によるサーモトロピック液晶紡糸によってつくられる。汎用のポリエステル繊維に比べ，引張強さでは4～8倍，弾性率では8～17倍となり，いずれも産業用途における先端的な材料として重要な役割を担っている。

(5) ゲル紡糸

　ゲルとは，溶媒と溶質が一体化して固まったものである。

通常の湿式紡糸や乾式紡糸では，紡出された糸条の表面近くは凝固が速く進み，内部の凝固はそれより遅れるため，構造が不均一となりやすく，このような不均一な状態で延伸されると断面は不規則に変形し，また，高倍率の延伸を行うことは困難である。

ゲル紡糸とは，溶媒を含んだままゲル状に均一に凝固した未延伸糸をつくる紡糸法である。

屈曲性に富む高分子は，溶液中で分子間および分子内の絡み合いによって三次元の網目構造を形成する。絡み合い点の密度が高くなり過ぎないように，適度に希薄なポリマー溶液をつくり，これを紡糸原液として冷媒の中へ紡出し，急速に冷却すると，網目に溶媒を取り込んだ状態でゲル状に固まった未延伸糸が得られる場合がある。このような未延伸糸は構造が均一であり，ノズルが円形の場合は繊維の断面も真円に近い形になる。溶媒を除去しながら延伸を行うと，超高倍率の延伸を行うことができ，高分子量のポリマーを原料として用いれば，引張強さや弾性率が極めて優れた繊維が得られる。工業化されているものに，超高分子量(超高強力)ポリエチレン繊維(「イザナス®」)と，新紡糸法によるビニロン(「クラロン K-Ⅱ®」)がある。図 1.34[21)]に，普通のビニロンと「クラロン K-Ⅱ®」の断面形態を示す。

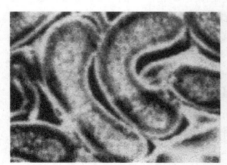
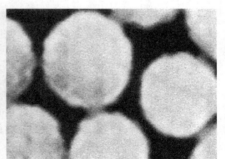

　　普通のビニロン　　　　　　　　　　　　「クラロン K-Ⅱ®」
　　図 1.34　従来ビニロンと「クラロン K-Ⅱ®」の断面形態 [21)]

第4章

化学繊維

4.1 再生繊維

4.1.1 レーヨン（ビスコースレーヨン）

(1) 製 法

　レーヨンは，上質の木材パルプ（セルロース）を原料とし，一連の化学処理によってセルロース誘導体への変成と重合度調整を行い，苛性ソーダの希薄水溶液に溶解して紡糸原液をつくり，湿式紡糸によって繊維化する。紡糸原液中のセルロース濃度は 7〜8%，セルロースの重合度は約 300 である。凝固浴には硫酸のほかに，脱水・凝固剤として硫酸ナトリウムと硫酸亜鉛を含み，凝固，延伸と併行して進行する化学反応によって，セルロース誘導体は元の化学構造のセルロースに再生される。図 1.35 に，レーヨンにおけるセルロースの変性と再生について示す。

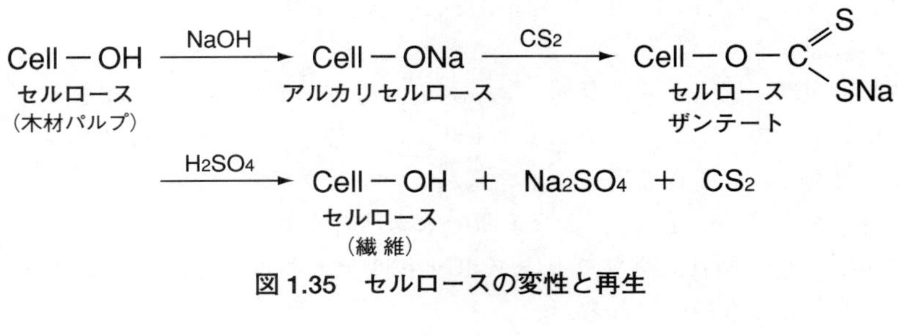

$$\text{Cell}-\text{OH} \xrightarrow{\text{NaOH}} \text{Cell}-\text{ONa} \xrightarrow{\text{CS}_2} \text{Cell}-\text{O}-\overset{\displaystyle S}{\underset{\displaystyle SNa}{C}}$$

セルロース　　　　　　アルカリセルロース　　　　　　　セルロース
（木材パルプ）　　　　　　　　　　　　　　　　　　　　　ザンテート

$$\xrightarrow{\text{H}_2\text{SO}_4} \text{Cell}-\text{OH} + \text{Na}_2\text{SO}_4 + \text{CS}_2$$

セルロース
（繊 維）

図 1.35　セルロースの変性と再生

普通，レーヨンの場合は，紡出糸条の表面層と内部とで凝固速度に差が生じることが原因となって，繊維断面には不規則な凹凸が多く形成され，また繊維の表面層は組織が緻密であるが内部は粗く，いわゆるスキン・コア構造となる。

図 1.36[22]にレーヨンの遠心力紡糸を，図 1.37[23]にレーヨンの断面形態を示す。

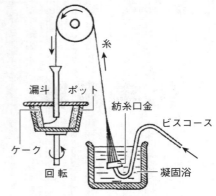

図 1.36　レーヨンの遠心力紡糸[22]

(2) 特徴，用途

① 天然のセルロースのまま使用される綿や麻に比べて，重合度が一桁小さく，結晶化度も低い。このために，綿や麻よりも吸湿性・吸水性に富む。

② 繊維表面の微細な凹凸構造にもとづく光の乱反射効果によって，独特のシルキーな光沢と深色性をもたらす(「Rayon」とは，光る繊維を意味する)。

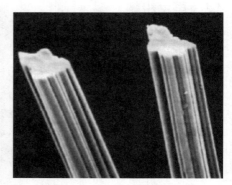

図 1.37　レーヨンの断面形態[23]

③ 扁平で凹凸のある構造のために，柔らかく，ドレープ性に優れる。

④ スキン・コア構造となっているために，強力が低く，特に湿潤状態では強力が 50〜60% 程度にまで低下する。また，洗濯をすると布地が縮みやすく，しわになりやすい。

⑤ 主な用途は，婦人・子供服地，レース・ひも等の資材類，不織布など。

⑥ セルロースの一部を，キチン・キトサンに代替したものが抗菌防臭タイプとして提供され，多様な用途に用いられている(「クラビオン®」)。

⑦ ヒドロキシ基(-OH)による分子間の水素結合が強力であるため，高温時の寸法安定性が優れ，耐フラットスポット性が求められる自動車用のタイヤコードとしても用いられる。

4.1.2 リヨセル(商品名「テンセル®」)

リヨセルは,原料の木材パルプを有機系の溶媒に溶解し,乾湿式紡糸法によってつくる再生セルロース繊維である。ビスコースレーヨンの生産開始から100年後の,1988年に工業化された。ビスコースレーヨンのような化学的変成を経ないので,精製セルロース繊維ともいう。大きな特徴は次のとおりである。

① 溶媒として用いるNMMO(N-methyl morpholine-N-oxide,図1.38)の濃厚水溶液は溶解力が大きいので,レーヨンの場合より重合度の高いセルロースを直接溶解して紡糸原液をつくり,同じNMMOの希薄水溶液中で凝固させ繊維化する。重合度は,レーヨンの約300に対し,リヨセルの場合は約600である。

② 化学的変成を経ないので,レーヨンに比べて工程全体が大幅に簡素化され,エネルギー消費量が少ない。

③ レーヨンに比べて引張強さが大きく,湿潤による強力低下が小さい。乾強度はレーヨンの約2倍で,乾湿強力比はレーヨンの50〜60%に対して,リヨセルの場合は約70%である。

④ ただし,フィブリル間の連結が弱く,このために,繊維軸に沿って分割され,多数の小繊維(フィブリル)に分離する,いわゆるフィブリル化現象が生じやすい。フィブリル化は,繊維製品の外観を損なうだけでなく,染色の不均一性やピリング発生にもつながる。図1.39[24)]にリヨセルのフィブリル現象を示す。

⑤ この欠点を補うために,染色前に生地を揉んでフィブリル化させ,発生するミクロな毛羽を酵素で溶解して除去する加工が一般に行われており,これによって風合いが柔らかくなり,レーヨンとは異なった特徴が現われることが訴求ポイントとされている。

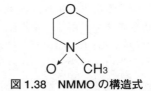

図1.38 NMMOの構造式

図1.39 リヨセルのフィブリル現象[24)]

洗濯によるフィブリル化を予防するために，加工の最後に架橋処理を行う。
⑥レーヨンと同じく，高温時の寸法安定性が注目され，タイヤコードへの展開も一部で検討されている。

4.1.3 キュプラ

(1) 製法

キュプラは，綿花を採取した後の綿実の表面に密生している 2～6 mm の繊維（コットンリンター）を精製して得られる重合度 500～900 の高純度のセルロースを銅アンモニア溶液に溶解し，流下緊張紡糸という独特の湿式紡糸によってつくる再生セルロース繊維である。紡糸原液を，漏斗の中を流下している水（紡水）の中へ紡出し，紡水の流れによって引き伸ばしつつ，徐々に凝固させて繊維とする。凝固が完了する前に，十分に延伸されるように凝固速度を制御することによって，細くて構造の均一な繊維が得られる。

図 1.40 に綿花の断面図を，図 1.41[23]にキュプラの断面形態を，図 1.42[25]に流下緊張紡糸を示す。

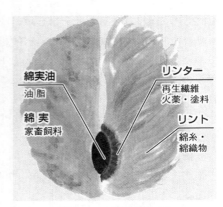

図 1.40 綿花の断面図

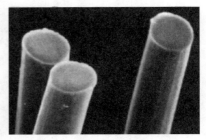

図 1.41 キュプラの断面形態[23]

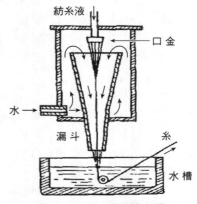

図 1.42 流下緊張紡糸[25]

(2) 特徴

①単繊維の繊度は非常に細く，平均 1.5 dtex 程度である。
②断面形状は真円に近く，構造が均一でスキン・コアはない。
③ドレープ性，絹のような柔らかい風合いと光沢，吸湿性などが優れ，鮮

やかに染色される。
④肌着，スカーフ，裏地などのほかに，合成繊維などと複合し，吸放湿性と接触冷感に優れたアウター素材としても展開されている。

注)キュプラのNP(ネットプロセス)式紡糸法では，1,000 m/分超という，湿式紡糸としては異例の超高速紡糸も行われており，特に，細物の生産性向上などに大きく寄与している。この方式のポイントの1つは，凝固した糸条をネットコンベヤー上に堆積して，無緊張下で精練，乾燥を行うことにある。もう1つは，2段紡糸漏斗の開発にあり，上部漏斗では凝固の進行を抑えるために紡水の量を少なくし，かつ，初期延伸を十分に行うために紡水の流速を高くするよう工夫されている。図1.43[26)]にNP式紡糸法を示す。

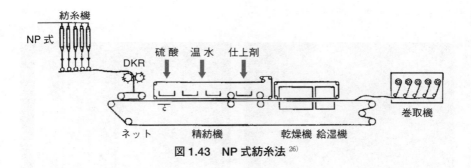

図1.43　NP式紡糸法[26)]

4.2 半合成繊維

4.2.1 アセテート

(1) **製法**

アセテート繊維は木材パルプを主原料とし，セルロースのヒドロキシ基(-OH)に酢酸を結合させて酢酸エステル(アセテート：-OCOCH$_3$)に置換し，揮発性の有機溶媒に溶解して乾式紡糸で製造される。

$$\text{Cell} - \text{OH} + \text{CH}_3\text{COOH} \longrightarrow \text{Cell} - \text{OCOCH}_3$$
セルロース　　　酢酸　　　　　　　　　酢酸セルロース
　　　　　　　　　　　　　　　　　　（セルロースアセテート）

ヒドロキシ基の置換率が74～92%のものをジアセテートまたは単にアセテートといい，92%以上のものをトリアセテートという。天然の高分子であるセル

ロースに，化学物質を結合させて改質しているので，半合成繊維に分類される。
(2)特徴，用途
①親水性のヒドロキシ基が減少しているので，水分率はレーヨンより小さい。
②水素結合が減少して分子間の凝集力が弱くなるので，繊維の強度がレーヨンより小さい。
③上記と同じ原因で，セルロース系でありながら熱可塑性が発現し，トリアセテートの場合はプリーツ加工が可能である。
④繊維の断面は，通常はクローバーの葉状で，側面には多条の溝がある。これによる光の乱反射効果と，繊維自体の屈折率が低いことによって，深みのある発色とシルキーな光沢とを呈する。図1.44[23]にアセテート，図1.45[23]にトリアセテートの断面形態を示す。

図1.44 アセテートの断面形態[23]

図1.45 トリアセテートの断面形態[23]

⑤ジアセテートは，主力の裏地のほか，寝装，ギフト箱の内張り，衣類の品質表示ラベルなどに用いられ，トリアセテートはポリエステルなどと複合し，表地素材として高級婦人服などに使われる。衣料用にはフィラメントが用いられ，ジアセテートのステープルはタバコフィルターの主力素材として用いられている。
表1.6[27]にフィラメントの物性を示す。

第 4 章　化学繊維

表 1.6　フィラメントの物性[27]

	引張強さ (cN/dtex)	伸び率 (%)	標準状態での 水分率(%)	融点 (℃)
普通レーヨン	1.7〜2.3	18〜24	12.0〜14.0	−
ジアセテート	1.1〜1.2	25〜35	6.0〜7.0	260
トリアセテート	1.1〜1.2	25〜35	3.0〜4.0	300

4.3　汎用合成繊維

4.3.1　ポリエステル(PET)

　ポリエステルとは，主鎖が主としてエステル結合(−COO−)で連結された
ポリマーの総称であり，PET，PTT，PBT，ポリ乳酸，全芳香族のポリアリ
レートなどが含まれるが，通常，ポリエステルといえば，PET(ポリエチレン
テレフタレート)を意味する。ここでは PET について説明する。

(1)製　法

　ポリマーは，テレフタル酸(TPA)とエチレングリコール(EG)との重縮合に
よって製造するが(図 1.46)，第 3 物質の共重合によるポリマーの多様化も発達
し，高機能化に寄与している。また，TPA に代えてジメチルテレフタレート
(DMT)を用いることもある。

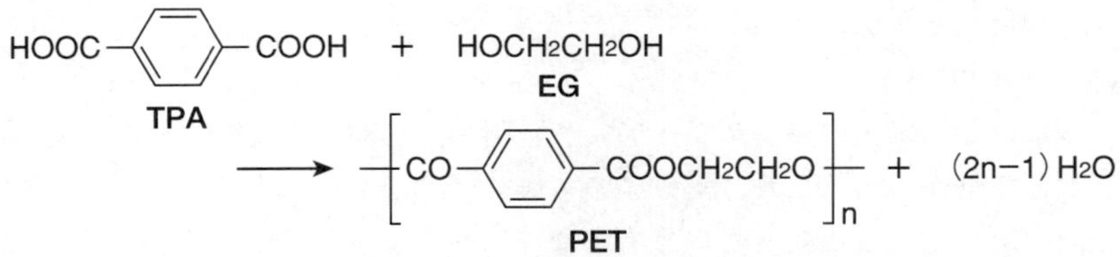

図 1.46　ポリエステルの製造

　紡糸は溶融紡糸であり，フィラメントの場合は，日本ではスピンドロー(直
延伸)を主とし，紡糸・延伸の 2 ステップ方式，POY-DTY 方式，超高速紡糸
なども併用されている。約 60% がフィラメントで，残りがステープルである。

(2)特　徴

　PET 繊維は力学特性，耐熱性，耐薬品性などの基本的な特性が優れ，衣料，
インテリア・寝装，産業資材など，あらゆる分野で幅広く用いられており，世

37

界的な生産量とその伸び率は化学繊維の中では突出して高い。その長所および欠点を衣料用の面から整理してみると，次のようになる。

〈長　所〉

①ヤング率が大きいので，布地のはり・こしが優れ，しわになりにくい。

②熱可塑性でかつ耐熱性が優れるので，かさ高加工やプリーツセットなど，各種の熱加工を高温で行うことができ，安定したセットが得られる。

③高温・高濃度の水酸化ナトリウム水溶液で，繊維の一部を分解し除去することによって，布地にドレープ性の優れた柔らかい風合いを与えることができる（アルカリ減量加工）。

④綿，麻，ウール，レーヨンなどの他素材とのなじみが良く，混紡糸や複合素材として相手素材の長所を活かし，欠点を補完する。

⑤各種の異形断面繊維や超極細繊維，ポリマーの改質を含む種々の高機能繊維を生み出す可能性が大きい。

〈欠　点〉

①吸湿性が低く，またそのために静電気が発生しやすい。

②染料との化学的親和性が乏しい。このために，通常は分散染料を熱で繊維内部へ拡散させて染色するが，染色後に加熱されると染料が繊維表面へ移動し，汚染や色泣きを起こすことがある。

③クリーニング中に，他の繊維から脱落した油性の汚れがポリエステルに付着（逆汚染）しやすい。

4.3.2　ナイロン

ナイロンは，米国の W. カローザスが発明し，1938 年に DuPont 社から「石炭と水と空気からつくられ，鋼鉄よりも強く，クモの糸より細く，優れた弾性と光沢をもった合成繊維」という有名なキャッチフレーズとともに発表された世界初の合成繊維（ナイロン 66）の商品名であった。現在では，アミド結合の85％ 以上が脂肪族または環状脂肪族単位と結合している長鎖状合成高分子からなる繊維の総称として用いられ，ナイロン 6 とナイロン 66 が主である。フィラメントが主であり，ステープルは他の繊維の補完を目的として混紡に用いられる程度の少量にとどまっている。

(1)製　法

①ポリマーの合成

ナイロン 6 のポリマーは，少量の水を触媒として ε-カプロラクタムを開環

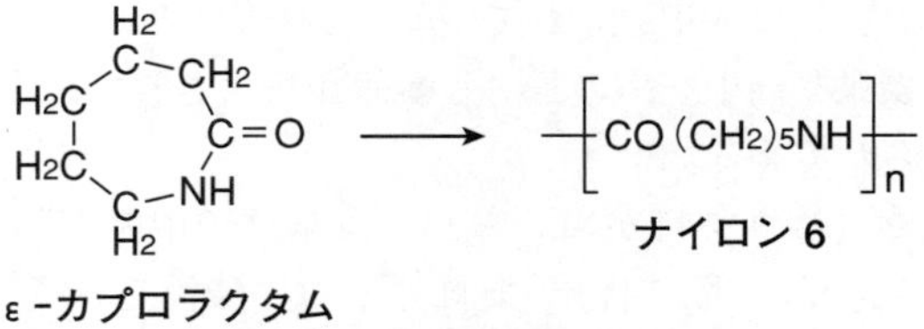

第4章　化学繊維

$$\varepsilon\text{-カプロラクタム} \longrightarrow -[CO(CH_2)_5NH]_n-$$

ε-カプロラクタム

ナイロン6

図1.47　ナイロン6の製造

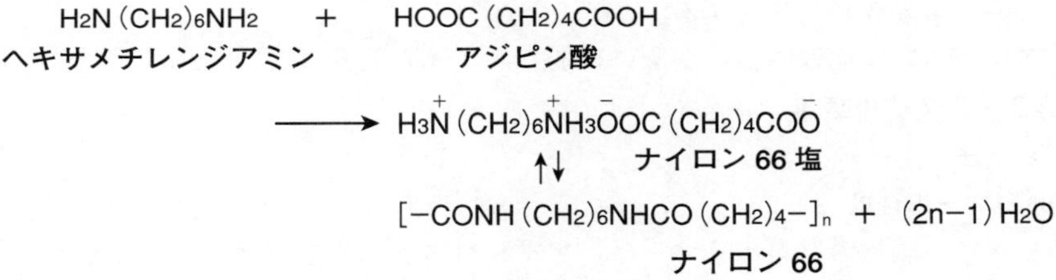

$$H_2N(CH_2)_6NH_2 \quad + \quad HOOC(CH_2)_4COOH$$

ヘキサメチレンジアミン　　　　　　アジピン酸

$$\longrightarrow \overset{+}{H_3}N(CH_2)_6\overset{+}{N}H_3\overset{-}{O}OC(CH_2)_4CO\overset{-}{O}$$

↑↓　　ナイロン66塩

$$[-CONH(CH_2)_6NHCO(CH_2)_4-]_n \quad + \quad (2n-1)H_2O$$

ナイロン66

図1.48　ナイロン66の製造

重合して得られ（図1.47），ナイロン66のポリマーは，ヘキサメチレンジアミンとアジピン酸の溶融重縮合によって得られる（図1.48）。

　ポリマーの融点は，ナイロン6は215～220℃，ナイロン66は250～260℃であり，耐熱性が要求される産業資材用途（タイヤコードなど）には，ナイロン66の方が適する場合が多い。

②紡　糸

　ナイロンの紡糸は溶融紡糸であり，ポリエステルとほぼ同様にスピンドローが中心で，POY方式や紡糸－延伸方式が併用されている。

　カーペット用のBCF（Bulked Continuous Filament：かさ高長繊維糸）の場合は，紡糸－延伸－捲縮付与を連続して1工程で行う。

　モノフィラメントの場合は，紡糸口金から吐出した後，5～10℃の冷水浴中で急冷して固化し，温水浴あるいは高温の加熱装置を通して多段で延伸する。

(2)特徴，用途

①タフネスと耐摩耗性に優れ，カーペット，靴下，エアバッグ，カバン地，テニスラケットのガット，釣り糸などには最適の素材である。

②風合いがソフトで，吸湿性も合成繊維の中では優れていることから，ランジェ

39

リーやスポーツ衣料にも用いられている。

③近年，吸放湿繊維や高中空率の長・短繊維が提供されて，衣料やカバン地などとして用いられている。

④染色には，通常，酸性染料が用いられ，繊維分子中のアミノ基（－NH₂：水中では－NH₃⁺となり，塩基性）が染料分子中の酸性基（－SO₃Na など：水中では－SO₃⁻）とイオン結合を形成するので，湿潤堅ろう度は優れる。

⑤アミド結合（－CONH－）を含む繊維に共通の現象として，日光に長時間曝すと徐々に黄変し，脆化する。

⑥アルカリには比較的強いが酸には弱く，ナイロン 6 は 20％ 塩酸に溶解する。

4.3.3 アクリル繊維

(1)製　法

①ポリマーの合成

アクリル繊維の原料ポリマーは，アクリロニトリルを重合してつくるが，アクリロニトリル 100％ のホモポリマーは，分子間凝集力が強すぎて柔軟性に乏しく，溶媒に溶解しにくく，また，染料との親和性がないために染色もできない。これらの問題を解決するために，分子間を広げて柔らかくするための物質と，染料と親和性のある物質（通常は，カチオン染料とイオン結合する酸性物質）をアクリロニトリルに対してそれぞれ数 mol％ずつ共重合させてポリマーをつくる。共重合する物質の種類や量は，繊維メーカーによってそれぞれ異なる。図 1.49 に，アクリル繊維の分子構造概念図を示す。

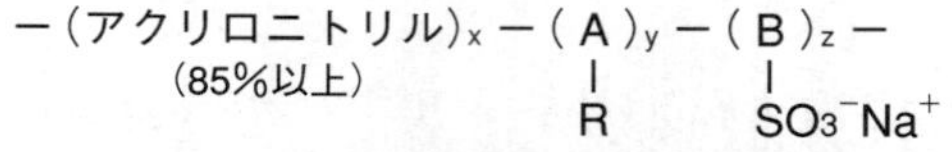

$$-(アクリロニトリル)_x-(\,A\,)_y-(\,B\,)_z-$$

（85％以上）　　　　　|　　　|
　　　　　　　　　　　R　　SO₃⁻Na⁺

図 1.49　アクリル繊維の分子構造概念図

家庭用品品質表示法では，アクリロニトリルが 85 wt％ 以上のものを「アクリル繊維」と表示し，85％ 未満で 35％ 以上のものは「アクリル系繊維」と表示することとなっている。アクリル系繊維は，モダクリルともいわれる。

②紡　糸

アクリル繊維は，湿式紡糸と乾式紡糸が可能であるが，現在，世界的に圧倒的なウェートを占めているのは湿式紡糸である。また，フィラメントも一部生産されていたが，2010 年に停止された。ここでは，ステープルの湿式紡糸に

ついて解説する。

　溶媒として，DMAC(ジメチルアセトアミド)，DMF(ジメチルホルムアミド)などの有機溶媒，あるいは，NaSCN，$ZnCl_2$ などの無機塩の水溶液，濃硝酸(HNO_3)などが用いられ，紡糸原液中のポリマー濃度は10〜30%である。

　凝固浴には，同じ溶媒の希薄水溶液が用いられ，凝固浴を出た糸条は，洗浄後，ガラス転移温度(80〜95℃)以上の温度で数倍に延伸され，続いて熱処理，オイリング，乾燥を経て，クリンパーにより捲縮が付与される。図1.50[28]に，アクリル繊維の紡糸装置(水平方向への紡糸方法)を示す。

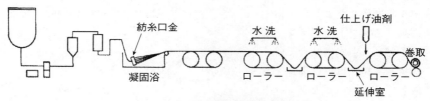

図1.50　アクリル繊維の紡糸装置[28]

(2)**特　徴**

① 比重が1.14〜1.17で，繊維そのものが軽い(羊毛は1.32)。
② 熱可塑性を利用して，かさ高性に富む紡績糸をつくることができる。
③ 染色には，通常，カチオン染料が用いられ，繊維分子中の酸性基が染料分子中の塩基性基とイオン結合を形成する。発色性，湿潤堅ろう性に優れる。
④ 耐候性は，すべての繊維の中で最も優れる。
⑤ 吸湿性が低く，そのために帯電しやすい(公定水分率2.0%)。
⑥ 80〜90℃で軟化し，アイロンを掛けると生地がつぶれて風合いが失われるので，織物には適しない。
⑦ 制電性や導電性，抗菌防臭，消臭，吸湿発熱などの機能を備えたタイプも提供されている。

(3)**用　途**

　衣料分野ではウール混のセーターや靴下など，インテリア・寝装分野では毛布，カーペット，カーテン，イベント用の旗などに利用される。
　アクリル繊維は，ほぼ全量がステープルであり，紡績糸として用いられるが，国内では紡績が縮小されたために，国内で生産されるアクリル繊維の90%以

上が輸出され、海外で紡績されている。

アクリル系繊維としては、塩化ビニルを共重合させたもので、難燃性・柔軟性に優れ、カーテンやハイパイルなどに利用されているものがある。

4.3.4 ポリウレタン繊維
(1) 特徴, 用途
① ポリウレタン繊維は 400〜800% まで容易に伸び、50% 伸長時の回復率は 95〜100% という優れた伸縮性を有する。引張強さは小さく、約 1 cN/dtex である。

② 分子の骨格は、図 1.51[15]にモデル的に示したように、自由に動けるソフトセグメントと、分子どうしが水素結合で強く凝集して結晶に近い構造を形成しているハードセグメントが交互に連結されたブロック共重合体であり、ソフトセグ

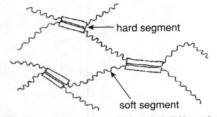

図 1.51 ポリウレタン繊維の分子骨格モデル[15]

メントが伸びをもたらし、ハードセグメントが弾性回復をもたらす。

③ 他の合成繊維フィラメント糸や紡績糸で被覆して、複合糸として用いられるほか、ポリウレタン単独のベアヤーンとしても用いられる。図 1.52[29]に、ポリウレタン繊維の加工糸を示す。

④ 用途はアウター、インナー、スポーツ、レッグなどの衣料用、車のシートやシューズなどの資材用、サポーター、テーピングなどのメディカル用など多岐にわたる。

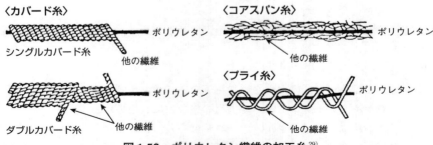

図 1.52 ポリウレタン繊維の加工糸[29]

⑤使用上の一般的な注意事項として，塩素系漂白剤入り洗剤の使用を避けること，伸ばした状態でアイロン掛けをしないこと，直射日光を避けて陰干しを行うことなどが挙げられている。
⑥米国ではスパンデックス(spandex)，欧州ではエラスタン(elastane)が一般名として用いられている。

(2) 製 法

ポリウレタン繊維の大部分を占める乾式紡糸の代表的な例について述べる。

①ポリマー

ポリウレタンは，ソフトセグメントとハードセグメントのブロック共重合体であり，ソフトセグメントはポリテトラメチレングリコール(PTMG)とジフェニルメタンジイソシアナート(MDI)との交互共重合体，ハードセグメントはエチレンジアミン(EDA)と MDI との交互共重合体からなる。すなわち，下記のソフトセグメントとハードセグメントの繰り返しである。

$$\{(PTMG-MDI)_m \cdot (EDA-MDI)_n\}_k$$
　　　ソフトセグメント　　　ハードセグメント

ただし，
　PTMG：HO$\{(CH_2)_4O\}_m$H
　EDA：H$_2$NCH$_2$CH$_2$NH$_2$
　MDI：OCN-R-NCO

　R：—〈benzene〉—CH(H)(H)—〈benzene〉—

である。

②紡 糸

揮発性の有機溶媒に溶解したポリマー濃度約 30 wt% の溶液を 100℃ 前後に予熱した後，紡糸ノズルから加熱筒中に紡出して乾式紡糸を行う。

紡出糸条から，加熱筒中の高温ガス流(たとえば，約 300℃ の空気流)へ溶媒が蒸発し，同時に紡糸張力によって細化が進む。紡糸筒の下で仮撚りを施

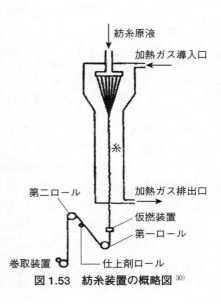

図 1.53　紡糸装置の概略図[30]

第1編　繊維の基礎知識

し，油剤を付与して巻き取る。仮撚りは紡糸筒上部の単繊維接合点まで遡らせ，単繊維間を集束させる。通常，複数本の単繊維が集束され，部分的に接着されて1本の糸を構成しており，単繊維の繊度は溶媒が蒸発しやすいように10 dtex以下とすることが多い。紡糸速度は数百～千数百 m/分。図1.53[30]に，紡糸装置の概略図を示す。

4.3.5　PTT（ポリトリメチレンテレフタレート）繊維

　PTT 繊維は，テレフタル酸と TMG（トリメチレングリコール）からポリマーを合成し，溶融紡糸によってつくる新種のポリエステル繊維であり（図1.54），次のような特徴を有する。

①低い応力で伸び，かつ，回復力が優れる。

②染色温度は110～120℃ が最適とされるが，98℃ でも美しく染まる。

③熱セット性，形態安定性が優れ，しわの発生や型崩れ，洗濯による寸法変化などが生じにくい。

④耐光性は PET 繊維に匹敵し，ナイロンより優れる。

⑤沸水収縮率14%，ガラス転移温度51℃，融点230℃ であり，熱的特性も衣料用繊維としてバランスのとれた値を示す。

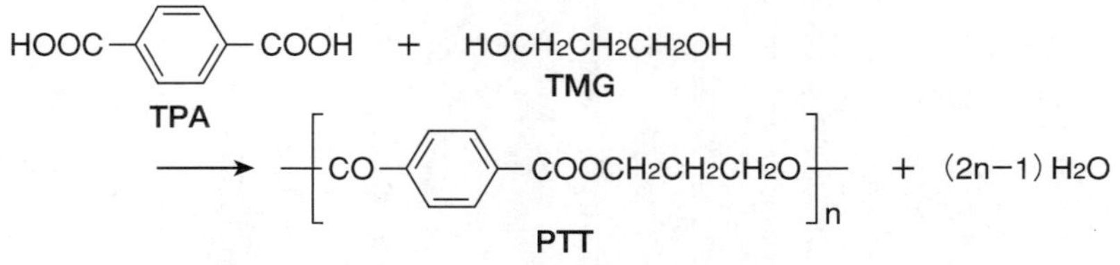

$$HOOC-\!\!\!\bigcirc\!\!\!-COOH \ + \ HOCH_2CH_2CH_2OH$$

TPA　　　　　　　　　TMG

$$\longrightarrow \ \big[CO-\!\!\!\bigcirc\!\!\!-COOCH_2CH_2CH_2O\big]_n \ + \ (2n-1)\,H_2O$$

PTT

図1.54　PTT の製造

　表1.7[31]に「ソロテックス®」（PTT 繊維）の物性を示す。

　PTT 繊維の研究の歴史は古いが，TMG の経済的な合成法がなく，工業的生産は行われなかったが，1990 年代になって Degussa 社がアクロレイン水和-水添法で TMG を工業化し，DuPont 社で PTT が製造された。また，Shell 社はエチレンオキサイドの合成ガスを反応させ，生成物を水添させ TMG を工業化し PTT を製造した。現在，DuPont 社はトウモロコシを原料とし，発酵法で TMG を生産する技術を確立し，合弁会社で製造している。

　日本では，PTT 単独あるいは他素材と複合して，ストレッチ性を活かした衣料用途を中心に展開されている。

第 4 章　化学繊維

表 1.7　「ソロテックス®」(PTT 繊維)の物性[31]

	ソロテックス®	ポリエステル	ナイロン 66
引張強さ(cN/dtex)	2.8〜3.5	3.7〜4.4	4.1〜4.5
伸度(%)	45〜53	30〜38	32〜44
柔らかさモジュラス(cN/dtex)	20	97	31
伸長回復率(%)	67〜88	29	62
沸水収縮率(%)	7〜9	7	13
融点(℃)	230	254	253
耐候性による強度低下	ほとんどなし	ほとんどなし	やや低下し，黄変する場合がある

4.3.6　ポリ乳酸(PLA)繊維(PLA：polylactic acid)

(1)概要，製法

　ポリ乳酸繊維は，トウモロコシの醗酵によって乳酸をつくり，これを重合してポリ乳酸とし，溶融紡糸によってつくる合成繊維で，ポリエステル繊維の一種である。

　トウモロコシの生育中に大気中の CO_2 を吸収するので，トータルの CO_2 排出量は他の化学繊維に比べて少なく，また，化石資源の涸渇化につながらない。いわゆる，カーボンニュートラルな素材である。

　乳酸には，D 体と L 体の 2 種の光学異性体があり，有機合成法ではこれらがほぼ同量ずつ生成するので，これを重合しても非結晶性の融点の低いポリマーしか得られないが，醗酵法では L 体を主とし，D 体は少量しか含まないので，これを重合したものは立体規則性が高く，高結晶性で融点が比較的高い(170〜175℃)ポリマーとなり，優れた繊維形成能を有する。

　ポリマーは Cargill 社(米)から供給されており，乳酸を 2 量体化してラクチドとした後，開環重合によって分子量 10〜20 万のポリ乳酸を得ている(図 1.55)。

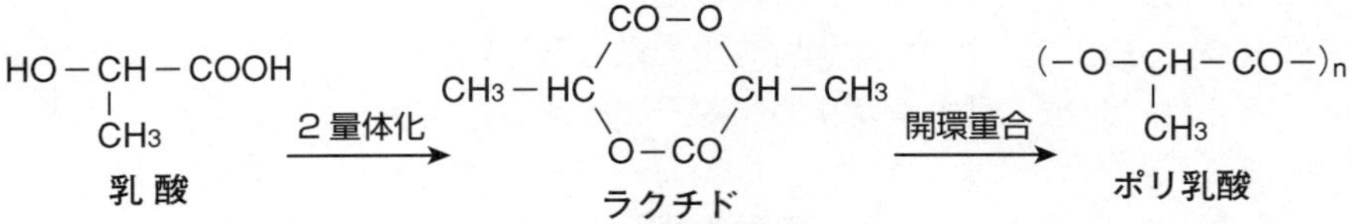

図 1.55　ポリ乳酸の製造

45

(2) 繊維の特徴

① ポリ乳酸は生分解性であるが，もともと自然界に存在していた物質ではないので，これを分解する微生物は自然界には少なく，通常の使用条件で生分解が生ずることはない。コンポスト（堆肥）中で，高温・高湿度・高アルカリ性の条件下で加水分解を促進した以降は生分解が進み，全体として約45日間で分解が完了する。

② 園芸資材やゴミ袋などのほか，ポロシャツなどの衣料分野へも展開されているが，衣料については，以下の諸項目が要注意点とされている。

    a) 染色は，染着量と耐熱性の面から 100～110℃ で行うこと。
    b) アイロン掛けは 110℃ 以下で，当て布をして行うこと。
    c) 染色の乾摩擦堅ろう度が低いので，タンブラー乾燥は避けること。
    d) 高温多湿な場所での保管や，強い摩擦を伴う場所での使用を避けること。

③ 抗菌性を有すると報告されている（静菌活性値＞5.9）。ポリ乳酸中に含まれるごく微量の乳酸あるいはオリゴマーが繊維表面に浸出して弱酸性を保ち，抗菌作用をもたらすものと推定されている。

④ 最近，ポリ乳酸を芯成分とする芯鞘繊維から，テキスタイル化後に芯成分を溶出することによって，中空繊維となるナイロン66のフィラメント糸やステープルが提供されている。ポリ乳酸はアルカリによって容易に分解され，溶出された成分は生分解性なので，排液処理工程が比較的簡易であると推定される。

4.3.7 ポリプロピレン（PP）繊維

(1) 特徴，用途

ポリプロピレン（図1.56）は，炭素と水素のみの化合物であるため，吸湿性が全くなく，染色ができず，融点が 160～170℃ で耐熱性が十分ではないことから，従来は衣料用にはほとんど用いられていなかったが，次のような特徴があることから，産業資材分野で利用されている。

① 比重が 0.91 で，すべての繊維の中で最も軽い。
② 耐水性，耐酸・耐アルカリ性等に優れる。
③ 低融点であることにより，熱融着性が良い。

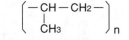

図 1.56 ポリプロピレンの構造式

主な用途は，マルチフィラメントではカーペット，船舶の係留ロープ，建設工事現場の養生ネット・メッシュなど，またモノフィラメントでは網戸，ろ過布などであり，ステープルでは不織布用途の比率が最も高

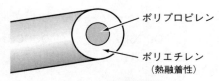

図 1.57　熱融着繊維

く，中でも，芯に PP，鞘にポリエチレン（融点 130℃）を配した芯鞘繊維は，熱融着繊維（図 1.57）として衛生資材向けを中心とするサーマルボンド不織布に広く用いられている。

(2) 製　法

今日では，高性能の触媒を用いて立体規則性が高く，結晶性の優れたポリプロピレン（isotactic PP）が合成され，繊維化に適した平均分子量と分子量分布をもつものが提供されている。紡糸は溶融紡糸で，フィラメントの場合は，紡糸と延伸を連結したスピンドローが主である。

4.3.8　ビニロン

(1) 特徴，用途

ビニロンは，1950 年に国産技術によって世界で初めて工業化された繊維である。

湿熱寸法安定性と染色性に難点があるため，衣料用としてはほとんど用いられていないが，強力，弾性率，耐アルカリ性，ゴムやセメントとの接着性，耐候性など，産業用として要求される性能が優れており，製法や用途に関する新技術の開発と相俟って，中量ながら産業用の広い分野で活用されている。主な用途は，ホース・ベルト類，アスベスト代替としてのセメント補強，高靭性のセメント複合材，電池セパレーターなどである。

(2) 製　法

① ポリマー

酢酸ビニルをメタノール溶液中でラジカル重合し，得られたポリ酢酸ビニルを水酸化ナトリウム触媒でけん化し，ポリビニルアルコール（PVA）を製造する（図 1.58）。繊維には，通常，重合度 1,700 近辺，けん化度 99.7 mol% 以上が使用されるが，最近工業化された全有機溶剤系ゲル紡糸では，95 mol% 以下の低けん化度の PVA も使用できるようになった。

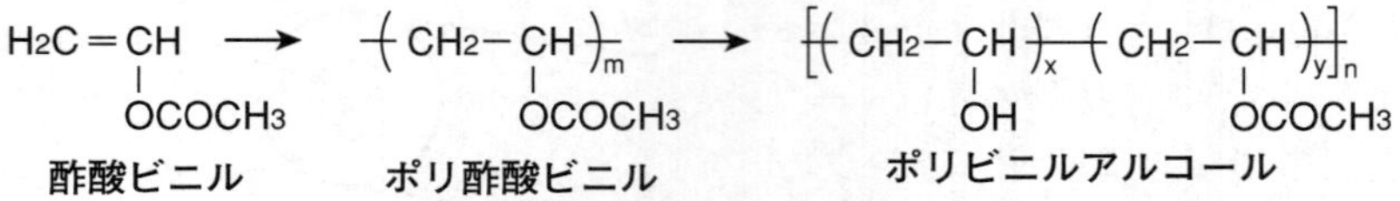

第1編　繊維の基礎知識

けん化度（mol％）＝ { x/(x+y) } ×100（％）

図1.58　ポリビニルアルコールの製造

②紡糸技術

(a)脱水凝固紡糸（従来法）

　平均重合度 1,600～1,800，けん化度 99.4 mol％以上の PVA を原料として，その約 15％ の水溶液を硫酸ナトリウムの濃厚水溶液中に紡出して凝固させ，延伸・熱処理を行う。PVA 水溶液が硫酸ナトリウム水溶液中で急速に脱水されるために，スキン・コア構造となり，延伸性が低く，配向度や結晶化度が不足するので，耐水性確保のために－OH 基の 30～40％ をホルマール化することが必須となる。

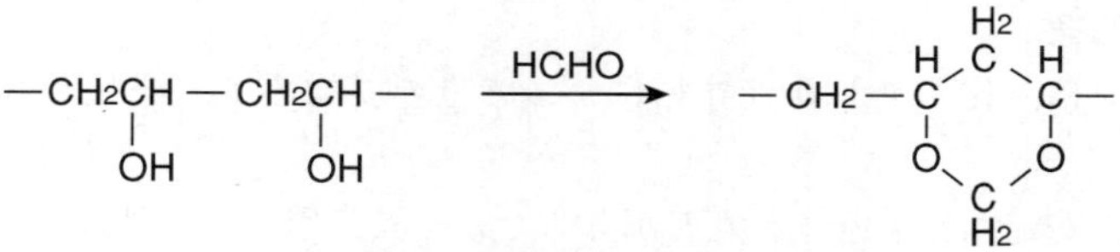

図1.59　脱水凝固紡糸法

(b)湿式冷却ゲル紡糸法（「クラロン K‐Ⅱ®」）

　PVA を DMSO（ジメチルスルフォキシド）に溶解し，冷メタノール中へ紡出して急冷し，溶媒を含んだまま固化させて，断面全体が均質なゲル状の未延伸糸をつくる。その後に凝固液の浸透，溶媒の抽出，延伸の一連のプロセスを緩やかに進行させることにより，高倍率の延伸が可能となり，高重合度（18,000程度）の PVA を用いれば，アラミド繊維並みの強度を発現することも可能であると報告されている。

　また，この紡糸法では低けん化度のポリマーを用いることができ，けん化度の調整によって種々のグレードの水溶性 PVA 繊維を製造することができる。自重の数十倍の水を吸収するタイプも開発されている。図 1.60 [32] に，冷却ゲル紡糸の概念図を示す。

48

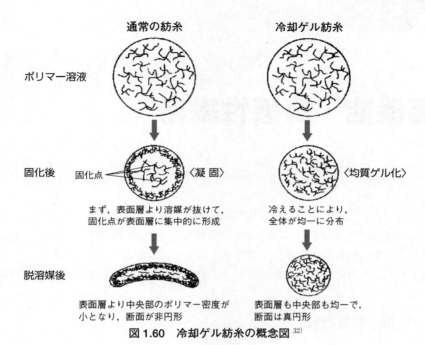

図 1.60　冷却ゲル紡糸の概念図 [32]

第5章

高機能・高感性繊維

　化学繊維の外観や風合いの改良は，絹や羊毛の形態を模倣することから始まり，今日では複数の効果を持つ高機能・高感性繊維が数多く提供されるようになった。これらの一連の技術のうち，主要な要素技術について要点を解説する。

5.1　異形断面繊維

　合成繊維の高感性化指向は，絹の優雅な光沢とドライタッチを目指して，ブライトポリマーの三角断面繊維の開発から始まった。初期のものは，1本の糸を構成するすべての単繊維の断面形状や大きさは同一で，均一性が極めて高いものであったが，1980年代になると，絹の自然なむらに倣って，単繊維1本ごとに形も大きさも異なり，さらには熱収縮性も異なるように緻密に設計されたものまで提供され，シルキーな光沢感やふくらみ感のある織物がつくられるようになった。

　図1.61[33]に旧ユニチカファイバーの「ミキシイ®」の断面形状を示す。

　異形断面糸の形状は，紡孔(吐出孔)形状によって決まる。図1.62[34]に，吐出孔形状と繊維の断面形状を示す。

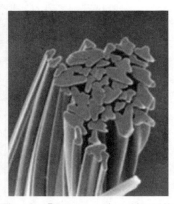

図1.61　「ミキシイ®」の断面形状 [33]

第 5 章　高機能・高感性繊維

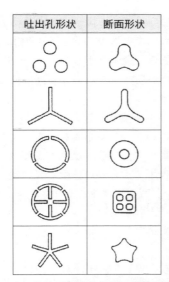

図 1.62　吐出孔形状と繊維の断面形状[34]

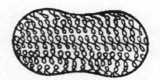

図 1.63　繭糸の配列状態[35]

図 1.64　繭糸の吐出軌跡[36]

5.2　異収縮混繊糸

絹には，蚕が∞字状に吐糸することで形成される天然の捲縮があり，柔らかなふくらみ感を与えている。

図 1.63[35]に繭糸の配列状態を，図 1.64[36]に繭糸の吐出軌跡を示す。このふくらみを合成繊維で実現する試みの 1 つが異収縮混繊糸であり，熱収縮率が異なる 2 種のフィラメントを混合して 1 本の糸にしたものである。その布地の処理によって，高収縮繊維は糸の中心部に集まり，低収縮繊維はその周りにふくらみを形成して柔らかいタッチを与える。図 1.65 に，異収縮混繊糸モデルを示す。

図 1.65　異収縮混繊糸モデル

2種のポリマーを同一の紡糸口金から紡出して,一挙に複合糸をつくる方法と,ポリマーの異なる糸,あるいは同一ポリマーで熱履歴の異なる糸を別々につくり,後工程で合わせて1本にする方法がある。通常のポリエステル(PET)と収縮性の大きい共重合PETとの組み合わせが多い。また,より高感性の風合いを目指して,次のような技術が開発されている。

①低収縮繊維には,極細繊維を用いて柔らかさを強調する。
②熱処理によって伸びる糸(自発伸長糸)を用いて,ふくらみを大きくする。
③ポリマー技術と後加工との組み合わせによって,低収縮繊維の表面に,絹繊維表面のような微細な凹凸をつくり,繊細で柔らかい感触と光の乱反射効果による深色性を表現する[「ロンテル®」(帝人),「フェミノス®」→「シルクデュエット®」→「シルクデュエット μ®」(東レ)]。
④高収縮繊維として,糸に弾性をもたせるために,繊度が太い糸や高反発性のストレッチ糸を用いる。
⑤低収縮成分・高収縮成分ともに,異種ポリマーを貼り合わせたコンジュゲート糸を用いる[「スペイシル®」(帝人)]。

5.3 サイドバイサイド型コンジュゲート繊維

コンジュゲート繊維とは,1本の単繊維が複数のポリマーで構成されているものをいう。このうち,初めに開発されたのは熱収縮性の異なる2種のポリマーを並列に貼り合わせたもので,羊毛のコルテックスの2相構造に学んだものである。熱処理によって高収縮成分が内側に,低収縮成分が外側に位置したスパイラル状の捲縮が発現する。

2種のポリマーは収縮性の差が大きく,かつ収縮差が生じても剥離しないように,両者の親和性が強いことが要求される。このために同系統のポリマーの組み合わせが主となり,低収縮側にはレギュラーのPETを,高収縮側には第3成分を導入した共重合PETを用いることが多い。後加工によって捲縮をつくるのではなく,繊維の本質的な特性により捲縮が発現す

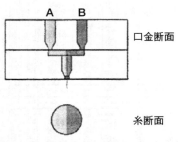

図1.66 複合紡糸の紡口と糸断面[37]

第5章 高機能・高感性繊維

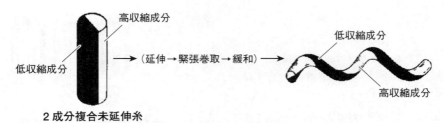

図1.67 サイドバイサイド型コンジュゲート繊維[38]

るので，潜在捲縮性繊維ともいう。

図1.66[37]に複合紡糸の紡口と糸断面を，図1.67[38]にサイドバイサイド型コンジュゲート繊維を示す。

5.4 超極細繊維

超極細繊維の定義は明確ではないが，一般的には0.1～0.3 dtex以下の繊維を指すことが多い。ナノファイバーは，現状ではこれとは別範疇のものとして扱われている。

5.4.1 超極細繊維の特徴，用途

①超極細繊維の特徴の1つである柔らかさを活かした製品として，人工皮革やピーチスキン調あるいはヌバック調の織物などがある。前者は超極細繊維の不織布にポリウレタン樹脂を含浸させ，凝固・発泡させて表面起毛したものであり，後者は超極細繊維織物を薄起毛加工したもの，あるいは超極細繊維織物表面を擦って短い毛羽を立たせてヌバック調にしたものである。

②細くて比表面積が大きいので，吸着性能が優れ，これを活かした製品には，工業用ワイパーやレンズクリーナーなどに利用される不織布や織物がある。

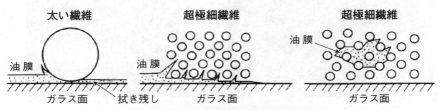

図1.68 超極細繊維の拭き取り性[39]

53

繊維が細いので,微小な汚れも砕き,吸着する。最近は,洗顔用としても多く使われるようになった。図1.68[39]に,超極細繊維の拭き取り性を示した。

5.4.2 超極細繊維の製法

①**直接紡糸法**：0.1 dtex 程度の繊維を直接紡糸する。

②**海島型**：1本のフィラメントにおいて,海成分となる溶解性のポリマーの中に,島成分として多数の超極細繊維が配列された繊維をつくり,布地にした後に海成分を溶解除去する方法であり,ポリスチレン(海)とポリエステル(島)の組み合わせが多い。

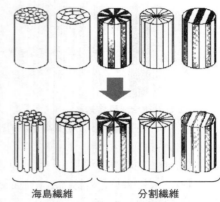

図1.69　海島繊維・分割繊維の製法の模式図[40]

この方法で,島成分を海島構造にし,さらにその島成分を海島構造にすることによって,限りなく細くすることも可能となる。図1.69[40]に海島繊維,分割繊維の製法の模式図を示す。また,図1.70[41]に海島構造の断面図を示す。

③**分割型**：相溶性が乏しい2種のポリマーからなる各種の形状の多分割型複合繊維をつくり,テキスタイル化後の熱処理や揉み効果によって両成分を分離させる方法であり,ナイロン6とポリエステルの組み合わせが多い。この中

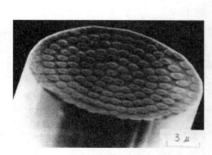

図1.70　海島構造の断面図[41]

図1.71　分割繊維[42]

で，菊形の分割繊維から 0.06 dtex の楔形ポリエステルが分離し，星形のナイロンが熱収縮することによって，超極細ポリエステル繊維が織物の表面にふくらみを形成するタイプがよく知られている。図 1.71[42]に分割繊維を示す。

5.5 ポリエステル繊維の高発色化

5.5.1 カチオン可染ポリエステル繊維

ポリエステル繊維の分子には，染料と化学的に結合する官能基が存在しないので鮮明に染まりにくいが，酸性基を有する化合物(例 SIP：図 1.72)を共重合し，カチオン染料の塩基性基($-NR_2$)とイオン結合を形成させることによって，鮮明な染色が得られるように設計した繊維があり，カチオン可染ポリエステルと称されている。

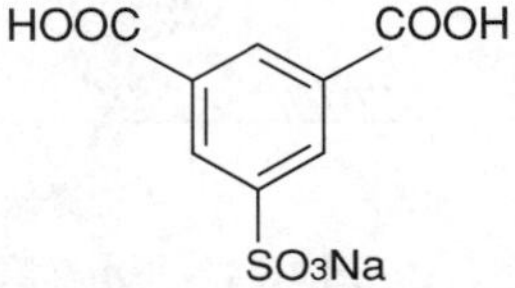

図 1.72　SIP の構造式

5.5.2 超ミクロクレーター繊維

繊維の表面に，可視光線の波長(380～780 nm)以下の微小な凹凸(ミクロクレーター)を 1 cm^2 当たり数十億個形成させた繊維である。図 1.73[43]に超ミクロクレーター「SN 2000®」の表面写真を示す。

物体に入射した白色光は，各種波長の光を同程度に含むので無色であるが，その一部の特定波長の光が染料その他で吸収されると，残った光が余色として眼に感じられる。したがって，表面で反射する光が多い場合には，薄く，白っぽい色になる。超ミクロクレーター繊維の場合は，繊維表面で反射散乱された光の一部は他の表面に当たって，一部は繊維内部へ入射し，一部は

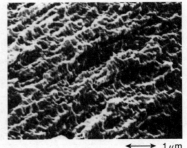

図 1.73　「SN2000®」の表面写真[43]

反射散乱され，この反射散乱された光がさらに他の表面に当たって同様の現象を繰り返す。これによって，平滑な表面の場合に比べて，白色光のまま繊維表面から反射される割合が少なくなり，特定波長の光が効率良く吸収されて，深色性をもたらす。

図 1.74[44]に，平滑な平面における反射の場合(A)と超ミクロクレーター繊維表面における反射の場合(B)について示す。婦人用ブラックフォーマルウェア

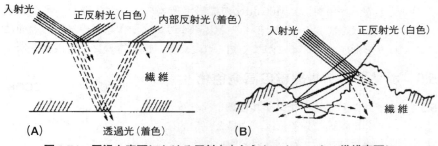

図 1.74 平滑な表面における反射（A）とミクロクレーター繊維表面における反射（B）[44]

などに用いられている。また，この原理は，今日開発されている新素材の多くで活用されている。

5.5.3 低屈折率ポリマーによる被覆

基材の屈折率が低いほど表面反射光が少なく，内部への吸収率が高くなる。優れた発色性を示す絹やアセテートは屈折率が低く，発色性が劣るポリエステルは屈折率が高い。ポリエステル繊維の高発色化のために，鞘部に低屈折率ポリマー（例：エチレン－ビニルアルコール系）を用いた芯鞘繊維や，布地の表面に低屈折率ポリマー（ふっ素系，シラン系など）の被膜を形成させたものなどがある。表 1.8 に繊維の屈折率と複屈折度を示す。

表 1.8 繊維の屈折率と複屈折度

	屈折率		複屈折度
	軸方向（$n_{//}$）	垂直方向（$n_\perp$）	（$n_{//} - n_\perp$）
絹	1.591〜1.595	1.538〜1.543	0.048〜0.057
トリアセテート	1.474	1.479	－0.005
ポリエステル	1.725	1.537	0.188

5.6 軽量・保温性繊維

人体から発する熱を，衣服内に閉じ込めた静止空気で遮断して外部への放出を防ぎ，保温する繊維を保温性繊維という。空気の熱伝導率は繊維より一桁小さいので，保温性を高めるには閉じ込める静止空気の量を増やすことが大きな効果をもたらす。このためには，高い空間率が得られる中空構造や異形断面が

有効である。保温性の向上により生地を薄くすることができるので，軽量化にもつながる。スポーツ衣料やコートに，また綿や再生繊維と複合して婦人・紳士衣料，カジュアル衣料，ユニフォーム，インナーなどへ展開されている。代表例を以下に示す。

①「エアロカプセル®」(帝人，図 1.75[45])

素材はポリエステル。中空率 35～40％，見掛け密度 0.9。

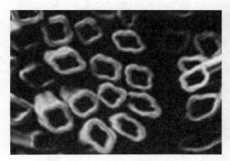 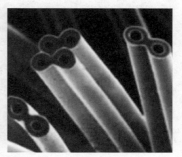

図1.75　「エアロカプセル®」[45]　　図1.76　「ツインエアー®」[46]

②「ツインエアー®」(旧旭化成せんい，図 1.76[46])

素材はポリエステル。繊維間の隙間による毛細管現象で，優れた吸水効果も併せもつ。

③「オクタ®」(帝人フロンティア，図 1.77[47])

素材はポリエステル。中空糸に，8本の突起を放射状に配列。繊維間の空隙により，吸汗速乾性やかさ高性を併せもつ。

④「エアーミント®」(クラレ，図 1.78[48])

素材はポリエステル。熱溶融性と水溶性を有するポリマーを島成分とする海島繊維から，布帛にした後に島成分を溶解する。中空率 40％ で，見掛け密度 0.83。

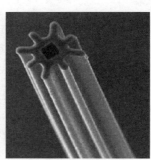

図1.77　「オクタ®」[47]

⑤「セボナーサムロン®」(東レ，図 1.79[48])

芯鞘繊維から，溶解性の芯成分(ポリ乳酸と推定)を布帛化後に溶出し，ナイロン 66 の中空短繊維および長繊維とする。バッグ，スポーツアウター等

57

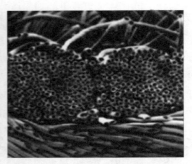

図1.78 「エアーミント®」[48]　　図1.79 「セボナーサムロン®」[48]

のほか，綿やリヨセルで覆った複合紡績糸として，インナーを含む衣料用へも展開されている。

5.7　吸放湿繊維

吸湿とは気体の水分，すなわち，水蒸気を吸収することをいい，吸放湿繊維とは環境の湿度によって吸湿量が大きく変化するように設計された繊維で，肌に近い高湿度側では積極的に吸湿し，反対側の低湿度側では放湿を促進して衣服内湿度の低減を図り，蒸れを防ぐ。次のような繊維が提供されている。

① 「**キューブアクア®**」（東レ，図1.80 [49]に三角断面繊維からなる「キューブアクア®」を示す）

ナイロン6の内部に高吸湿性ポリマーを均一に混合した繊維で，綿に近い吸湿性とナイロンの強度や耐摩擦性を併せもつ。断面形状を工夫し，繊維間の隙間の毛細管現象による吸水性や，無機粒子の添加による紫外線遮蔽機能を併せもつものなども提供されている。

② 「**ハイグラ®**」（ユニチカ，図1.81 [50]）

芯が特殊吸水ポリマーの網目構造で，鞘がナイロン6からなる芯鞘構造の繊維。芯部の網目に

図1.80 「キューブアクア®」[49]

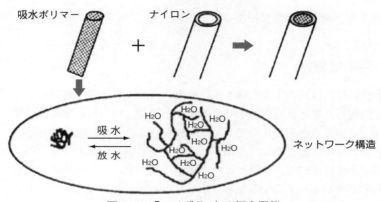

図1.81 「ハイグラ®」の概念図[50]

保水し，その保水力が適度にコントロールされているので，湿度の低い外気側への放湿が促進される。

③「ソフィスタ®」(クラレ，図1.82[51])

芯がポリエステルで，鞘がエバール(エチレンとビニルアルコールの共重合による親水性ポリマー)からなる芯鞘構造の繊維であり，鞘成分の適度の吸湿性によって吸放湿性を示す。新タイプでは，芯ポリマーと鞘ポリマーとの境界面をジグザグにし，芯側ポリエステルのヒダの厚みは，数十nmの一定間隔に制御されている。これによって境界面の面積は8～9倍となり，剥離に起因するトラブルを解消するとともに，透明性の高いエバールを通して到達した光の，ポリエステル表面における反射が抑制されて吸収効果

図1.82 「ソフィスタ®」の断面図[51]

が高まり，濃色効果を発揮する。

5.8 吸水性繊維

　吸水性とは，液状の水を吸収する性質をいう。天然繊維や再生セルロース繊維などの親水性繊維は吸水性を有するが，一般的にいわれる吸水性繊維とは，疎水性合成繊維の断面形状の工夫と表面の親水化により，毛細管効果による吸水性をもたせた繊維を指す。主にポリエステルでつくられ，汗などの吸い取られた水は迅速に拡散し，衣服の広い面積から蒸発するので速乾性があり，周りから蒸発潜熱を奪って清涼感を与える。綿やキュプラと複合して，吸湿性を併せもつ布地として用いられることが多い。代表例を以下に示す。
①「**テクノファイン®**」(旧旭化成せんい，図 1.83 [52])
　　素材はポリエステル。扁平 W 字断面で，吸水速乾性と柔らかさを特徴とする。
②「**コルティコ®**」(帝人，図 1.84 [53])
　　素材はポリエステル。繊維表面に微細なボイドを有する三角断面繊維。表面ボイドにより，水ぬれ性が良くなり，ドライ感も出る。

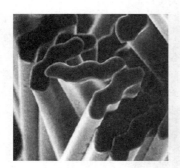　　　　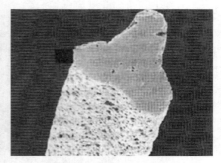

　図 1.83　「テクノファイン®」[52]　　　図 1.84　「コルティコ®」[53]

③「**スペースマスター®**」(クラレ，図 1.85 [54]に酸化チタンを練り込んだ紫外線遮蔽タイプ「スペースマスター UV®」を示す)
　　素材はポリエステル。十字断面にすることにより，吸水性と軽量性，肌への接触面積の減少によるべとつき感の低減を謳っている。

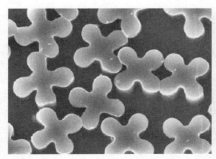 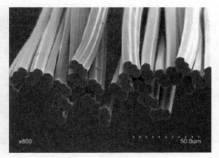

図 1.85 「スペースマスター UV®」[54]　　図 1.86 「ボディクール®」[55]

④「ボディクール®」(東レ，図 1.86 [55])

　素材はナイロン。扁平八葉断面にすることにより，肌との接触面積が増え，吸水性とともに接触冷感も得られる。

5.9　吸湿発熱性繊維

　水分を吸着することにより発生する吸着熱を利用することによって，保温性を高める繊維である。
　表 1.9 [56]に，各種繊維の吸着熱を示した。

表 1.9　各種繊維の吸着熱 [56]

	ポリアクリレート系繊維	ウール，羽毛	綿	ポリエステル
吸着熱[Jg^{-1}]	800〜2,000	350〜450	40〜50	ほとんどなし

・C 80 熱量計を用いて，試料を絶乾から，25℃・80.5% RH の条件下で測定した。

　表にあるように，ポリアクリレート系繊維の吸着熱は極めて大きい。この繊維は，アクリル繊維を原料にしてポリマーを改質して，分子中のニトリル基をカルボン酸基，カルボン酸ナトリウム基，カルボン酸アミド基に変えることにより親水化し，同時に高架橋化した繊維である。そのため吸湿性が高く，かつ膨潤性が制御された繊維形態をなす。ポリアクリレート系繊維は，他の繊維(たとえばポリエステル)と複合して用いられ，その際，複合する素材は吸着熱を長時間保持できるように保温性を有する繊維であることが必要である。

第1編　繊維の基礎知識

5.10　制電性繊維，導電性繊維

　物体を擦り合わせると，摩擦熱が発生して両者の間で電子の移動が生じ，電荷のバランスが崩れて静電気が発生する。天然繊維は水分を豊富に含むので，発生した電気は水中を伝わって拡散し，空気中の水分などへ逃げていくが，疎水性の合成繊維の場合は電気が逃げにくいため帯電が残存し，ほこりの付着や衣服のまとわりつきなどの障害が起きる。

5.10.1　制電性繊維

　ポリエステル，ナイロン，アクリルなどの疎水性合繊繊維の内部に，親水性のポリマーを筋状に混合した繊維で，空気中の水分を吸収し，その水分を通じて電気を拡散させる。

　環境の湿度が低くなると（たとえば，30〜40% RH 以下），制電効果は低下するが，日常の生活では問題となることは少なく，インナーや裏地などで広く用いられている。

　制電性能として，20℃，40% RH での摩擦帯電圧が 1.0〜1.5 kV 以下であることが望まれている。通常の合成繊維は 3〜5 kV である。

5.10.2　導電性繊維

　金属繊維や炭素繊維は，それ自体が導電性であるが，導電性の合成繊維としては，金属，カーボン，導電性セラミックなどの微粒子を，疎水性芯鞘繊維の芯部に配合した繊維が主で，導電性物質を通じて電子が移動し，空中への微小な放電の繰り返し（コロナ放電）によって帯電を防ぐ。水分が関与しないので，湿度の影響は軽微である。エレクトロニクス工業，精密機器，医薬品工業等における防じん衣や化学プラントでの防爆作業服などとして広く使用される。一般的には，比抵抗が $10^5 \Omega \cdot cm$ 以下が導電性繊維とされ，通常，0.1〜5% の導電性繊維を混用することで必要な性能が得られる。代表例を以下に示す。

①「**コアブリッドサーモキャッチ**®」（旧三菱レイヨン，図 1.87[57]）

　　白色のアクリル繊維で，導電性物質として，酸化チタンの表面をアンチモン・錫酸化物で覆ったサブミクロンオーダーの微粒子を使用している。蓄熱保温性を併せもつ。導電性繊維を 3% 程度混合して，紡績として使用する。図 1.88[57]に，「コアブリッドサーモキャッチ®」の静電気防止機構を示す。

②「**クラカーボ**®」（クラレトレーディング，図 1.89[58]）

　　素材はポリエステル。特殊断面構造の導電性繊維であり，導電性カーボン

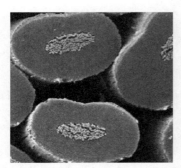

図1.87 「コアブリッドサーモキャッチ®」の繊維断面[57]

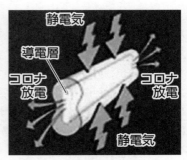

図1.88 静電気防止機構[57]

あるいは白色系金属酸化物を練り込んで,複合紡糸をしている。

5.11 抗菌防臭繊維,制菌繊維

衣服に付着した汗などの人体からの分泌物を栄養源として,黄色ぶどう球菌などが繁殖すると,悪臭や不快感が生じる。抗菌防臭繊維とは,繊維上の

図1.89 「クラカーボ®」の繊維断面[58]

細菌の増殖を一定レベル以下に抑えることによって,この悪臭の発生を防止することを目的とした繊維であり,制菌繊維とは,繊維上の菌の増殖そのものを許さない繊維である。

抗菌性を付与する方法として,抗菌剤を繊維に混合する方法と布地に固着させる方法がある。ここでは前者の代表例を紹介する。

5.11.1 金属イオンの利用

銀イオン(または銅イオン,亜鉛イオン)をゼオライトなどの無機系の多孔性粒子に担持させ,繊維の製造工程で混合する。溶出する微量の金属イオンの直接作用と,金属イオンの作用で生成する活性酸素が,菌の細胞を破壊すると考えられる。ゼオライトは,規則的な三次元立体構造を有する結晶性含水アルミノけい酸塩(Na_2O-Al_2O_3-SiO_2-H_2O)で,数Åの細孔を有し,比表面積は約650 m^2/g と大きい。

5.11.2 キチン・キトサンの利用

カニの甲羅などから抽出したキチンをアルカリ処理して,70%程度をキトサンに転換したものをキチン・キトサンと称し,これを繊維の製造工程で混合する。キトサンのアミノ基のプラス電荷($-NH_2$が水に触れ,$-NH_3^+$となる)により,菌細胞が破壊されるものと考えられる。また,キトサンには抗菌性のほかに,吸湿性・保湿性およびそれによる制電性もあるので,アクリルなどの疎水性繊維の場合はそれらの効果も付与される。図1.90にセルロース,キチン,キトサンの分子構造を示す。

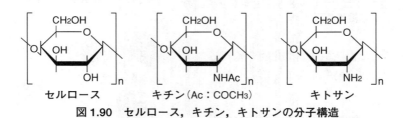

図1.90 セルロース,キチン,キトサンの分子構造

5.12 消臭繊維

表1.10に示したように,アンモニア,硫化水素,メチルメルカプタン,トリメチルアミンが発するにおいを4大悪臭という。

表1.10 4大悪臭

原因物質	においの特性
アンモニア	トイレの刺激臭
硫化水素	卵の腐乱臭
メチルメルカプタン	腐ったタマネギ臭
トリメチルアミン	腐った魚臭

これらの悪臭を無臭化する基本技術として,次のようなものがある。

(1)悪臭の吸着

悪臭物質を,ゼオライトなどの多孔性粒子に吸着させて封じ込める。

(2)悪臭の捕捉

繊維に結合させた銅およびアルミニウムなどの金属イオンや,繊維分子中の酸性基により,悪臭物質を化学的に捕捉する。

(3)人工酵素

生体内の酵素に類似した合成化学物質(金属フタロシアニン誘導体)により,メチルメルカプタン,硫化水素,アルデヒドなどを,酵素と類似の反応で酸化

して無臭物質に変え，分子中の多数のカルボキシ基（-COOH）がアンモニア，アミンなどの塩基性の悪臭イオンをキャッチして，化学的に結合し無臭化する。

(4) 酸化チタン光触媒による分解

酸化チタン（TiO_2）の微粒子が紫外線を吸収すると，そのエネルギーによって電子（e^-）と正孔（h^+）ができる。電子は粒子表面の酸素をスーパーオキシドアニオン（O_2^-）という活性酸素に変え，正孔は水をヒドロキシルラジカル（・OH）という活性酸素に変える。

これらの活性酸素は酸化力が強いので，粒子表面に存在する細菌や悪臭物質など，すべての有機物を二酸化炭素（CO_2）と水に分解する。光触媒の反応機構を図1.91[59]に示す。通常の殺菌剤と異なり，細菌を死滅させるだけでなく，その死骸を CO_2 と水に分解する。このため，反応が飽和に達することはなく，耐性菌が生まれる可能性がない。

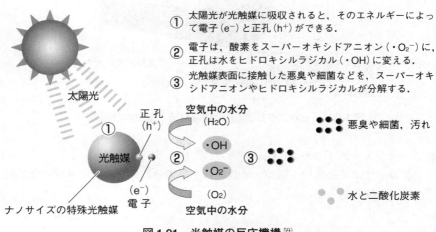

図1.91　光触媒の反応機構[59]

紫外線を照射している時以外は機能しないので，通常の化学的消臭剤と併用することが多い。紫外線だけでなく，蛍光灯の光にも反応する光触媒の探索が進められ，「V-cat®」（豊田中央研究所）や酸化タングステン系光触媒（NEDO：WO_3 に Pd または CuO を併用）などの成功例がある。

繊維自身の分解を防ぐためのガードとして，酸化チタン粒子を光触媒活性のないシリカなどの膜で被覆して繊維との接触を最小限にし，かつ酸化チタンと

光との接触を図るためにシリカ膜を多孔質にしたものが提供されている。

光触媒として用いる酸化チタンは，数 nm～数十 nm の微粒子であり，繊維の艶消し剤として用いる通常の酸化チタン粒子の 1/10 以下のサイズである。

代表例を以下に示す。

①「**セルフクリア**®」（日本エクスラン工業，図 1.92 [60]）

アクリル繊維自体に，ナノサイズの表面連通細孔構造を持つ多孔層と光触媒酸化チタンを含有させた繊維。

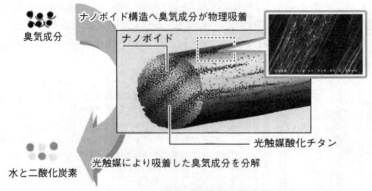

図 1.92　「セルフクリア®**」の繊維構造と消臭の仕組み** [60]

②「**シャインアップ**®」（クラレ）

芯がポリエステルで，鞘がナイロンの芯鞘構造。鞘に酸化チタンと化学的消臭剤を練り込んでいる。

5.13　紫外線遮蔽繊維

地表面に到達する紫外線は，A 波（380～320 nm）が大部分を占め，日焼け，シミ，そばかす，皮膚の老化などをもたらす危険がある。B 波（320～290 nm）や C 波（290～100 nm）は極めて有害であるが，これらは大気圏の上層部で酸素原子，酸素分子，オゾンに吸収されるので，地表にはほとんど到達しない。

紫外線遮蔽繊維とは，紫外線を吸収または反射散乱させる物質を繊維内部に配合するか，または後加工で固着させた繊維をいう。繊維内部に配合する方法

では，紫外線を吸収もするが散乱させる効果を主とする酸化チタンや酸化亜鉛などの微粒子を用いる。

たとえば，芯鞘構造のポリエステルやナイロン繊維の芯部に，紫外線を吸収・反射するセラミック粒子を5～10%混合し，無機粒子による接糸部の材料の損傷を防ぐため，鞘部は通常のポリマーとしたものなどがある。UVケアのほかに，遮熱によるクーリング，透け防止，ドレープ性向上などの効果もある。芯鞘繊維の芯の形状を丸ではなく，8角形の星形状にすることにより，光の反射・吸収をより効果的にするように工夫した繊維もある。図1.93[61]に「ボディシェルエール®」(東レ，素材はナイロン)の光遮蔽のメカニズムを示す。

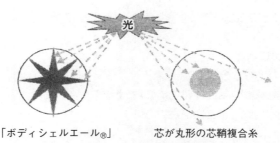

「ボディシェルエール®」　　芯が丸形の芯鞘複合糸
図1.93　「ボディシェルエール®」の光遮蔽のメカニズム[61]

5.14　最近話題のその他の繊維

5.14.1　溶融紡糸法によるセルロース系繊維(「フォレッセ®」東レ)

原料はコットンリンターで，セルロースの−OH基を適度のかさ高性をもつ置換基で化学修飾(2種のカルボン酸によるエステル化)して水素結合を低減し，熱流動性を与えて溶融紡糸を行う。紡糸性をより良好にするために，少量の水溶性可塑剤を併用している。この可塑剤は，精練工程で溶出される。

綿は生育中に大気中のCO_2を吸収し，紡糸はエネルギー消費量が最も少ない溶融紡糸を採用することから，環境適合性に優れるとされている。

セルロース系特有の吸放湿性，良好な発色性，独特な光沢感を有する上に，溶融紡糸であることにより，極細糸(ex. 0.08 dtex)，異形断面糸，中空糸などの製造が可能である。図1.94[62]に「フォレッセ®」の断面形状を示す。スポーツ衣料，婦人服，インナーウェア，衣料資材などのさまざまな用途への展開が

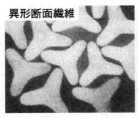 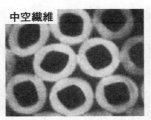 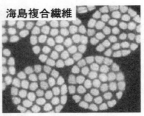

図 1.94 「フォレッセ®」の断面形状[62]

されている。
〈繊維の特徴〉
① 引張強さ 1.7 cN/dtex，伸び率約 20%，弾性率は PET 繊維の約 1/3，密度 1.3 g/cm^3。
② 耐熱温度 220℃。
③ 標準状態での平衡水分率 4.0%。
④ 典型的な中空繊維の見掛け密度は 0.7 g/cm^3。
⑤ 屈折率が低いため，発色性が良い。
⑥ 海島複合紡糸によって 0.1 dtex 以下という超極細化も可能である。

5.14.2 ナノファイバー
(1) 製 法
① **ブレンド紡糸法**(東レ)
　ナイロンを PET にナノ分散させたペレットを溶融紡糸し，PET をアルカリで除去して，ナイロンナノファイバー(平均 60 nm)を得る。
　バンドル状で，織・編・不織布化が可能である。吸水膨潤すると開繊する。カットして液体に分散させ，薄膜の製造も可能。
② **海島型紡糸法**(「ナノフロント®」帝人)
　56 dtex/10 f のポリエステル長繊維糸で，1 本のフィラメントは 836 本の島成分を有する海島繊維をつくり，アルカリ処理して 39 dtex/8,360 f のポリエステルフィラメント糸(単繊維の直径 700 nm)を得る。通常のポリエステル繊維と，ほぼ同様な取り扱いが可能といわれている。
③ **エレクトロスピニング**
　ポリマー溶液または融液をニードルから供給し，捕集部との間に高電圧を印加して液滴を静電気の反発力で引き伸ばし，揮発成分を蒸発させて繊維形成さ

せ(直径数 nm～1 μm),対極近くに捕集する。

通常,不織布の形態で捕集されるが,綿状のナノファイバー構造体をつくることに成功し,さらにナノファイバーの撚糸もつくれるようになった。図1.95[63]に,エレクトロスピニングの概念図を示す。

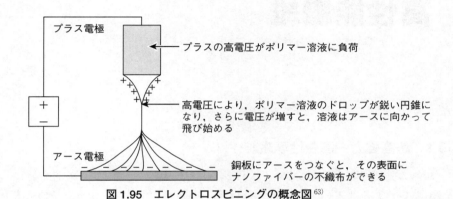

図1.95　エレクトロスピニングの概念図[63]

(2)ナノファイバーの効用

①衣料・生活資材

比表面積は従来繊維の数十倍以上であり,吸水性,吸着性,水分の蒸発性,防透性,肌触り等が格段に向上し,機能性スポーツウェア,インナーウェア,スキンケア商品,抗菌フィルター,精密研磨クロスなどに画期的な効果をもたらす可能性がある。

②産業用として

a) 高性能フィルターとして,気体・液体のろ過や防じん・防護への応用。
b) 触媒を均一微分散させて担持することによる,反応効率の向上(燃料電池の白金触媒,酸化チタン光触媒など)。
c) 薬剤を吸蔵し,徐放する効果。
d) 生体細胞が着床しやすいことを利用し,人工血管や人工皮膚などの再生医療への応用。
e) 酸化チタン光触媒そのものをナノファイバー化する技術も開発され,菌や有害有機物質の分解速度の向上が期待される。

第6章

高性能繊維

6.1 超高強力・高弾性率繊維

　繊維の先端技術を駆使してつくられるハイテク繊維のうち，力学特性が特に優れているものはスーパー繊維ともいわれ，剛直性のポリマーから液晶紡糸法でつくられるものと，屈曲性に富むポリマーからゲル紡糸−超延伸法でつくられるものがある。液晶紡糸によるものには，パラ系アラミド繊維，PBO（ポリパラフェニレンベンゾビスオキサゾール）繊維，ポリアリレート繊維があり（図1.96），ゲル紡糸−超延伸によるものでは超高強力ポリエチレン繊維がある。表1.11 に，代表的な超高強力・高弾性率繊維の物性を示す。

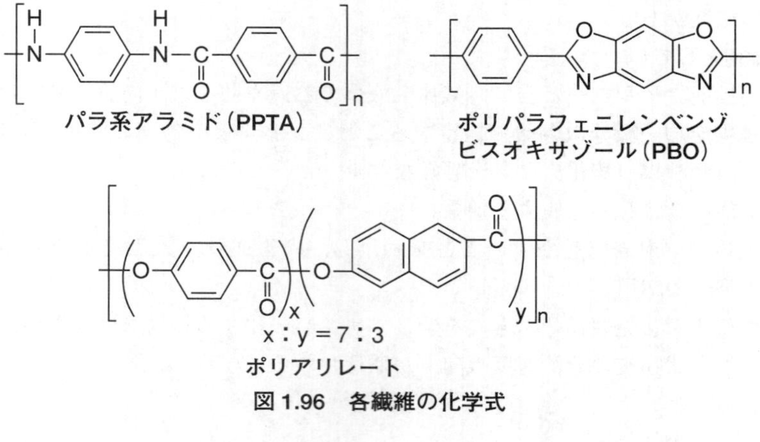

パラ系アラミド（PPTA）

ポリパラフェニレンベンゾ
ビスオキサゾール（PBO）

x：y = 7：3
ポリアリレート

図 1.96　各繊維の化学式

第6章 高性能繊維

表1.11 代表的な超高強力・高弾性率繊維の物性

繊　維	引張強さ (cN/dtex)	弾性率 (cN/dtex)	分解温度 (℃)	LOI
パラ系アラミド	19〜23	380〜980	560	29
PBO	37	1,060〜2,200	670	68
ポリアリレート	20〜23	530〜740	330(融点)	28
超高強力ポリエチレン	26〜35	880〜1,804	145〜155(融点)	16.5
衣料用ポリエステル(比較)	5	110	260(融点)	20

注)LOI(Limiting Oxygen Index：限界酸素指数)：点火された試料が燃焼し続けるために必要な最低限の酸素濃度を指す。一般に，LOI が 26 以上であれば難燃性の材料とされる。衣料用の主な繊維の LOI は，綿 18〜20，羊毛 24〜25，ポリエステル 18〜20，ナイロン 20〜22。

6.1.1　パラ系アラミド繊維

(1)製法，特徴

PPTA(ポリパラフェニレンテレフタルアミド)を濃硫酸に溶解し，流動性が最高となるポリマー濃度約 20%，温度 80〜90℃ の液晶ドープをつくり，乾湿式紡糸を行い，冷水中で凝固させて液晶ドメインが繊維軸方向に高度に配向した繊維を得る。

結晶化度をより高めて高弾性率を得るために，約 500℃ で短時間の緊張熱処理を行う。

機械的・熱的特性が優れ，電気絶縁性も優れる。ただし，繊維軸に垂直方向の分子相互の絡み合いが乏しいためにフィブリル化しやすく，コンポジットの圧縮強度に影響する。

アミド結合のために酸には弱く，また，平衡水分率 4.3〜4.9%(標準状態)，乾湿強力比 91〜95% と，水には比較的敏感であり，湿熱過程では加水分解して強度が低下する。

(2)用　途

繊維単独では防弾チョッキ，耐熱防護服，ロープ類，光ファイバーケーブルのテンションメンバー，アスベスト代替(高温領域での断熱材，ブレーキ材など)，鉄筋代替，建築物の柱の被覆補強などに利用される。樹脂を補強した高性能複合材料としては，航空機の機材，建築材料，プリント基板，各種スポーツ用品などに利用される。

第1編　繊維の基礎知識

6.1.2　PBO 繊維
(1)製法，特徴
　ポリりん酸溶媒中で重合して得られる PBO（ポリパラフェニレンベンゾビス
オキサゾール）の重合度約 200，濃度 14% のドープ中では，分子鎖が伸びきっ
た状態で存在しており，このドープを紡糸原液として乾湿式紡糸を行う。
　吐出時のせん断応力と，エアギャップ部での紡糸張力による伸長（3倍以上）
によって，分子鎖がほぼ伸びきった状態で繊維化され，強力や弾性率が極めて
高い繊維となる。目的により，さらに約 600℃ で熱処理して弾性率を高める。
引張強さ，弾性率，耐熱性，難燃性は抜群である。ただし，パラ系アラミド繊
維の場合と同様に，摩耗に弱く，酸や湿熱に弱い。高湿度雰囲気では，100℃
以下の温度でも強度低下が起こる。また，光に曝されると強度が低下するので，
屋外使用では遮光が必要である。
(2)用　途
　パラ系アラミド繊維と類似で，消防服，安全手袋，耐熱服，ベルト，ロープ，
セイルクロス，耐熱クッション材，防弾チョッキ，コンクリート補強材，ゴム
補強材，自転車スポーク，卓球ラケット内部板などに使用される。

6.1.3　ポリアリレート繊維
(1)製法，特徴
　アリール基の結合からなる全芳香族のポリエステル繊維で，適切な温度で溶
融し，液晶を形成するように分子構造が設計されている。
　p-ヒドロキシ安息香酸と，6-ヒドロキシ 2-ナフトエ酸との 70/30 の溶融共
重合によりポリマーを合成し，通常の溶融紡糸機で液晶紡糸を行って，高度に
配向した繊維を得る。この繊維を緊張下で高温熱処理を行って固相重合させ，
数平均重合度を約 3 倍に高めることによって，引張強さも約 3 倍になる。
　パラ系アラミド繊維との対比においては，次の 2 点を挙げることができる。
　①パラ系アラミド繊維には融点はなく，550℃ で分解が始まるが，ポリアリ
　　レート繊維は約 330℃ で溶融する。
　②耐水性，耐湿熱性，耐薬品性（特に耐酸性），耐摩耗性はポリアリレート繊
　　維の方が優れる。
(2)用　途
　用途の多くはパラ系アラミド繊維や PBO 繊維と類似するが，ポリアリレー
ト繊維の特徴である耐水性，耐摩耗性を活かした分野として，魚網，水産ロー

72

プ，ウニの養殖網，スリングベルト，飛行船膜材などがある。1997年と2003年に打ち上げられた火星探査車の着陸用エアバッグに，ポリアリレート繊維「ベクトラン®」(クラレ)が使用された。

6.1.4 超高強力ポリエチレン繊維
(1)製法，特徴

　超高分子量(重量平均分子量60万以上)のポリエチレンを，デカリンあるいはパラフィンなどの溶媒に溶解した溶液から，分子鎖が折りたたまれた構造のゲル状の未延伸糸をつくり，超高倍率に延伸することによって，伸びきり分子鎖からなる結晶化度の高い繊維を得る。有機繊維では，PBO繊維と並ぶ高強力・高弾性率繊維である。技術のポイントは，次のとおり。

①超高分子量とすることによって，分子鎖末端による結晶の欠陥を少なくする。

②延伸に必要な最小限の絡み合いが生じるために，臨界濃度の近傍の準希薄溶液が望ましい。現在では，濃度10%以上のポリマー溶液が紡糸原液として用いられる。

③折りたたみ構造の未延伸糸を，加熱によって結晶構造を破壊しながら超高倍率に延伸し，伸びきり鎖を主とする高結晶性の延伸糸を得る。ポリエチレンは，結晶内部でも分子鎖が比較的容易に滑り(結晶分散)，分子鎖の再配列が可能であることが超延伸を容易にしている。延伸速度は，数百m/分

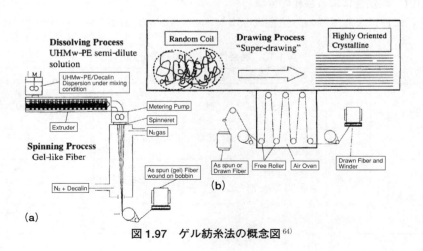

図1.97　ゲル紡糸法の概念図[64]

第1編　繊維の基礎知識

　　に達したとされる。

　図 1.97 [64] に，ゲル紡糸法の概念図を示す。図中(a)は紡糸工程，(b)は延伸工程である。

(2)物性，用途

　超高強力ポリエチレン繊維「イザナス®」の基本物性値を，表 1.12 [65] に記した。強力，弾性率のほかに，軽量性(比重 0.97)，耐薬品性，耐衝撃性にも優れる。ただし，分子構造から，耐熱性とクリープ特性には限界がある。

　繊維単独では，船舶用ロープやネットなどに用いられ，コンポジット補強材としてはヘルメット，スキー板，テニスラケットなどに使用されている。また，シート化してエポキシ樹脂で固め，建築物の柱や道路橋脚の補強，トンネルの補強などにも用いられている。

表 1.12　「イザナス®」の基本物性値 [65]

タイプ	引張強さ (cN/dtex)	引張弾性率 (cN/dtex)	伸　度 (%)	比　重
SK 60	28	900	4.0	0.97
SK 71	37	1,150	3.7	0.97

6.2　難燃繊維

6.2.1　燃焼性による繊維の分類

　燃焼性による繊維の分類を表 1.13 に示す。繊維の燃焼に関する安全性の面

表 1.13　燃焼性による繊維の分類

分　類		燃焼の状態	繊　維
防炎加工の対象	易燃性	容易に燃え，速やかに燃え広がる	綿，麻，レーヨン，キュプラ，アセテート，アクリル，ポリエチレン，ポリプロピレン
	可燃性	容易に燃えるが，炎の広がりは比較的緩やかである	羊毛，絹，ナイロン，ビニロン，ポリエステル
防炎性	難燃性	炎に触れている間は燃えるが，炎を遠ざけると消える	モダクリル(アクリル系)，ポリ塩化ビニリデン，ポリ塩化ビニル，アラミドなど
	不燃性	燃焼しない	アスベスト，炭素繊維，ガラス繊維，金属繊維

第6章　高性能繊維

では，可燃性に加えて，煙と有毒ガスの発生および発生量が問題となる。

6.2.2　繊維の難燃化

熱によって繊維が分解して可燃性ガスを発生し，空気と混合して可燃性混合ガスとなり，発火点以上になるか，別の火源によって引火すると，燃焼を始める。いったん燃焼が始まると，発生する熱が未燃の部分を加熱して熱分解を促進することによって燃焼が進行する。したがって，難燃化の基本原理は，物質の熱分解による可燃性ガスの発生を抑制するか，発生した可燃性ガスと酸素（空気）との接触を妨げることである。

ここでは繊維の製造段階で難燃化する技術のうち，主なものについて要点を記述する。

(1)ハロゲン化合物による気相酸化反応の抑制

繊維から発生したハロゲン系の不燃性ガスによって酸素濃度が薄められ，燃焼が抑制されるという機構と，燃焼時に発生するヒドロキシルラジカル（・OH）が繊維の熱分解を促進するが，ハロゲン系のガスが・OHの活性を封鎖するとする説とがある。ハロゲンとして，後加工の場合は臭素が主に用いられるが，繊維の分子に組み込まれるものとしては塩素が主である。表1.14に，主なハロゲン系難燃繊維を示す。

表1.14　ハロゲン系難燃繊維

繊　維	化学構造	LOI	製　法	用　途
ポリ塩化ビニル	$\left[CH_2CHCl\right]_n$	35〜37	乾式（アセトン系溶媒）または溶融紡糸	壁材，魚網，ロープ等
ポリ塩化ビニリデン	$\left[CH_2CCl_2\right]_n$	45〜48	塩化ビニル約15％を共重合 溶融紡糸→水冷	ドルヘア，人工芝，魚網
ふっ素繊維	$\left[CF_2CF_2\right]_n$	95	エマルション紡糸→マトリックスの除去→ポリマー粒子融着	工業用フィルター，ガスケット類
モダクリル（アクリル系）	$\left[CH_2CHCN\right]_x$ $\left[CH_2CHCl\right]_y$	28〜30	湿式紡糸	カーテン，人工毛皮

(2)りん系化合物による炭化促進

炭化促進触媒としてりん系化合物をポリマーに共重合させる。炎に触れると

75

第1編　繊維の基礎知識

分解してりんが発生し，りんは酸化されて脱水作用を持つ五酸化りんとなり，繊維から水素と酸素を奪って繊維を炭化させ，その炭化物が繊維を覆うと同時に，りんはポリりん酸となって空気を通さない物質に変わり，炭化した繊維を被覆してそれ以上の燃焼を防ぐ。

　ポリエステル（PET）にりん系化合物を数％共重合させたものが「トレビラCS®」「ハイム®」として提供されている。LOI（表1.11参照）は28～30。

(3) 繊維高分子の耐熱化による熱分解の抑制

　芳香族系の剛直性の高い高分子で，分子どうしが強く凝集し合ったものや，架橋結合でネットワークを形成したものである。熱分解が生じにくく，可燃性ガスの発生を抑える。

　高強力・高弾性率型と，機械的性質は汎用繊維並みのものがある。

① 高強力・高弾性率型難燃繊維

　PBO繊維，パラ系アラミド繊維，ポリアリレート繊維の3つがある。これらについては，6.1節 超高強力・高弾性率繊維を参照されたい。

② その他の耐熱型難燃繊維（高強力・高弾性率繊維を除く）

　高強力・高弾性率繊維を除く，主な耐熱難燃繊維を表1.15に示す。

表1.15　耐熱難燃繊維

	引張強さ (cN/dtex)	伸び率 (％)	LOI	連続使用温度 (℃)	融　点 (℃)
PTFE	1.0～3.6	10～25	95	260	327
PBI	3.1	30	41	300	450（分解）
ポリイミド	4.6	30	38	260	500
PPS	5.3	33	34	190	285
PEEK	7.0	25	34	240	345
ノボロイド	1.3～1.8	10～60	30～34	150～200	350（分解）
メタ系アラミド	4.4	31	28	204	400

1) PTFE（ポリテトラフルオロエチレン）繊維（図1.98）

　耐熱性および耐薬品性に優れ，かつ低摩擦性，低粘着性，はっ水性，防汚性などの特徴を有し，バグフィルター，電線被覆，食品工場や製薬工場などのコンベヤーベルトなどに

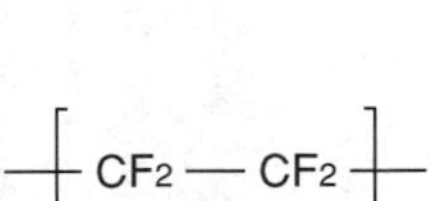

$$\begin{bmatrix} CF_2 - CF_2 \end{bmatrix}_n$$

図1.98　PTFE繊維の構造式

用いられる。

　製法はエマルション紡糸であり，PTFE を水に分散させ，ビスコースと混合して紡糸し，繊維状にした後，熱処理によってセルロースを除去し，同時に PTFE 粒子を相互に融着させ，延伸によって強度を付与する。

2）PBI（ポリベンズイミダゾール）繊維（図 1.99）

　テトラアミノビフェニルとイソフタル酸エステルとの反応で得られる剛直性の高いポリマーを，DMF などの極性有機溶媒に溶解し，乾式紡糸で繊維化する。

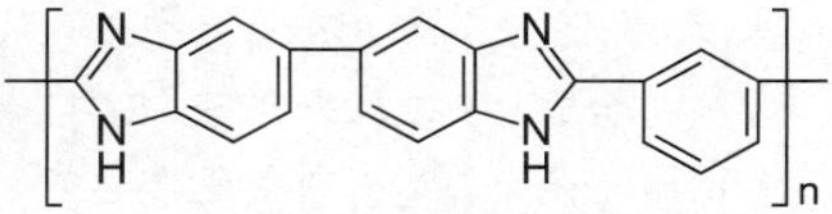

図 1.99　PBI 繊維の構造式

　1998 年末に PBO 繊維が登場するまでは，有機繊維の中では難燃性・耐熱性が最高であり，宇宙開発における高耐熱，耐炎性繊維として用いられた。

3）ポリイミド繊維（図 1.100）

　芳香族テトラカルボン酸二無水物と芳香族ジイソシアナート化合物を，DMF などの極性有機溶媒中で重縮合し，乾湿式紡糸で繊維化する。オーストリアの Inspec Fibers 社で生産されている。紡糸時に有機溶媒を不均一に取り除くことによって，繊維の断面形状が 1 本ごとに異なる特殊な形となり，比表面積が大きくなるために繊維間の間隙はさまざまな大きさをもつことになり，その織物は優れたろ過性とかさ高性を有する。200℃ での長期使用に安定的に耐える耐熱性を有し，難燃性，耐薬品性に優れる。高温の排ガスフィルターや，防火服，耐熱クッション材などに用いられる。

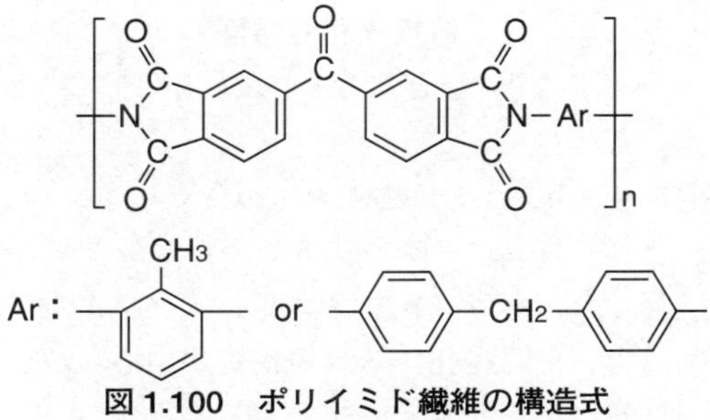

図 1.100　ポリイミド繊維の構造式

4）PPS（ポリフェニレンスルフィド）繊維（図 1.101）

　硫化ナトリウムとパラジクロルベンゼンを，有機溶媒中で重縮合して得られる，ベンゼン環と硫黄原子が交互に配列した構造のポリ

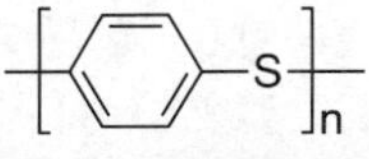

図 1.101　PPS 繊維の構造式

マーを，溶融紡糸により繊維化する。難燃性，耐熱性のほか，耐薬品性や湿熱強度保持率に優れ，短繊維は発電所の石炭ボイラーの集塵機や，耐熱・耐酸性が要求されるバグフィルターなどに用いられ，長繊維は製紙用のドライヤーキャンバスなどに用いられる。

5) PEEK（ポリエーテルエーテルケトン）繊維（図1.102）

ヒドロキノンと4,4'-ジフロロベンゾフェノンを重縮合してポリマーを合成し，これを375〜400℃で溶融紡糸を行い，加熱延伸して繊維とする。耐薬品性にも優れ，フィルター類，ゴム補強材，搬送ベルトなどに用いられる。

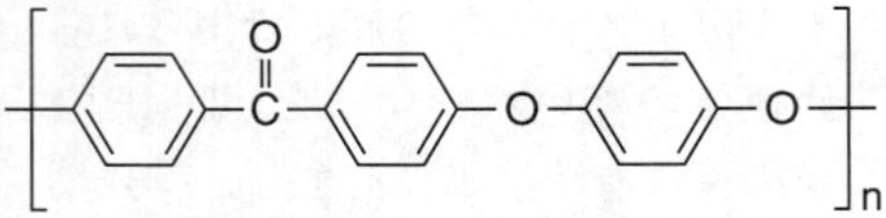

図1.102　PEEK繊維の構造式

6) ノボロイド（フェノール系）繊維（図1.103）

フェノール・ホルムアルデヒド樹脂を溶融紡糸した後，ホルムアルデヒドで架橋させて作る三次元網目構造の繊維。非結晶，無配向で強度や弾性率は非常に低い。難燃性，耐熱性，耐薬品性が優れ，消防服などの防炎製品，樹脂やゴムに対する耐熱補強材，アスベスト代替（ガスケット，ブレーキライニング，溶接火花の防護シートなど）などに用いられる。

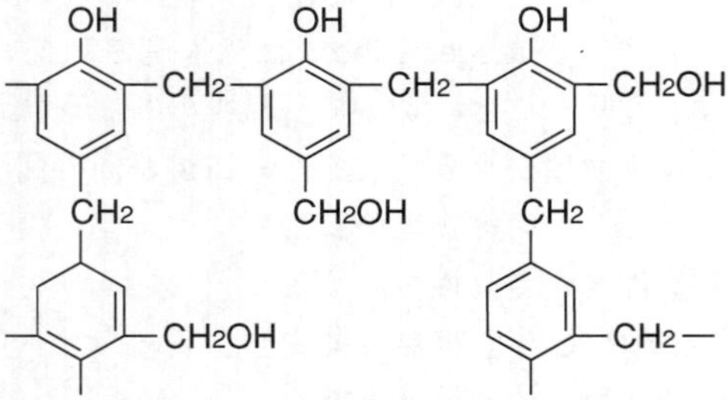

図1.103　ノボロイド繊維の構造式

7) メタ系アラミド繊維（図1.104）

メタフェニレンジアミンと，イソフタル酸ジクロリドとの重縮合によって得られるポリメタフェニレンイソフタルアミドを，乾式紡糸または湿式紡糸によって繊維化する。短繊維が中心。パラ系アラミド繊維と異なり，力学的性質は汎用の合成繊維並みであるが，難燃性，耐熱性，耐薬品性，電気絶縁性に優れ，耐熱フィルター，防護衣料，難燃シート，耐熱電気絶縁材料などに用いられる。

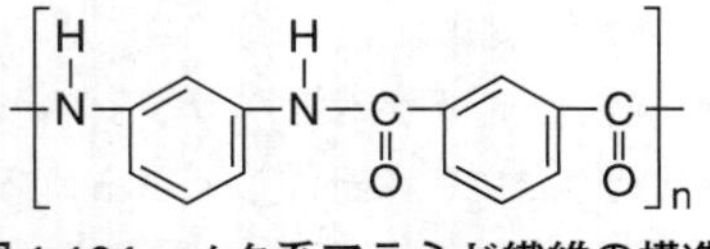

図1.104　メタ系アラミド繊維の構造式

6.3 無機繊維

6.3.1 PAN系炭素繊維

(1) 製　法

　アクリル長繊維を空気中で200～300℃，緊張下で数十分焼成して耐炎化した後，不活性気体(一般には窒素)中で，1,000～2,000℃で数分間焼成して炭素繊維を得る。高弾性率繊維を得る場合には，さらに，不活性気体中2,000～3,000℃で焼成し黒鉛繊維とする。

　図 1.105[66)]に，PAN系炭素繊維の製造方法と各工程処理後の分子構造モデルを示す。

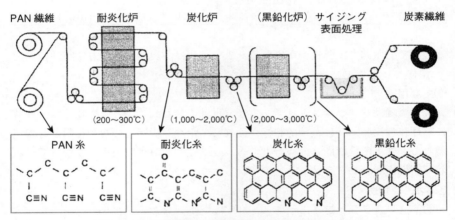

図 1.105　炭素繊維の製造方法と分子構造モデル[66)]

　繊維強化複合材料として用いるために必要な樹脂との親和性などの特性を付与するために，表面の化学処理による官能基(ヒドロキシ基，カルボキシ基など)の生成，サイジング処理などを行って，紙管に巻き取り，製品とする。

(2) 特　性

① フィラメントの直径は5～10 μmで，1本のトウは3,000～24,000本のフィラメントからなる。近年，低コスト化をねらい，5万～32万本の「ラージトウ」も生産されている。

② 組成：炭素90%以上，窒素1～9%，水素1%以下。

第1編　繊維の基礎知識

表 1.16　炭素繊維の力学特性の例 [67]

種　類	メーカー	タイプ		密　度 (g/cm^3)	強　度 (MPa)	弾性率 (GPa)
PAN系 炭素繊維	東レ㈱	「トレカ®」	T300	1.76	3,530	230
			T1000G	1.80	6,370	294
			M60J	1.93	3,820	588
	帝人㈱	「テナックス®」	HTA	1.77	3,920	240
			IMS600	1.79	5,800	290
			UMS55	1.91	4,000	550
	三菱ケミカル㈱	「パイロフィル®」	TR50S	1.82	4,900	235
			MR60H	1.81	5,680	280
			HS40	1.85	4,610	425
ピッチ系 炭素繊維	三菱ケミカル㈱	「DIALEAD®」	K1352U	2.12	3,600	620
			K13D2U	2.21	3,700	935

③軽量で引張強さ，弾性率が優れる。表1.16 [67]に，炭素繊維の力学特性の例を示す。

⑶主な用途

　炭素繊維はフィラメント状であるが，単独で使われることは少なく，一般的に熱硬化性樹脂，特に機械的特性が優れるエポキシ樹脂との複合材料として使われる。熱可塑性樹脂との複合も，ペレット化して射出成形用に使われている。熱可塑性樹脂とフィラメントとの複合も始まりつつある。

①スポーツ用途

　釣竿，ゴルフシャフト，テニス・バドミントンなどのラケットフレーム，スキーストック，アーチェリーなど。

②航空用途

　炭素繊維強化樹脂(CFRP)の各種飛行機の二次構造材や一次構造材への使用が進んでおり，最近では大型旅客機にも拡大してきた。CFRPの長所は，アルミ合金に比べて20～30%の軽量化を達成でき，それによる省エネが図れること，金属材料に比べて耐腐食性や耐疲労性が優れること，複雑な形状の部品の一体成型が容易であることなどである。

③産業用途

　a)土木・建築：阪神淡路大震災を機に，道路橋脚や鉄道高架橋の補強，老朽ビル等の建築補強の需要が増えている。

80

b) **機械部品**：ローラー，搬送ロボットアーム，遠心分離機用ローター，X線検査機器用カセッテや天板，宇宙観測用アンテナ，高級自動車の外板や車台などに使用されている。今後は，量産自動車部品への使用が期待される。

c) **エネルギー関連**：風力発電の大型化（2 MW 以上）に伴うガラス繊維から炭素繊維への転換，天然ガス車用 CNG タンク，燃料電池用高圧水素タンクなどが，将来の大型用途として注目されている。

d) **モールディングコンパウンド**：炭素繊維をチョップドファイバーとし，樹脂に混合して塊状，シート状ないしはペレット状にした後に成形して使用される。強度・剛性・耐摩耗性・化学的安定性の向上，および電磁波遮蔽性・熱伝導性の付与を目的として，パソコンの筐体などの電子機器分野で広く使われている。

e) **その他**：炭素繊維を水中に浸漬すると微生物が固着し，その微生物が水中の有機物を分解して水を浄化する。また，海水中では固着した微生物を目指して魚が集まり，炭素繊維の表面に産卵して魚群ができる。水環境や水産資源の改善への今後の寄与が注目される。

6.3.2　ピッチ系炭素繊維

石油系あるいは石炭系のピッチから前駆体としての繊維をつくり，これを焼成してつくる炭素繊維であり，世界の炭素繊維全体の 5% 程度と推定される。炭素収率は 90% 以上で，PAN 系の約 50% に比べて大幅に高い。

原料のピッチは多環芳香族分子の複雑な混合物で，無定形で光学的には等方性であるため等方性ピッチと呼ばれる。このピッチを溶融紡糸して得られるピッチ繊維を，空気中で 150〜400℃ で焼成して不融化した後，不活性雰囲気中で 800〜1,200℃ で焼成すると炭素繊維が得られる。この方式で得られる炭素繊維は，等方性ピッチ系炭素繊維といい，機械的特性が劣るので，耐熱材料，摺動材料，コンクリート補強などの汎用目的に利用される。

これに対して，等方性ピッチを不活性ガス雰囲気中で 350〜500℃ で熱処理すると，分子が凝集して液晶を形成し，光学的異方性を示すので，これを異方性ピッチという。この異方性ピッチを液晶紡糸して得られる高配向の繊維を前駆体とし，等方性ピッチの場合と同様に不融化および炭素化処理を行うと，強度・弾性率ともに高性能のものが得られ，これを異方性ピッチ系炭素繊維という。これを不活性雰囲気中で，1,500〜2,800℃ で黒鉛化処理を行うと，弾性率が極めて高く，熱伝導率が高く，熱膨張係数が極めて小さい黒鉛繊維となり，

宇宙通信用のパラボラアンテナ，フィルムや紙の印刷・加工用の長尺ローラーの芯などの特殊用途に重用されている。

6.3.3 ガラス繊維

シリカを 50〜80% 含み，アルミナ，酸化カルシウム，酸化ほう素などの組成からなる繊維。シリカ成分としてのクレーやシリカサンド，アルミナ成分としてのカオリン，酸化カルシウム成分としての石灰石，酸化ほう素成分としてのコレマナイト（含水ほう酸カルシウムの鉱物）などの天然原料を粉砕・混合して溶融し，直径 1〜2 mm の細孔を有する白金製ノズル板を用いて，溶融紡糸法により繊維状に引き伸ばす。長繊維は，ノズルから引き出した溶融物を空気中で急冷し，表面処理剤を付与して 1,000〜4,000 m/分の速度で巻き取る。単繊維の直径は数 μm〜数 10 μm で，最も多用される E ガラス（無アルカリガラス）の強度は 3.5 GPa でスチール繊維の 1.5 倍に相当する。耐熱性，耐薬品性，電気絶縁性も優れ，プラスチック，ゴム，コンクリートなどの強化材として，プリント基板用の絶縁クロス，自動車部品，バスタブ，漁船の船体，建築材料などに広く利用されている。

短繊維（ガラスウール）の製造は，溶融ガラスを高速で回転するスピナーに流し入れ，スピナーの側壁の細孔から遠心力によって吹き飛ばして繊維化する遠心法，または長繊維の場合と同様に，連続繊維として引き出し，これを高速の燃焼ガスにより吹き飛ばして短繊維化する火焔法による。原料は，アルカリ（Na_2O）含量 8〜14% で，E ガラスに比べて強度や弾性率は劣るが，溶融しやすい C ガラスが主として用いられる。短繊維の直径は数 μm，長さは 1〜5 cm で，主な用途は断熱材，吸音材，フィルター，電池セパレーター，消防服などである。

6.3.4 金属繊維

連続繊維と不連続繊維がある。前者の代表例は，金属の線材をダイスを通して引き伸ばし，ダイスを順次小径のものに替えながら引き抜きを繰り返すことによって繊維状にし，最小 5 μm 程度まで細くする技術が確立されている。電磁波シールド材や焼結フィルターなどに利用される。単線引抜法では 20 μmまでが限界であり，それより細くする場合は，線材を多数引き揃え，外装材でくるんで伸線する集束引抜法が適用される。

また，最近注目されているコイル材切削法では，0.01〜0.15 mm 程度の金属薄板をコイル状に巻き取り，その端面を切削していく方法で，均一な断面をも

つ連続繊維の製造が可能で，引抜法よりコストが安く，銅，ニッケル，チタン，アルミニウムなどの繊維化も可能であるとされる。

　溶融金属をノズルから押し出して急冷する溶融紡糸法もあり，この方法によって製造されるアモルファス金属繊維は，反発弾性などが優れているため，ブラジャーカップの保形材，釣り竿やゴルフシャフトなどに利用される。

　不連続の金属繊維は通常，金属ブロックからの切削によってつくられ，厨房フィルター，自動車マフラー，消音材，燃焼バーナーなどに用いられている。

　なお，自動車タイヤ用のスチールコードは，直径約 5.5 mm の高炭素鋼線をダイスを通して細くし，ゴムとの接着性を付与するためのめっき工程を経て，直径 0.15〜0.4 mm の素線をつくり，これを複数本撚り合わせたものである。強度は 2.4〜2.8 GPa で，ラジアルタイヤのベルト材として使用されている。

6.3.5 セラミック繊維

　高温の熱処理を経て製造された非金属系無機材料の繊維をいう。工業化されているものには，炭化けい素繊維，ボロン繊維，アルミナ繊維などがある。スチール繊維（密度 7.8 g/cm^3，強度 2.4 GPa，弾性率 190 GPa）に比べ，密度は 1/2〜1/3 と小さく，強度や弾性率はスチールを上回る。最高使用温度は 1,000℃を超え，金属をマトリックスとする軽量・超耐熱の複合材料用の強化材として，航空機やエンジン材料として使用されている。

(1)アルミナ繊維

　アルミナを 60% 以上含む多結晶繊維で，短繊維ならびに連続繊維が市販されている。種々の製法があるが，一般にアルミナを含む高粘性の液体から前駆体繊維をつくり，これを焼成してアルミナ繊維とする。密度は 4.0 g/cm^3，強度 2.4 GPa，弾性率 380 GPa。最高使用温度は 1,800℃ と，無機繊維の中でも優れた耐熱性を示す。金属材料の軽量化を目的とした複合材料や高温耐熱材料，断熱材（短繊維の場合）などへの活用が進んでいる。

(2)炭化けい素繊維

　炭素とけい素の結合からなる繊維（SiC）。一般に，ポリカルボシランを溶融紡糸して得た繊維を前駆体として，200℃ 以下で酸素または放射線照射で架橋させて不融化し，窒素中で 1,000〜1,400℃ で焼成して得られる。密度 2.6 g/cm^3，強度 2.8 GPa，弾性率 220〜270 GPa，最高使用温度 1,100〜1,600℃。金属の補強と軽量化を目的とした先端複合材料用繊維として，航空機のエンジンなどに利用される。

ポリカルボシラン：$[-CH_2SiHCH_3-]_m \cdot [-Si(CH_3)_2CH_2-]_n$

(3)ボロン繊維

タングステン線を芯線として，ほう素を蒸着させたものが実用化されている。反応容器中でタングステン線に通電して 1,100〜1,300℃ に加熱し，塩化ほう素と水素の混合ガスを導入すると，ほう素が遊離してタングステン線の表面に蒸着する。芯線の径は 10 数 μm，繊維全体の径は 100 μm 以上。密度 2.5 g/cm³，強度 3.5 GPa，弾性率 400 GPa。樹脂の補強繊維として，炭素繊維と複合し，ゴルフクラブのシャフトなどのスポーツ用品に多く使われる。

― 参考文献 ―

1) 日本衣料管理協会（編）；繊維製品の基礎知識　第1部繊維に関する一般知識（新訂），p.9，日本衣料管理協会（2009）をもとに作成
2) 繊維学会（編）；繊維便覧（第3版），p.281，丸善（2004）
3) 竹内，北野；ひろがる高分子の世界，p.14，裳華房（2000）
4) 妹尾，栗田，矢野，澤口；基礎高分子化学，p.133，共立出版（2002）
5) 篠原，白井，近田；ニューファイバーサイエンス，p.12，培風館（1990）
6) 繊維学会（編）；繊維便覧（第2版），p.83，丸善（1994）
7) 宮本，本宮；新繊維材料入門，p.21，日刊工業新聞社（2000）
8) 林田；よくわかる新繊維の話，p.26，日本実業出版社（1999）
9) 繊維学会（編）；繊維便覧（第3版），p.146，丸善（2004）
10) 日本衣料管理協会（編）；繊維製品の基礎知識　第1部繊維に関する一般知識（新訂2版），p.11，日本衣料管理協会（2012）
11) 繊維学会（編）；繊維便覧（第2版），p.88，丸善（1994）
12) 篠原，白井，近田；ニューファイバーサイエンス，p.38，培風館（1990）
13) 長澤；加工技術，37（2），53（2002）
14) 中村；繊維の実際知識（第6版），p.47，東洋経済新報社（2000）
15) 宮本，本宮；新繊維材料入門，p.30，日刊工業新聞社（2000）
16) 篠原，白井，近田；ニューファイバーサイエンス，p.221，培風館（1990）
17) 繊維学会（編）；繊維便覧（第3版），p.32，p.33 に追記，丸善（2004）
18) 繊維学会（編）；繊維便覧（第3版），p.33，丸善（2004）
19) 繊維学会（編）；最新の紡糸技術，p.29，高分子刊行会（1992）
20) 宮本，本宮；新繊維材料入門，p.67，日刊工業新聞社（2000）
21) ㈱クラレの HP；https://www.kuraray.co.jp/products/k2
22) 中村；繊維の実際知識（第6版），p.56，東洋経済新報社（2000）
23) 日本化学繊維協会の HP；https://www.jcfa.gr.jp/fiber/shape/index.html
24) 繊維学会（編）；繊維便覧（第3版），p.157，丸善（2004）
25) 中村；繊維の実際知識（第6版），p.58，東洋経済新報社（2000）

26）繊維学会（編）；繊維便覧（第2版），p.95，丸善（1994）
27）繊維学会（編）；繊維便覧（第2版），p.10，丸善（1994）
28）モンサント；特公昭42-2014
29）日本化学繊維協会（編）；化学繊維，p.21，日本化学繊維協会（2002）
30）繊維学会（編）；最新の紡糸技術，p.111，高分子刊行会（1992）
31）帝人フロンティア㈱のHP；
　　https://www2.teijin-frontier.com/sozai/supecifics/solotex.html
32）大森；繊維と工業，**55**(12)，420（1999）
33）旧ユニチカファイバー㈱提供
34）繊維学会（編）；繊維便覧（第3版），p.57，丸善（2004）
35）中村；繊維の実際知識（第6版），p.48，東洋経済新報社（2000）
36）シルクサイエンス研究会（編）；シルクの科学；p.85，朝倉書店（1994）
37）国立科学博物館 技術の系統化調査報告，Vol.7，p.158，国立科学博物館（2007）
38）宮本，本宮；新繊維材料入門，p.106，日刊工業新聞社（2000）
39）宮本，本宮；新繊維材料入門，p.113，日刊工業新聞社（2000）
40）本宮，鞠谷，他；繊維の百科事典，p.545，丸善（2002）を一部修正
41）本宮，鞠谷，他；繊維の百科事典，p.168，丸善（2002）
42）松井；繊維機械学会誌，**34**(7)，319（1981）
43）山口新司；繊維学会誌，**54**(12)，438（1998）
44）宮本，本宮；新繊維材料入門，p.129，日刊工業新聞社（2000）
45）帝人㈱のHP；
　　https://www.teijin.co.jp/products/advanced_fibers/poly/specifics/aerocapsule.
　　html
46）日本化学繊維協会のHP；https://www.jcfa.gr.jp/fiber/topics/no22/topics22.html
47）帝人フロンティア㈱のHP；https://www2.teijin-frontier.com/sozai/specifics/octa.html
48）繊維学会（編）；繊維便覧（第3版），p.58，丸善（2004）
49）澤井由美子；繊維学会誌，**61**(3)，64（2005）
50）来島；加工技術，**33**(7)，17（1998）
51）日本化学繊維協会のHP；https://www.jcfa.gr.jp/fiber/topics/vol02.html
52）旧旭化成せんい㈱提供
53）神山，宮坂，水村；繊維学会誌，**58**(10)，271（2002）
54）日本化学繊維協会のHP；https://www.jcfa.gr.jp/about_kasen/katsuyaku/10.html
55）東レ㈱のHP；
　　https://cs2.toray.co.jp/news/toray/newsrrs 01.nsf/0/8C19F8CC9084EF5249257D
　　1E001D11CC
56）繊維学会（編）；繊維便覧（第3版），p.465，丸善（2004）
57）旧三菱レイヨン㈱のHP；https://www.mrc.co.jp/corebrid/tharmo.html
58）クラレトレーディング㈱のHP；http://clacarbo.jp/contents1/index.html
59）渡辺義弘；繊維学会誌，**66**(9)，308（2010）

第1編　繊維の基礎知識

60）渡辺義弘；繊維学会誌，**66**(9)，309(2010)
61）澤井由美子；繊維学会誌，**61**(3)，65(2005)
62）荒西義高；繊維学会誌，**70**(4)，127(2014)
63）山下義裕；エレクトロスピニング最前線，p.2，繊維社(2007)
64）大田康雄；繊維学会誌，**60**(9)，452(2004)
65）大田康雄；繊維学会誌，**66**(3)，94(2010)
66）川上大輔；繊維学会誌，**66**(6)，185(2010)
67）各社の炭素繊維カタログからの抜粋

第2編

糸の基礎知識
Basic Knowledge of Yarn

第1章	糸 …………………………… 89

 1.1 糸の分類
 1.2 糸の太さの表示法
 1.3 むらの評価

第2章	紡 績 …………………………… 100

 2.1 紡績糸の製造方法
 2.2 混 紡
 2.3 革新紡績
 2.4 新技術
 2.5 紡績の知恵（糸つなぎ）

第3章	加工糸 ………………………… 121

 3.1 加工糸特性による
   各種加工法の分類
 3.2 各種加工法の概要
 3.3 加工糸の製造および取り扱い

執 筆 者

安部　正毅（Masaki ABE）
（一般社団法人　日本繊維技術士センター　執行役員）

松本　三男（Mitsuo MATSUMOTO）
（一般社団法人　日本繊維技術士センター　執行役員）

第1章

1.1 糸の分類

　太さに比べて十分な長さを持ち,細くて柔軟で繊維が長く線状になったものを繊維という。繊維には,長さが 20～250 mm の短繊維(ステープルファイバー)と,長さの連続した長繊維がある。短繊維は紡績の工程を使用して紡績糸として使用するが,長繊維はそのままフィラメント糸として使える。糸は,多様な用途に使われ,原料,形態,用途などによって分類される。

1.1.1 繊維原料による糸の分類

　糸を構成する繊維原料によって,綿糸,羊毛糸(梳毛糸,紡毛糸),麻糸,絹糸,絹紡糸などの天然繊維糸と,レーヨンやポリエステルなどの化学繊維がある。化学繊維のうち,ポリエステルやアクリルなどの合成繊維からなる糸を,合成繊維糸と区別する場合もある(表 2.1)。

表 2.1　繊維原料による糸の分類

天然繊維糸		綿,羊毛,麻,絹などを原料とした糸
化学繊維糸	化学繊維糸	レーヨン,キュプラ繊維などを原料にした糸
	合成繊維糸	ポリエステル,ナイロン,アクリル繊維などを原料とした糸

1.1.2 糸の形態による分類

　糸の形態により,紡績糸,長繊維糸(フィラメント糸)と複合糸に分類される(表 2.2)。

89

第2編　糸の基礎知識

表 2.2　糸の形態による糸の分類

紡績糸	綿，羊毛，麻，絹などの天然繊維や化学繊維を紡績した糸
フィラメント糸	レーヨン，絹，ポリエステル，ナイロンなど，化学繊維ないし合成繊維の連続したフラットヤーンおよび加工糸
複合糸	フィラメントと短繊維を紡績により複合化した糸

(1)紡績糸

　天然繊維は，絹を除いて短繊維（ステープルファイバー）である。短繊維を一定方向に細く揃え，集束性を与えることにより，適度な引張強さと伸度をもたせたものが紡績糸である。

　紡績糸は，使用する繊維長に対し，短繊維紡績糸・長繊維紡績糸の区別がつけられている。これは，繊維長により紡績機械や紡績方法が異なるからで，綿糸のように 20～50 mm（1～2 インチ）程度の繊維を紡績した糸を短繊維紡績糸，毛糸のように 75～250 mm（3～5 インチ）程度の繊維を紡績した糸を長繊維紡績糸という。

　化学繊維や合繊繊維は，目的に合わせて繊維長をカットして用いることにより，短繊維紡績糸と長繊維紡績糸のどちらの紡績糸も得られる。

(2)長繊維糸（フィラメント糸）

　天然繊維では，唯一，絹糸が長繊維糸である。化学繊維は，紡糸されたままで使用される場合はフィラメント糸，あるいはフラットヤーンまたは生糸（なまいと）と呼んでいる。フィラメント糸は複数本の単繊維が集まってできたマルチフィラメント糸，1 本の繊維からなるモノフィラメント糸がある。化学繊維フィラメント糸にかさ高加工を加えて，その繊維形態や集合体構造を変えることによって，新たな外観，風合い，機能性などを付与した糸を加工糸という。

(3)複合糸（混合糸）

　2 種類以上の繊維で構成されている糸を複合糸（混合糸）といい，混紡糸，混繊糸，長短複合糸がある。「綿/ポリエステル混紡糸」「綿/ポリエステル複合糸」などという。

①混紡糸

　種類の異なる短繊維を混ぜ合わせて紡績した糸で，構成繊維の欠点を補い，長所を活かすことを目的としている。たとえば，ポリエステルと綿の混紡糸は，ポリエステルの強度，防しわ性，プリーツ性と，綿の吸湿性，風合いの良さを

活かし，取り扱いやすい織物としてワイシャツやブラウスなどに広く利用されている。

②混繊糸

性質が異なる複数の長繊維を混合した糸である。複合紡糸で一度に紡糸するものと，いったん長繊維にしたものを開繊して混合したものがある。素材の組み合わせは，同一繊維であるが収縮率の異なる繊維を混合した異収縮混繊糸，異種繊維を混合した異繊維混繊糸，さらには繊度ないし断面形状などの異なる繊維，または，それらの組み合わせによる混繊糸がある。かさ高性の付与，風合いの変化など多様な効果を発現できる。

③長短複合糸

長繊維糸と紡績糸を複合した糸で，各種の多層構造糸がある。それらは，精紡機ないしは撚糸機でつくられる。代表的なものとして，コアスパンヤーン，カバードヤーンやラッピングヤーンがある。

a) コアスパンヤーン

図2.1に示すように，紡績工程でポリウレタン長繊維糸を芯に入れ，外側を綿や羊毛などの短繊維で包むように紡績した糸で，スポーツウェアや大きい伸縮性が求められるスラックスなどに用いられる。

図2.1　コアスパンヤーン

b) カバードヤーン

図2.2に示すように，カバードヤーンはポリウレタン糸を芯とし，紡績糸や長繊維を巻き付けた糸で，シングルカバードヤーンとダブルカバードヤー

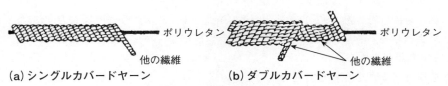

(a) シングルカバードヤーン　　　(b) ダブルカバードヤーン

図2.2　カバードヤーン

ンがある。中でも，ポリウレタン糸を芯にしてナイロン長繊維を巻き付けた糸のカバードヤーンはその代表例である。パンストやファンデーション，水着に必須の糸である。

c)ラッピングヤーン

図2.3に示すように，無撚りの短繊維束(粗糸)を芯として，その周りに糸が巻き付いた複合糸で，粗糸を中空スピンドル内に導き，その周囲に糸を巻き付けてつくられる。

巻き付ける糸には長繊維が多い。特に，ふくらみが求められるハンドニット糸や，多彩な意匠効果が可能な手芸糸には欠かせない糸である。

1.1.3 撚りによる糸の分類

糸に撚りを与える目的は種々あるが，紡績工程で糸をつくる際の集束性，強度の付与，後工程での加工時の操作性を良くするために繊維束に撚りを掛ける。さらに，用途に合わせて種々の糸を組み合わせて撚りを掛け，意匠性や機能を高めた製品の展開も行われる。撚りの効果は，撚り方向と撚りの強さによって決まる。

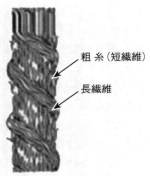

図2.3 ラッピングヤーン

粗糸(短繊維)
長繊維

(1)撚りの方向により，Z撚り糸，S撚り糸がある

糸の撚りには，撚られる方向によって図2.4に示すように，Z撚りとS撚りがある。1本または引き揃え糸に，Z撚り(右撚り)またはS撚り(左撚り)のどちらか一方向の撚りを掛けたものを片撚り糸という。

(2)撚りの構成状態により，単糸，双糸，諸撚り糸，飾り諸撚り糸などがある

紡績したままの糸を単糸という。一般には図2.5に示すように，紡績糸の単糸はZ撚り，双糸にする時はその反対のS撚りを掛ける。撚り方向は，その使用目的に合わせて選択される。

また，撚り糸には種々の呼び名があり，よく使われるものとして，一方向に撚りを掛けた片撚り糸，2本以上の単糸を引き揃え，下撚り糸と反対方向に撚った諸撚り糸，さらに諸撚り糸で2本の単糸を撚り合わせたものを双糸といい，3本合わせたものを三子糸という。太さを異にする糸2本のそれぞれに下撚りを掛け，それを合わせて逆方向の上撚りを掛けた糸を飾り諸撚り糸という。

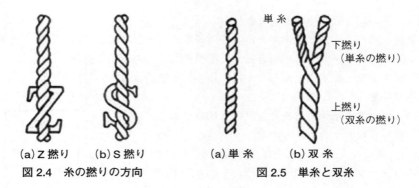

(a) Z撚り　(b) S撚り
図 2.4　糸の撚りの方向

(a) 単糸　(b) 双糸
図 2.5　単糸と双糸

(3) 撚りの強さにより，甘撚り糸，普通撚り糸，強撚糸などがある

　撚りの強さは普通，単位長さ当たりの撚りの数で表わされる。単位長さは 2.54 cm（1 インチ）間か，1 m 間の撚り数で表わすが，綿糸などは 2.54 cm 間の撚り数で，撚り方向と併記して表示する。また，毛糸やフィラメント糸は，1 m 間の撚り数で同じく撚り方向と併記して表示する。

　図 2.6 のように，フィラメント糸は撚り数の増加により引張強さは低下する。紡績糸の場合は，撚りによる集束がないと引張強さはゼロであるが，撚りにより繊維相互間の摩擦力が増大し，引張強さは大きくなる。しかし，撚り数が大きくなり過ぎると引張強さは低下する。引張強さが最大値を示す近辺の撚り数を，飽和撚りまたは普通撚りや並み撚りともいい，それより少ない撚り数を甘

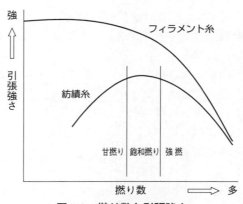

図 2.6　撚り数と引張強さ

撚り，多い撚り数を強撚という。

強撚を利用した糸に壁糸がある。この糸は，太い引き揃え糸に強い撚りを掛け，細い無撚り糸(芯糸)を引き揃え，下撚りと反対方向に上撚りを掛けたもので，細糸を軸として太糸がらせん状に絡み付く構造となる。

(4) **撚り係数**

撚りの強さを示すのは撚り数と撚り係数であるが，撚り数は必ずしも撚りの強さを示さない。図2.7は，細い糸と太い糸に同数の撚りを掛けた撚りのイメージだが，この図のように，撚り数が同じであっても，太い糸に対しては細い糸よりも撚りの効果が大きいのがわかる。それは，撚りの効果は糸の角度に起因しているからである。実際に撚り角度を測定するのは困難なので，角度を測る代わりに，糸の太さに関係なく撚りの効果を表わす尺度として，撚り係数が用いられる。

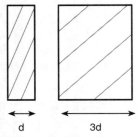

図2.7 糸の太さと撚り角度

繊維の種類と糸の充填密度が同じ場合には，撚り係数が同じであれば，糸の太さに関係なく糸表面の糸の傾斜角度(撚り角度)は等しく，撚りの効果も近似する。

今，撚り数をT，番手をN，t，dとすると，撚り係数Kは次の式で表わせる。

恒重式の場合　$K=T/\sqrt{N}$

恒長式の場合　$K=T\cdot\sqrt{d}$ または $K=T\cdot\sqrt{t}$

T：綿糸は撚数/インチ，梳毛・合繊は撚り数/m，N：番手，
d：デニール，t：テックス

撚り係数は大きいほど，強い撚り効果を示す。通常，綿糸では用途別に表2.3のような撚り係数が採用されている。梳毛糸は，一般に綿糸より少ない。また，織物の経糸には普通撚り(飽和撚り)，ニット用は甘撚り，クレープ用には強撚りが掛けられる。

表2.3　一般的な撚り係数(綿糸)

	用途	撚り係数
甘撚り	超甘撚りニット ニット用 タオル用	2.0 以下 2.8〜3.2 3.1〜3.3
普通撚り (飽和撚り)	普通織物　経糸用 普通織物　緯糸用	3.8〜4.0 3.2〜3.5
強撚	チリメンボイル ミシン糸用	5.0 以上 4.0〜4.3

一般に，織物の緯糸の撚り数は経糸より同数，もしくは少ない。近年は，織機の高速化により，生産性の向上のために撚り数は大きくなる傾向にある。

1.1.4　用途による分類

(1)織　糸

織物に使用される糸の総称で，通常，ニット用の糸に比べ撚り数が多い。

(2)編　糸

ニット製品に用いられる糸の総称で，経(たて)編糸，緯(よこ)編糸，手編糸，各種の網用糸(ネット糸)など，広範囲の用途に使われる。網用糸を除き，一般的には織糸より柔軟で，残留するトルクが少ない糸が要求される。

(3)レース糸

レースに用いられる糸の総称で，綿糸が多く，強い編目を安定させるため諸撚り糸を引き揃え，さらに逆撚りを掛けた2度撚りを施す場合が多い。

(4)縫い糸

手縫い糸およびミシン糸の総称で，衣料用，資材用，製袋用，畳糸の4つの用途に大別される。

(5)刺繍糸

刺繍用の糸で，甘撚りの太い糸が多い。エジプト綿を用い，鮮明な柄表現を得るためガス焼きにより毛羽を除去したり，艶を出すためシルケット加工をした綿糸がある。

(6)意匠糸・飾り撚り糸

織物や編物に，表面変化や風合い効果，意匠効果などを与える。意匠糸は飾り撚り糸ともいう。一般的に，糸の芯になる芯糸の上に，飾りとなる飾り糸を特殊な外観を与えるように巻き付け，ずれを防ぐため押さえ糸によって巻き付ける構成となっている。意匠撚糸機という特殊な撚糸機で作られる。

図2.8に，意匠撚糸機でつくられる代表的な意匠糸の例を示す。精紡機の延伸ローラーをコンピュータで制御して，意図的にムラのある糸や多層構造の糸をつくる意匠精紡機による意匠糸もある。

(7)その他特殊糸

糸は，繊維を集めてつくられるのが一般的であるが，次のような特殊な糸もあり，婦人服，子供服，リボン，インテリア用に飾り糸として使われている。

①**金糸，銀糸**：綿糸や絹糸を芯にして，金や銀の箔，またはフィルムにアルミニウムを蒸着した後に細長くスリットしたものを，らせん状に撚り合わせた

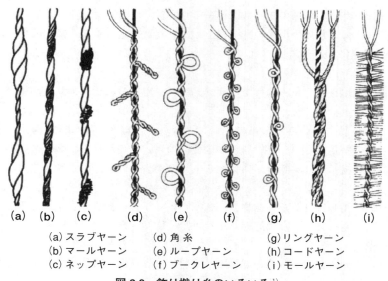

(a) スラブヤーン　(d) 角糸　(g) リングヤーン
(b) マールヤーン　(e) ループヤーン　(h) コードヤーン
(c) ネップヤーン　(f) ブークレヤーン　(i) モールヤーン

図2.8　飾り撚り糸のいろいろ[1]

飾り糸である。本来の金銀糸は，和紙に漆を塗り，金・銀箔を付けて裁断したものや，金・銀箔を芯(絹)糸に巻き付けたもので，着物など装飾用として利用される。

② **紬糸**：絹の真綿から手で紡(つむ)いだ糸。または，練ったくず繭から足踏み機械などで紡いだ糸である。糸むらがあり，ふくらみを持っている。

1.2　糸の太さの表示法

糸は多数の繊維が集合しているが，糸の空隙率の大小や毛羽の多少に差があり，糸の太さを見掛けの直径で表わすことは困難なため，重さと長さの関係で表わす。

糸の太さの表示法には2つの方法があり，一定の長さに対する単位重量倍数で表わす恒長式番手と，一定の重さに対する標準長さの倍数で表わす恒重式番手がある。

1.2.1　恒長式番手

恒長式番手は，一定の長さの糸の重量で表わし，数字が大きくなると糸は太

くなる。主に長繊維糸の太さ表示に使用され，デニール表示法とテックス表示法がある。

この表示法は，短繊維や長繊維の単繊維1本の太さ表示にも使用される。

(1)デニール(denier)表示法

デニール表示法は，長年にわたってフィラメント糸に用いられてきた表示法である。

デニールは標準長さが9,000 mであり，単位重量は1 gである。長さ9,000 mの糸(または繊維)の重さが1 gの時これを1デニール，同様に100 gの時100デニールという。

繊維1本のデニールはdで，繊維が何本か集まって1本の糸になっているマルチフィラメント糸のデニールはDで表わす。

(2)テックス(tex)表示法

国際的に適用するため国際標準化機構ISOが定めた表示方法で，1999年10月より日本化学繊維連盟の各社が，従来のデニール表示からテックス表示に切り替えた。

テックスの標準長さは1,000 m，単位重量は1 gである。長さ10,000 mの糸の重さが1 gの時これを1デシテックス(dtex)，1,000 mで1 gの時これを1テックス，1,000 mで10 gの時10テックスという。1/10テックスはデシテックスと表示されることが多い。

1.2.2 恒重式番手

恒重式番手は，一定質量の糸の長さを基準として定めた長さの倍数で表わし，数字が大きいほど糸は細い。恒重式の番手は，主に紡績糸の太さを表わすのに用いられる。紡績糸の番手には，英式番手とメートル番手の2つの表示法がある。英式番手には，綿紡績糸に用いる綿番手と麻紡績糸に用いる麻番手がある。

メートル番手では，羊毛，化合繊の毛紡績による糸の2つが代表的である。

①綿番手(英国式)

標準重量1ポンド(453.6 g)で，長さが標準長の840ヤード(768.1 m)の時1番手，8,400ヤードの時10番手という。10番手を10^sと書き表わす。綿混紡糸，綿紡糸，化繊紡績糸，化繊混紡糸，絹紡糸などで使われる。

②毛番手(メートル式)

標準重量1,000 gで長さが標準長1,000 mの時1番手，10,000 mの時10番手という。毛番手では10番手を1/10と表わす。毛紡績糸，毛紡績法の混紡

糸，絹紡糸などに使用される。絹紡糸は，輸出品ではすべてメートル式で表示する。国内では，客先により英国式とメートル式が使用される。

③麻番手（英国式）

麻紡績糸は，1ポンド（453.6 g）で300ヤード（274.3 m）のものを1番手とする。

以上の番手表示を，一覧表にまとめたものを表2.4に示す。

表2.4 番手表示一覧表

表示法	糸の種類	番手の種類	基準重量(W)	基準長さ(L)
恒長式番手表示	長繊維糸	デニール(D)	1 g	9,000 m
		テックス(Tex)	1 g	1,000 m
恒重式番手表示	綿紡績糸	英式(Ne)	1ポンド	840ヤード
	毛紡績糸	メートル式(Nm)	1,000 g	1,000 m
	麻紡績糸	英式(Ne)	1ポンド	300ヤード

1.3 むらの評価

1.3.1 U%

U％は，スライバーや糸の太さむらの尺度で，スライバーや糸などの単位長さ当たりの質量のばらつきを示す尺度である。測定は，試料を一定長のスリットの間を通過させて，試料の質量むらによる静電容量の変化を電気的に測定する。最近は，製品の耐電性を軽減する目的で，導電性繊維を混綿することがある。その場合は，静電容量では測定誤差が発生するので，光学的に測定する方法が開発され，実用化されている。

U％を図2.9のむら曲線で図式的に説明する。むら曲線上のある長さLの平

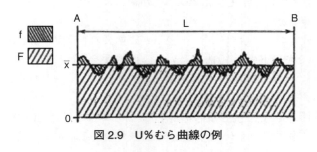

図2.9 U％むら曲線の例

均 $\bar{X}$ を求め，太さ $\bar{X}$ と太さ 0 および長さ A と B で区切られる部分の面積を F とし，試長 L の間におけるむら曲線 x と平均値 $\bar{X}$ との差とで囲まれる面積を f とすると，長さ L における平均偏差値は次式で得られる。これを U% と定義する。

$$U\% = \frac{f}{F} \times 100 (\%)$$

1.3.2 CV%

むらの評価には，変動係数 CV% を用いる場合もある。CV% は，図 2.10 のようなむら曲線の場合には，標準偏差 s，平均値とする長さ L についての変動係数は，定義から次式のようになる。

$$CV\% = \frac{s}{\bar{X}} \times 100 (\%)$$

なお，U% と CV% の間には，U%＝0.8 CV% の関係がある。

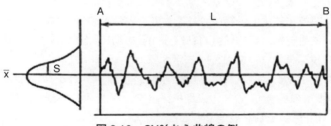

図 2.10　CV% むら曲線の例

第2章

紡　績

2.1　紡績糸の製造方法

　短繊維により，糸の状態にする工程を紡績という。紡績は「わた状」の繊維塊を梳(す)いてほぐし，わたの中の不純物を除去しながら，繊維の方向を徐々に揃え，所定の太さにして撚りを加えることで繊維を収束させ，糸にすることである。紡績方法には，繊維の長さや太さなど原料の特質に合わせて，綿紡績，梳毛紡績，紡毛紡績，麻紡績，絹紡績，化合繊紡績(トウ紡績)などの各方式がある。各紡績工程フローを図2.11に示す。

　技術的なポイントは，原料繊維(綿，羊毛，化学繊維ほか)の特性を考慮して，洗浄(動物繊維の場合)，除じん，開繊，混合，平行化，均斉化，細化(ドラフト)，集束(加撚)の工程を設定することである。

　また，化学繊維の場合には，短繊維を用いる従来の紡績糸に加えて，化学繊維トウを直接用いるトウ紡績が生まれた。さらに，オープンエンド紡績，結束紡績(エアージェットスピニング)などの革新紡績方式が実用化された。

第2章 紡績

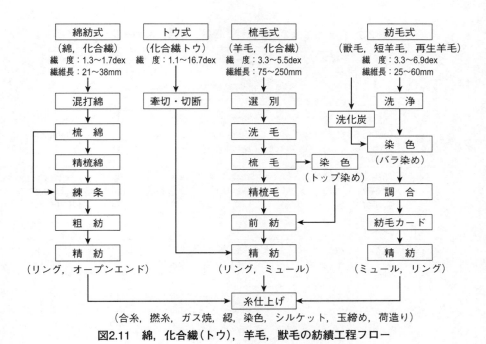

図2.11 綿, 化合繊(トウ), 羊毛, 獣毛の紡績工程フロー

2.1.1 綿紡績

綿紡績は,繊維が細くて短い綿を紡績するのに適した紡績法である。綿紡績の基本構成は,混打綿(ブローイング)－梳綿(カーディング)－精梳綿(コーミング)－練条(ドローイング)－粗紡(ロービング)－精紡(スピニング)－巻き返し(ワインディング)－撚糸(ツイスティング)の8工程からなる。このうち,原綿から糸までの紡績工程の概念を表2.5に示す。表中繊維の状態は,工程を経るにしたがい,夾雑物が除かれ,繊維の平行度が上がり,繊維束が細くなるイメージを表わしている。

以下に工程順に説明する。

(1)混打綿

プレスして硬く梱包された原綿を開俵した後,原綿調合し,開繊－除じん－打綿を繰り返す。原綿の混合を行いながら,繊維塊の開繊と同時に繊維に付着している葉かす,種子片,繊維片,土砂などの不純物を除去する。品質の安定には原料の混綿が重要で,綿100％の場合,ロットを秤量して混綿する,ある

101

第2編　糸の基礎知識

表2.5　綿紡績工程の基本工程，機械，作用，製品一覧 [2]

繊維の状態 （イメージ）	混綿　原綿ロット　A，B，C			→ スライバー →			→ 糸
基本工程	混打綿 Blowing Opening Beating	梳綿 Carding	精梳綿 Combing Lapping	練条 Drawing	粗紡 Roving	精紡 Spinning	
機　械	開俵機 開綿機 打綿機 Opener Beater	梳綿機 Card	精梳綿機 Comber Lap machine	練条機 Drawing frame	粗紡機 Roving frame	精紡機 Spinning frame	
作　用	開綿 除じん 混綿	梳綿 平行化 除じん	夾雑物 短繊維除去 平行化	ダブリング 均斉化 平行化	ドラフト 細条化 平行化	ドラフト 撚り掛け 巻取り	
工程の製品	ラップ Lap	フリース カードスライバー Fleece Card sliver	スライバー Sliver	スライバー Sliver	粗糸 Roving yarn	単糸 Single yarn	

いはシート状にして混綿する方法が多い。化学繊維との混紡糸の場合は，ラップ（円筒状に巻いたシート）での混綿，または繊維をロープ状にして混綿するスライバー混綿が多い。

⑵梳　綿

　図2.12に梳綿機（カード）を示す。この機械により短い繊維を取り除き，個々の繊維を平行に梳いてほぐした撚りのない繊維の束（スライバー）にする。繊維はテーカーインローラー→シリンダー→ドッファーと各ローラーに移送される。

　各ローラーには鋸状の針布が巻かれており，それぞれのローラーの表面の速度差によって繊維塊はほぐれ，夾雑物は浮いてくる。また，シリンダー（C）上部には，スノコ状の板に針布が取り付けられたフラット（D）がシリンダーより遅い表面速度で移動する。その相対速度差により，針布の針で繊維は梳かれ（コーミング作用），開繊が進む。

　ドッファー（E）まで移送された繊維はシート状になっているが，ストリッピング装置（F）によってドッファーからはぎとられ，トランペット状のガイド（G）

第2章 紡績

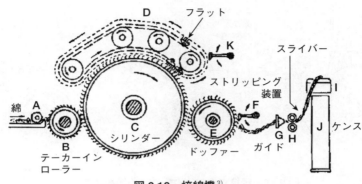

図2.12 梳綿機[3]

でロープ状のスライバーとされ、ケンス(J)に収納される。

　混打綿工程からの原料供給は空気搬送が多いが、供給量は常に変動し、短い周期の長さのむらをつくる原因となる。さらに、梳綿工程で繊維束が引き伸ばされる(ドラフト)と、繊維束の短いむらは引き伸ばされ、長い周期のむらとなる。その問題に対応するため、現在は繊維束中のむらをセンサーで感知し、繊維の供給量を自動制御するオートレベラー技術が活用されている。

(3)精梳綿

　ほとんどの不純物は、紡績の梳綿までの段階で取り除かれるが、なお残る細かい不純物や短い綿繊維を精梳綿機(コーマー機)を通して除去し、繊維を平行に揃える精梳綿工程を通す。コーマー機の作用は、スライバーを多数本重ねて引き伸ばし、シート状にした後、上下から針群で梳いて短い繊維やネップを除去し、繊維の平行度を良くし、スライバーとする。

　コーマー機の作用を図2.13で説明する。ドラムの一部に針が植えられたランドコーム(C)は時計方向に回転する。図中(1)では、ニッパー(D)と(E)に把持された繊維シートの先端が、(C)の針(B)によって梳かれる。(2)でニッパー(D)と(E)が右方向に前進し、繊維はローラー(G)と(H)に把持され前進する。(3)では、板に針が植えられたトップコーム(F)が下方に下がり、繊維シートの後部に刺さり、ローラー(G)(H)で前に引き出される繊維シートの後端部分を梳く。この動作を繰り返し、夾雑物や短繊維を取り除く。数台のコーマー機を並べ、出てきたシート状の繊維束(ラップ)を数本重ね合わせて、ケンスに収納され次工程に送られる。

103

第2編　糸の基礎知識

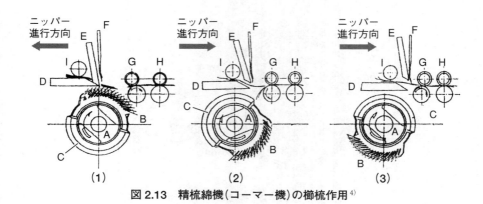

図 2.13　精梳綿機（コーマー機）の櫛梳作用[4]

このコーミングした糸をコーマー糸といい，コーマー機を通さない糸はカード糸という。コーマー糸はカード糸に比べて糸むらやネップが少なく，繊維の平行度が高いため強度光沢も優れており，主として高級織・編物用として用いられる。

(4) 練　条

スライバーを数本合わせて数倍に引き伸ばす（ドラフト）する工程を，2ないし3回繰り返して太さのむらを平均化する。

たとえば，図2.14のように4本のスライバー a，b，c，d はそれぞれむらをもっている。これを重ね合わせれば，Aの部分とBの部分は太さは違うが，4本合わせて4倍にドラフトすると，できたスライバーは元のスライバーと同じ太さでむらを打ち消し合うことができる。このように，重ね合わせ（ダブリング）とドラフトを繰り返すことにより，太

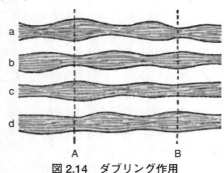

図 2.14　ダブリング作用

さむらは $1/\sqrt{N}$ に減少する（ただし，N：ダブリング数）。さらに，長いむらは紡出スライバーの太さをセンサーで検知し，スライバーの供給量を自動制御するオートレベラー装置により改善される。

練条工程のドラフトは，3〜4組のローラーを並べ，その速度比を調整して

行うローラードラフト方式が多い。たとえば，図2.15の例はAが最速で，以下B，Cの順にローラー表面速度が遅くなるように設定し，その表面速度差で繊維がドラフトされる。

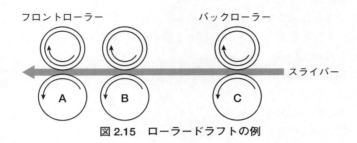

図2.15　ローラードラフトの例

(5) 粗　紡

練条スライバーをさらにドラフトして，精紡に供給できる細い粗糸にする。粗糸は引きちぎれやすいので強度を付与し，精紡機での取り扱い性を向上させるため，撚りをわずかに加える。ドラフトむらの発生を少なくするため，ローラー間にエプロンを配置して，ローラーに把持されない浮遊繊維をコントロールする工夫がされている機種もある。最近では，オープンエンドや結束紡績機を使用する工程では粗紡機は省略されることが多い。

図2.16は，エプロンドラフトの例である。使用される繊維に合わせて，ローラーやエプロンの大きさ，配置および本数は最適の組み合わせが工夫される。

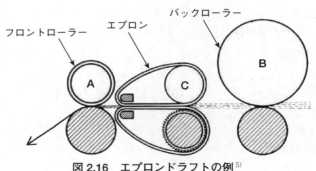

図2.16　エプロンドラフトの例[5]

(6) 精　紡

　粗糸またはスライバーを所定の太さにドラフトし，繊維の結束をした糸としてボビンに巻き取る。繊維束を構成する繊維がばらばらに挙動しないよう，構成繊維に集束性を与える方法には，油剤の粘性による接着，気流による繊維交絡，撚りによる集束がある。撚りによる集束を利用するリング精紡機は糸の品質が安定し，細番手から太番手の糸まで幅広く対応できるため，現在も主力機種として使われている。

　リング精紡機の構造を図2.17に示す。所定の太さにドラフトされたスライバーがフロントローラーから送り出され，スピンドルの回転とリングおよびそれに沿って回転するトラベラーによって撚りが掛けられ，糸になる。糸は，フロントローラーから繰り出されるスライバーの長さ分だけボビンに巻き取られる。撚りは，送り出されるスライバーの長さと，スピンドルの回転数で決められる。加撚と巻き取りが同時にできるのが，リング精紡機の特徴である。しかし，スピンドル回転数の限界と精紡中の糸のテンションの制限から，巻き取り速度は最高30 m/分程度と高速化には限界がある。従来のテープによるスピンドルの駆動方法はエネルギーの消費量が多く，単独モーターによるスピンドル駆動の方法が実用化された。また，リング精紡機のオペレートの電子制御技術化が進んでいる。

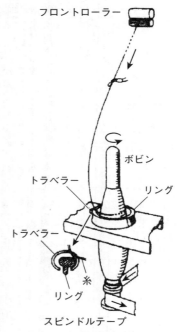

図2.17　リング精紡機[6)]

(7) 仕上げ工程

　精紡機でできた糸は，巻き返し，合糸，ガス焼，綛巻きなどの工程を経て仕上げられる。

① **巻き返し**：糸をコーンやチーズボビンに巻き取る。リング精紡機の糸巻き量は80～120 g/本程度と少ないので，後工程の作業性を良くするためにラージパッケージ化を図り，1～2 kg/個の一定長コーンまたはチーズにして巻き取る。

第2章 紡績

　この工程の電子化が進み，糸の品質をチェックしデータとして表示できるようになり，前工程で発生した糸欠点[スラブ，Thin（極端に細い），Thick（極端に太い），ネップ，精紡機飛び込み，フライ混入など]をヤーンクリアラーにより除去し，工程中の糸の評価が自動的にできるようになった。

　ヤーンクリアラーには機械式と電気式があり，電気式には電気容量式と光学式がある。機械式は，2枚の板（ブレード）の間に糸を通す方法が主である。ブレードと糸との摩擦による毛羽やブレードごとの設置誤差，ブレード摩耗による糸事故の発生などを防止するためのメンテナンスが欠かせない。一方，電気式は糸の体積により検出する電気容量式が主流である。この方式は，見掛けの太さに影響されない利点がある一方，糸の水分率の変化により測定値が影響を受けやすい欠点をもつ。また，制電性繊維の場合，測定誤差が大きくなるので注意が必要である。赤外線などの投光受光により検出する光電式は，測定スリットを通過する糸の像と，あらかじめ設定してある像の大小により感応する。糸の水分率や制電繊維の影響を受けない利点がある。電気式は高価であるが，糸への損傷が少なくメンテナンスも軽減でき，現在は機械式より多く使用されている。

②合　糸：撚糸の準備として，2本または3本の糸が引き揃え，巻き上げられる。合糸での糸テンション管理と定長巻きは，撚糸の品質の向上と後工程での糸のロスの発生を防止し，コスト低減のためには重要である。また，後工程の操業性を確保するため，糸のワックス加工もこの機械で行う。

③撚　糸：撚糸には，リング撚糸機と，1工程でリング撚糸機の2倍の撚りを掛けられるため生産効率の高いダブルツイスターが主流である。フィラメントには，イタリー式という撚糸機も使われることがある。この機械では，原糸を小型少量巻きのボビンに巻き，ボビンを回転させながら糸を上に引き出し，撚りを掛ける。細い太さの化学繊維糸には小ボビンでも糸長が長いので，この機械でも強撚糸の製造には有効で，現在も使われている。

④ガス焼き：糸の表面の毛羽をガスの炎によって焼き取る。光沢が良くなる。

⑤綛巻き：糸染め（綛染め）や，マーセライズ加工による綿糸の光沢加工の場合に，糸を綛状に巻くこともある。

2.1.2　梳毛紡績

　繊維長が比較的長く太さも不均一な羊毛を原料とする場合に，繊維配列の平行度と均整度の良い糸を作る工夫をした紡績方式である。

英式とフランス式があるが，英式はイギリスで発達したもので，油の付着量を多くしたオイルトップをつくり，前紡工程で甘い撚りを掛ける。撚りによる繊維間の拘束力を利用して，ドラフト時の繊維移動を安定させる。繊維長の長い羊が多い英国羊毛やモヘヤの紡績には適しているが，機械の操作に熟練を要する。それに対し，フランス式はフランスで発達したもので，通常のトップ（ドライトップ）を作り，前紡工程では撚りを掛けない。ドラフトローラー間に櫛状の針（フォーラー）を多数配置し，ローラー間の繊維の移動をコントロールする。現在では，梳毛糸のほとんどがフランス式で生産されている。以下，主力梳毛紡績法であるフランス式梳毛紡績について説明する。フランス式の標準的な方式は，選別－洗毛－梳毛－精梳毛－前紡－精紡－仕上げ工程からなる。

(1)選　別

羊の種類によって羊毛繊維の特性は大きく異なるので，厳密に区別して取り扱われる。開俵後，プレスで固められた羊毛を温毛室で保温し，毛をほぐしやすくする。さらに，羊は成育環境から体の部位によって，繊維の状態が大きく異なるため，毛を刈り取ったフリースから，羊の体の部位や汚れ状態，繊維の損傷の有無などによって細かく選別される。

(2)洗　毛

選別された羊毛を4〜5槽の洗浄槽に入れ，羊毛脂，土砂，糞尿などを洗浄し除去する。洗浄槽には石けん，ソーダが混合調製されている。洗浄槽から出た羊毛は，連続的に乾燥機に送られる。洗浄した羊毛は油分が除去されているので，乾燥機の出口でリンス（油）を与える。これにより，後工程での繊維切断が防止される。洗毛された羊毛を洗い上げ羊毛というが，特殊な目的で未加工の原毛を輸入する場合を除き，現在は洗い上げ羊毛の状態で輸入される場合が多い。廃液中の羊油脂（ラノリン）は，薬品や化粧品の原料に使用される。

(3)梳　毛

洗い上げ羊毛は，カードを通して繊維の開繊や繊維の平行度の向上を行う。この工程の作用は綿紡のカードと同じである。しかし，羊毛繊維は綿より長く，かつ繊維が捲縮（クリンプ）をもつので，綿より開繊しにくい。さらに，細い繊維ほど捲縮が多いので，カードの繊維を梳く櫛梳作用時の繊維切断を防がねばならない。対策として，開繊に寄与するカードシリンダーの上部の針布を，綿用のフラットな板に張るのではなく，羊毛では小径のローラーに巻いている。この小ローラーとシリンダーの速度比と，ローラー間の隙間の調整が重要であ

第2章 紡　績

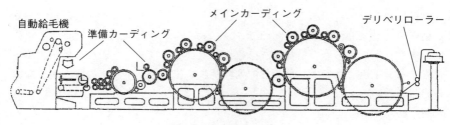

図 2.18　梳毛カード[7]

る。綿カードをフラットカードというのに対し，梳毛カードをローラーカードと呼ぶ。梳毛用ローラーカードの例を図2.18に示す。

(4)精梳毛

　繊維の乱れや，ネップ，植物の小片など夾雑物を除去する。作用は綿紡績と同じである。コーマー揚がりのスライバーは繊維の平行度は高いが，シート状の繊維束の構造なので，繊維どうしがばらばらの状態である。繊維の集束性を高めるため，コーマーの後で図2.19に示すようなギルボックスに1〜2回通し，繊維間のまとまりを良くして，ケンスに収納する。

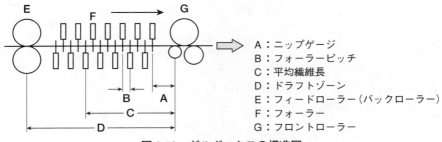

A：ニップゲージ
B：フォーラーピッチ
C：平均繊維長
D：ドラフトゾーン
E：フィードローラー（バックローラー）
F：フォーラー
G：フロントローラー

図 2.19　ギルボックスの構造図

　図 2.19において，繊維はフィードローラー(E)によりドラフトゾーン(D)に送り込まれる。(D)は，針を櫛状に多数植えた針板(F，フォーラー)群とフロントローラー(G)からなる。ドラフト比は(G/E)で表わされる。(F)の速度は，(G)と(E)の間の繊維をコントロールするように設定される。ニップゲージ(A)は(F)からの繊維を確実に把持するため，可能な限り狭く設定される。繊維長の短い綿では(A)の距離に限界があり，この設備が使えない。繊維長の長い梳

109

毛原料に適した構造であるところが，設備として綿紡と大きく異なる点である。

精梳毛工程では，5～10 kg の玉状に巻いたトップ（篠玉）にして前紡工程に供給する。トップ染めの場合は，染色後のトップをコーマー工程に供給する場合もある。染色工程で生じた繊維配列の乱れの修正と，ネップの除去が主なねらいである。

(5) **前　紡**

前紡工程では，精梳毛揚がりのトップを複数本合わせ，前紡ギルボックスに数回通して細い篠に仕上げられる。綿紡績の練条～粗紡に当たる工程である。綿紡績のドラフト工程はローラーを使用しているが，梳毛紡績では針を使用する工程がある。綿などに比較し，太くて長い羊毛繊維では，髪を梳くように針の方がローラーより繊維を制御しやすいことによる。

梳毛紡績の前紡工程では，比較的太い繊維束を扱う前半の工程にはギル装置を使用し，繊維束が細くなる後半の工程にはローラーによるドラフト機構の設備を使用する。いずれもスライバーのダブリングと延伸によって，むらを平均化し，繊維配列の平行度を高めるためである。梳毛紡績の前紡工程は，ダブリングとドラフトの繰り返しを4～5回繰り返すのに対し，綿紡績では2～3回であり，ここも大きく異なるところである。

(6) **精　紡**

綿紡績と作用はほぼ同じであるが，繊維長の違いから綿紡績に比べ梳毛紡績機は原料の種類が多く，それに適した機械が使用される。最も多く使用されるのはリング精紡機である。英国羊毛やモヘヤのように，繊維長が極端に長い繊維に対しては，フライヤー精紡機も使用されるが，稼働機は極めて少ない。精紡機では，新しい糸を作る工夫が続けられている。図 2.20 に示す精紡交撚糸もその1つである。この糸は，従来の糸に加えて新しく別の素材を供給し，主となる粗糸と精紡機上で撚り合わせる。新しい素材としては，梳毛や紡毛単糸，フィラメント糸など，多彩に使える。精

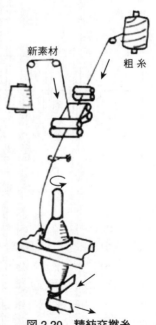

図 2.20　精紡交撚糸

紡交撚糸として中心に異素材を配した糸はコアヤーンという。

　精紡機揚がりの糸はそのままでは糸のトルクが強く，糸の撚り戻りを防止するため精紡ボビンに巻いたまま糸蒸し釜に入れ，減圧し，約150℃の飽和水蒸気により，80〜90℃で処理する。羊毛の水分と熱によるセット性を利用したものである。最近は，直接缶に水蒸気を投ずるのを避け，全自動制御する機械が主流になっている。

(7)仕上げ工程

①**巻き返し**：ワインダー機でスラブ，ネップ，極端に細い（Thin）・太い（Thick）箇所などの欠点部分を除去しながらチーズに巻き取る。綿紡と同じ設備，同じ作用である。糸染めの場合は染液が通りやすいように，穴のある平行ボビンまたはテーパー状のダイコーンに巻き取る。染めむら防止のための巻き取りテンション管理が必要である。

②**合　糸**：綿糸と同様に，複数の糸を引き揃え，巻き取る。

③**撚　糸**：作用は，ほぼ綿糸と同じである。特に，ニット用の甘撚り糸を除き，撚糸揚がりの糸は精紡単糸の場合と同じように糸蒸し釜を通し，撚り戻りを防止する。

④**綛巻き**：手編糸や意匠糸など，特に糸の嵩高さを必要とする糸に対して綛巻きを行い，綛染め機で染色加工する場合がある。

2.1.3　紡毛紡績

　梳毛紡績と比べて繊維長の短い羊毛または獣毛を主原料とする紡績方法である。紡毛紡績は工程が短く，紡毛糸は梳毛糸に比べ太番手が多く，糸の繊維配列もややランダムである。紡毛紡績の特徴は，原料混毛をすることにより各種の広範囲な原料の組み合わせができることである。それを利用して梳毛糸織物に比べ，紡毛糸織物は糸の種類，組織，柄，仕上げ方法などにより多様な変化が可能で，ツイード，ブランケット，フラノ，メルトン，ベロアなど多くの製品展開ができ，背広，コート，ニット製品などに広く用いられている。

(1)紡毛カード

　図2.21に示すように，紡毛紡績のカードは梳毛カードとほぼ同じローラーカードが複数台連結され，構成される。紡毛工程は梳毛工程のような前紡工程はなく，カード機からいきなり精紡機に進む。そのためウェブ（繊維の薄膜）の均一性向上のため，ウェブの方向を変える工夫がされている。1台目と2台目のカード機，2台目と3台目のカード機の間で，中間供給装置の部分で進行方

向に対し90度ウェブ方向を変えて折りたたみ，繊維の引き出し方向を変えて次ローラーに供給している。最終工程(G)を出たウェブをコンデンサー(H)で分割し，エプロン状の揉み革で篠を左右に揉んで，繊維どうしを絡めて，精紡機で切れないような抱合力がある粗糸をつくる。コンデンサーは紡毛独特の働きをし，ウェブの分割工程，揉み工程，篠巻き作製工程の3つの要素からなる。

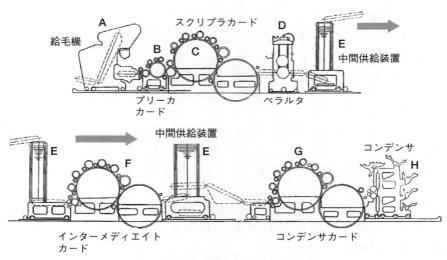

図 2.21　紡毛カード機[8]

(2) **精　紡**

　紡毛工程の精紡機は，ミュール精紡機が主流である。ミュール精紡機は図2.22に示すように，フロントローラー(G)が回転し，篠を錘車(キャレッジ，C)の移動に応じ，送り出す。キャレッジに設置されているスピンドル(A)は，フロントローラーの回転と同時に撚りを掛けるために回転を始める。キャレッジは，スピンドルの回転開始と同時に(イ)から(ロ)の方向に移動する。(ロ)の位置に最も近付いた位置で停止し，スピンドルは最高スピードで回転し，所定の撚り数を与える。撚り掛けが完了したらスピンドルは逆転して，次の巻き取り位置まで糸を巻き戻す。ボビン(D)に糸を巻き取りながら，錘車は(G)方向に戻る。この時，巻き取りのため糸を案内するフォーラワイヤ(F)が作用し，巻き形状を形成する。このように，動作が複雑なためオペレーターは熟練を必要と

第2章 紡績

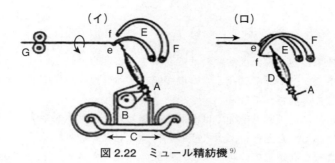

図 2.22 ミュール精紡機[9]

する。最近，中〜太番手用にリング精紡機が特別に改良され，その高生産性を活かして，中〜太番手の紡出に使用されている。

(3)仕上げ工程

巻き返し(ワインダー機)，合糸機，撚糸機は梳毛紡績と同じものが使用される。

2.1.4 化学繊維紡績

化学繊維は，一般的には長繊維束(トウ)に捲縮を付与し，所定の長さにカットして，綿紡または梳毛紡績方法で紡績糸にする。もともと長繊維である化学繊維に特有の紡績方法として，トウ紡績法がある。数万〜数十万 dtex のトウの束を，並行に保って牽切(ストレッチカット)して，トウから一気にスライバーにする。スライバーは，押し込みボックス(スタフィングボックス)に押し込み，繊維に捲縮を与え，紡績しやすくする。近年は高速化，生産性向上を考え，段階的なストレッチゾーンを設定し，途中に加熱装置を組み合わせた図 2.23 のような構造のザイデルコンバーターが多く使用されている。主にアクリル，ポリエステル繊維に使用されている。つくられたスライバーは，通常は梳毛紡績法の前紡工程に導入される。

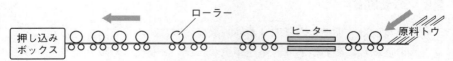

図 2.23 牽切機（ザイデルコンバーター）

113

第2編　糸の基礎知識

2.2　混　紡

　複数の種類の短繊維を混ぜ合わせて紡績することを混紡という。混紡は均一混合が基本で，糸断面で異なる繊維群が偏在する群混合や層構造の紡績糸は，複合糸として区別されている。

　混紡の目的は，製品性能面では混ぜる繊維どうしの欠点を補完し，長所を活かすことである。たとえば，合成繊維の持つ，しわになりにくく，アイロンがよく効く性質を利用して，綿および毛糸製のパンツやスカートにプリーツ性を付与する場合である。また，合成繊維の水を吸わない性質などを活かし，洗ってすぐ着られる W&W(ウォッシュ・アンド・ウェア)性を持たせる例もある。加工性向上の面では，紡績性や製織性を向上させることや，紡績しにくい素材に可紡性の向上を期待する場合にも混紡される。

2.2.1　原綿混紡

　原綿の状態で短繊維を混ぜて紡績工程に供給し，紡績する方法を原綿混紡という。複数の種類の短繊維を混ぜ合わせて紡績することを混紡といい，同一繊維であっても特性ないし異ロットを混ぜ合わせることを混綿という。綿や動物繊維など，天然素材は個体間品質の変動が大きく，製品の品質を安定させるために同一繊維でも混ぜ合わせる必要がある。原綿混毛はロットサイズが比較的大きくなる。

2.2.2　スライバー混紡

　スライバーの状態で混ぜることをスライバー混紡と称して，ポリエステルと綿や羊毛との混紡などに用いられる。また，羊毛の霜降り糸のように白と黒を別々にトップ染めしてスライバーで混毛することも行われる。小ロットサイズにも対応できる。

2.3　革新紡績

　リング精紡は，加撚と巻き取りが同一機構の中に組み込まれているが，スピンドルの回転数に限界があり，糸速が上がらない。また，巻取り糸量や巻き形状にも制約があるため，巻返し工程が必要となるなど生産性向上の障害が多い。これに対し，高速化，パッケージの大型化のための各種の新紡績法が開発・実用化されてきた。ただし，現在の糸質はリング精紡機と異なるので，用途は制

114

限される．

2.3.1 オープンエンド紡績

オープンエンド紡績では，ローター式オープンエンド精紡が現在の主流である．この紡績法は，ドラフト部と加撚部の間で繊維束を切り離して加撚する精紡法であることから，オープンエンド紡績という．

図2.24のように，繊維束をコーミングローラーで所定の太さにしたスライバーをローターの内壁へ供給する．繊維はローター壁に張り付き，ローターの回転で加撚され糸となり，巻取りローラーにより引き出される．加撚と巻取り作用を切り離して行うため，高速化と巻取りのラージパッケージが可能となった．紡出速度は，機械的には200 m/分まで可能とされる．なお，生産された糸はオープンエンド紡績糸，空気精紡糸などという．

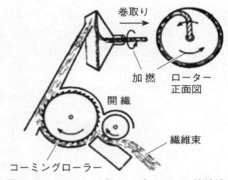

図 2.24 ローター式オープンエンド紡績法

図2.25で示すフリクション式もあるが，世界的にもほとんど実用化されていないため，一般にオープンエンドという場合はローター式を指す．

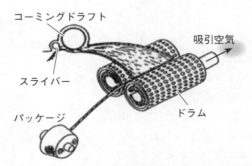

図 2.25 フリクション式オープンエンド紡績法[10]

2.3.2 結束紡績
(1)エアージェットスピニング

図2.26に示すように,高圧噴射空気によって無撚の繊維束(スライバー)にその繊維の一部を巻き付けて,結束した糸にする紡績システムである。フロントローラーと引き出しローラーとの中間に,内部を高圧噴射空気が旋回しているエアーノズルにドラフトされた繊維を通すと,繊維束は旋回し,繊維の一部はフロントローラー上で繊維束から離れて毛羽状態になり,繊維束に巻き付いて糸を形成する。最高300m/分の高速運転やラージパッケージ化が可能である。製品の風合いが硬いなどのため,普及が遅れた。

図2.26 結束紡績の概略図

(2)MVS 紡績

村田機械が結束紡績技術であるエアージェットスピニングの技術をさらに改良発展させ,MVS紡績機として最近注目されている革新紡績の1つである。MVSは,Murata Vortex Spinnerの略称である。

MVS紡績の原理は図2.27に示すように,供給スライバーはローラードラフト部によって細く引き伸ばされ,フロントローラーを通過した後,ノズル口に導かれる。繊維がノズル部を通過し,スピンドルの中空穴に繊維先端部が入り,繊維後端部がフロントローラーの把持から外れると,ノズル内の空気旋回流(Vortex Air)によって反転し,スピンドル表面にらせん状に繊維が配列される。この状態で,繊維はスピンドル内に高速で引き込まれながら,MVS糸が形成され,パッケージに巻き取られる。糸の紡出速度はリング精紡機

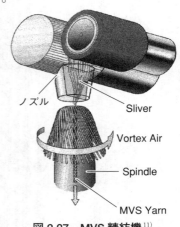

図2.27 MVS 精紡機[11]

の20倍以上となるため，極めて生産性が高い。また，撚り掛け部と巻取り部が分かれているので，従来のワインダー機と同じ巻き量で巻き取ることができる。それにより，ワインダー工程を省略することも可能となった。

従来の結束紡績糸に比べ，リング糸に似た外観と風合いが得られ，耐ピリング性に優れるため，シーツ，シャツ(織・編)，肌着，トレーナー，靴下，タオルなどに用途が拡大しつつある。1997年のOTEMASにて発表されて以来，米国を中心に多くの国に導入され，日本でも近年導入する企業が増えつつある。

2.4 新技術

2.4.1 サイロスパン紡績

CSIRO(オーストラリア連邦科学産業研究機構)が開発した新しい梳毛双糸製造方法である。原理は，図2.28のようにリング精紡機の1つのドラフト部に2本の粗糸を少し離して供給し，延伸(ドラフト)した2本の繊維束を紡出する。紡糸された2本の繊維束に，リングで加撚された撚りが，1本1本に伝達され，直後にスピンドルで撚られて，1工程で双糸に類似した糸ができる。紡出された糸は毛羽が少なく丸味のある，すっきりした製品をつくることができる。

2.4.2 ソロスパン紡績

サイロスパン技術の延長線上のもので，CSIROとWRONZ(ニュージーランド羊毛機構)が共同開発した技術をザ・ウールマーク・カンパニー(旧IWS)が実用化したのがソロスパン紡績である。図2.29のように，リング精紡機のフロントローラーの直下に特殊な位相の

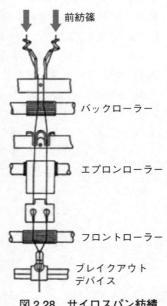

図2.28 サイロスパン紡績

溝付きローラー(ソロスパンローラー)を取り付け，フロントローラーから出たフリースをソロスパンローラーの溝で3～4分割し，それぞれの分割されたフリースに撚りが掛かることによって，トルクのない従来の双糸に匹敵する性能を持つ単糸を1工程で製造する方法である。糸は毛羽が少なく，構造上，摩擦

に強く、これまでの双糸に代わり、織物の経糸に単糸が使えるメリットがある。

2.4.3 コンパクトスピニング紡績

市場での高級品志向が高まるにつれ、細番手化が要求されている。それに伴い、製織性の向上、デザイン性の高級化から糸の毛羽が問題となってきている。精紡工程において、毛羽の減少技術として開発されたのがコンパクトスピニング紡績技術で

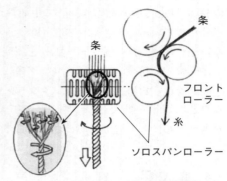

図 2.29 ソロスパン紡績

ある。従来の紡績法では、ドラフトされ歪みを受けた繊維束は、加撚域に入る瞬間に繊維束が遊離し、単繊維が毛羽となる現象が発生する。この現象を防ぐため、フロントローラー付近に吸引ローラーを設け、浮遊する単繊維の発生を防ぎ、効率良く繊維を撚り込む紡績法をコンパクトスピニング紡績という。

図 2.30 に示したように、フロントローラーの把持部の繊維束の幅(B)は、リング糸とコンパクト糸は同じだが、従来のリング精紡法では加撚点での浮遊繊維の存在領域リング糸(b)がコンパクトスピニング紡績の浮遊繊維の存在領域コンパクト糸(b)に比べ広いため、撚り掛け時の遠心力によって周辺の浮遊繊維が糸の外側に出て毛羽となる。コンパクトスピニング紡績では、吸引ローラーが単繊維の飛び出しを防いでいる。この糸はコンパクトヤーンといい、特徴は毛羽が少なく、強度・伸度が高く光沢が増す。綿糸では糊量の減少、毛羽焼き

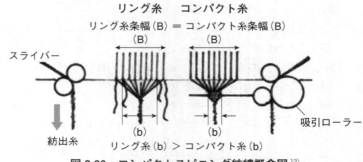

図 2.30 コンパクトスピニング紡績概念図[12]

の省略の可能性があり，品質管理や工程通過性に優れている。

2.5　紡績の知恵（糸つなぎ）

　世界中で生産される糸の品質は，商品のグローバル化とともに，品質のグローバルスタンダードにより評価されるようになっている。人の目で判断していたものを，機械で測定し，基準に照らし合わせて判断し，さらにアクションまでできるようになった紡績技術の進歩には目を見張るものがある。中でも，「糸をつなぐ」作業では，糸結びからスプライサーへの技術開発が進み，生産性の向上と品質の維持に多大の貢献をした。

　今まで機械的な糸結び装置には自動式が主に使用され，結び目は一重機結び（ウイバースノット）とテグス結び（フィッシャーマンノット）が一般的である。一重機結びは結び目は小さいが抜けやすい（図2.31），テグス結びは抜けにくいが結び目が大きい（図2.32）。糸をつなぐことは生産上避けられないが，糸の結び目は製品の品質に問題とされることがあり，結び目は今でも重要な管理項目である。

図2.31　一重機結び

図2.32　テグス結び

　この結び目をなくしたのがスプライサーの技術で，スプライサーのつなぎ目は図2.33のように糸を構成する繊維が交絡するような仕組みになっている。近年では世界に先駆け，日本で最初に開発されたエアースプライサーをはじめ，ウォータースプライサー，ホットスプライサーなど，用途に応じてきめ細かく対応できるようになっている。

図2.33　スプライサーつなぎ目

　たとえば，エアースプライサーは空気流を利用して，結び目なしの均一な太さにする自動糸つなぎ技術が開発された。図2.34および図2.35にその原理を

119

示す。図 2.34 では，不良部分をカット除去した給糸の糸と，巻取り糸が解撚ノズルパイプに導入された状態を示す。上側の糸が不良糸部分を取り除いた巻き取られる糸で，下側の解撚ノズルパイプに空気流で吸引されている。同様に，給糸側は巻取り糸と交差する形で上側の解撚ノズルパイプに吸引されている。図 2.35 で所定の長さにカットされた両者の糸は，糸つなぎノズル中で空気の乱流により繊維を交絡し，糸つなぎを完成する。

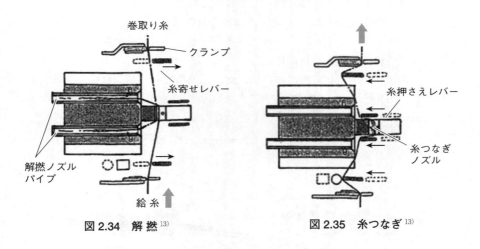

図 2.34　解撚 [13]　　　　図 2.35　糸つなぎ [13]

今後も装置のロボット化は進むだろう。しかし，根本にあるものは人の感性と生活の変化に対応した製品をつくり出す技術で，それに伴ったどのような技術開発が新たに開発されるか楽しみである。

第3章

加工糸

3.1 加工糸特性による各種加工法の分類

　加工糸とは，原糸に種々の加工を施すことにより，その繊維形態や集合構造，物性などを変え，所要のかさ高性や伸縮性，旋回性，機能性，外観などを付与した糸をいう。

　その加工方法は，これまでに種々開発されており，加工糸の特性(かさ高性，伸縮性，旋回性など)によって整理すると，表2.6のように分類され，それぞれ模式図に示すような繊維あるいは糸形態が得られる。

3.2 各種加工法の概要 [14)

3.2.1 加撚−熱固定−解撚法(イタリー式加工法)

　原糸を撚糸機で強撚して熱処理用のシリンダーに巻き取り，次いでそれを高圧スチームセット機で熱セットし，再び撚糸機でほぼ無撚状態になるまで逆撚りを加えて解撚することで，細かいランダムでスパイラル状の捲縮を付与する加工法をいう。高いかさ高性，伸縮性，旋回性が得られるほか，撚りによる断面変形も受ける。ただし，初期に開発された方法であることから生産性が低いため，現在では，次に説明する仮撚り法によって代替されている。

3.2.2 仮撚り法

　加撚−熱固定−解撚法の3工程を連続した1工程で行う加工法で，非常に効率が良く，今ではかさ高加工糸のほとんどが，この方法で生産されている。

121

第2編 糸の基礎知識

表 2.6 加工糸特性による加工法の分類

加工糸特性			加工法の分類	繊維および糸形態(模式図)
かさ高性	伸縮性	旋回性	加撚－熱固定－解撚法	
			仮撚り法 1ヒーター法	
			仮撚り法 2ヒーター法	
			仮撚り法 複合法	
			ケンネル法	
		非旋回性	押し込み法 機械法	
			押し込み法 空気噴射法	
			擦過法	
			賦形法 ギア法	
			賦形法 ニットデニット法	
	非伸縮性		空気噴射法	
			異収縮混繊法	
非かさ高性			その他の加工法	など

　図 2.36 は,この加工法を模式化したもので,まず図 2.37(a)に示すような原糸①に,供給ローラー②と仮撚り装置④の間で,仮撚り装置④によって図 2.37(b)に示すような撚りが加えられ,次いでヒーター③によってその撚り形態が

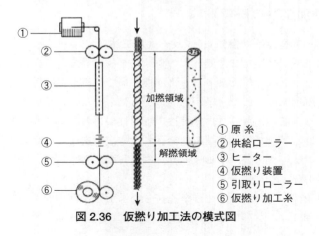

① 原 糸
② 供給ローラー
③ ヒーター
④ 仮撚り装置
⑤ 引取りローラー
⑥ 仮撚り加工糸

図 2.36　仮撚り加工法の模式図

熱セットされ，引き続き仮撚り装置④と引取りローラー⑤の間でその撚りが無撚状態に解かれて，図2.37(c)に示すような細かくてランダムならせん状の捲縮が付与され，仮撚り加工糸⑥として巻き取られるようすを示したものである。

なお，これに使用される仮撚り装置は，その性能が生産性に直結するため競って改良が行われた。すなわち，①図2.38に示すような円筒状のチューブの内部に糸を巻き付ける耐摩耗に優れたサファイヤなどのガイドを取り付けた回転体(仮撚りスピナー)に原糸を通し，それを駆動ベルトで擦って回転させて撚りを加える方式のもの(本図は，Z方向の仮撚り加工時の糸通し法を示す)，②図2.39

(a) フィラメント生糸

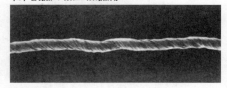
(b) 仮撚り加工加撚部

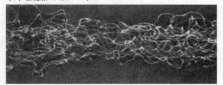
(c) 仮撚り加工糸

図2.37　仮撚り加工中の糸形態[15]

に示すような仮撚りスピナーを一対の回転ディスクの間に強力な磁石で引き付け，それをディスクの側面で擦って回転させる方式のもの，③図2.40に示すような3組の円板を3～4枚重ねた構造の回転ディスクで原糸を挟み込み，そ

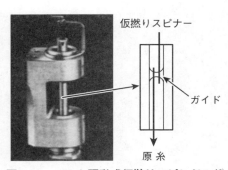

図2.38　ベルト駆動式仮撚りスピンドル[16]

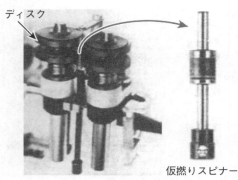

図2.39　ディスク駆動式仮撚りスピンドル[17]

第 2 編　糸の基礎知識

図 2.40　外接フリクション式
仮撚り装置 [18]

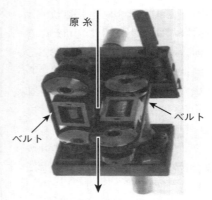

図 2.41　ベルトニップ式
仮撚り装置 [19]

の3組の回転ディスクで直接原糸を擦って回転させる方式のもの，④図2.41に示すような交差して走行する一対のベルトの間に原糸を挟み込み，その両方のベルトで原糸を直接擦って回転させる方式のものなどへと種々に改良され，その生産速度は，初期の頃の数10 m/分レベルから，1,500 m/分レベルを超えるほどまでに高速化されている。

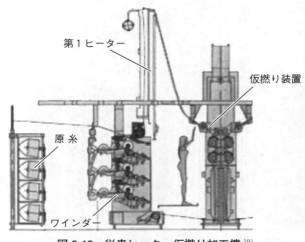

図 2.42　従来ヒーター仮撚り加工機 [19]

124

一方，この高速化に伴い，熱セット用ヒーターや冷却装置なども，図2.42に示すように長尺化が必要になって設備が大型化したが，最近では図2.43に示すような高温ヒーターや積極冷却装置などが開発され，その設備もコンパクト化されている。

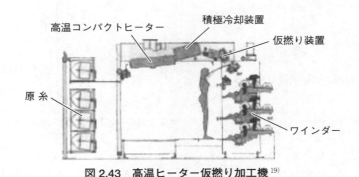

図2.43　高温ヒーター仮撚り加工機[19)]

また，前記仮撚り加工糸を再度ヒーターに通して用途に合った捲縮特性に調整する改良タイプも開発され，従来の1ヒーター仮撚り加工法に対して，2ヒーター仮撚り加工法，あるいは仮撚り改良加工法などと呼ばれて，主にニット用に使用されている。

3.2.3　ケンネル法

2本の原糸を図2.44に示すように引き揃えて合撚し，さらに熱セットしてから再び2本に分離することで，合撚によるスパイラル状の捲縮を付与する加工法である。主に，ストッキング用の細い繊維加工に利用されてきた。

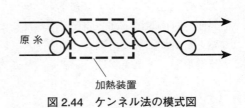

図2.44　ケンネル法の模式図

3.2.4　押し込み法

原糸を狭い押し込み室に強制的に押し込んで，座屈させた状態で熱セットし，ジグザグ状の捲縮を付与する加工法である。

図2.45に示すようにニップローラーによって押し込む方法を機械式押し込み加工法，図2.46に示すように空気の噴射流によって押し込む方法を空気噴

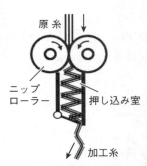

図 2.45 機械式押し込み法

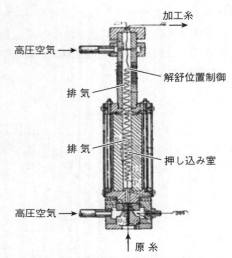

図 2.46 空気噴射式押し込み法[20]

射式押し込み加工法という。前者は，加工糸のみならずステープルファイバー用のトウなど太い繊維束の捲縮加工に，また後者は，カーペット用の加工糸など比較的太い糸条の高速捲縮加工に利用されている。

捲縮特性は，前述の仮撚り加工糸より伸縮性やかさ高性は低くなるが，旋回性や断面変形が少なく，比較的扱いやすい。

3.2.5 擦過法

図 2.47 に示すように，繊維の側面をナイフなどの鋭角なエッジで擦過し，擦過面と対面間に圧縮，伸長，摩擦熱などの差による物性差を付与することで捲縮を得る加工法である。

捲縮形態は，上記物性差が繊維の長さ方向に均一になるため，スパイラル状になる。しかし，前述の撚りを用いた加工糸のような旋回性は有さない。

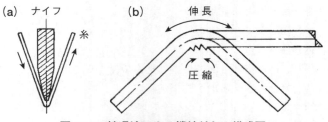

図 2.47 擦過法による捲縮付与の模式図

3.2.6 賦形法

原糸を一対の歯車間に挟み，その歯形を熱セットすることで捲縮を付与するギア法，あるいは，編製して編地を熱セットし，それを解くことで編目の捲縮を付与するニットデニット法などがある。

前者は主として繊維間に少し空隙を付与する場合などに，後者は布帛に凹凸などの表面効果を付与する場合などに利用される。

3.2.7 空気噴射法

原糸の繊維配列を，図 2.48 に示すように空気の噴射流を利用して撹乱し，ループや弛みを発生させてかさ高にする加工法である。原糸を複数供給したり，その供給量に差を付けたりして，外観，物性，機能性などを多様化する技術も種々開発されている。一方，本加工糸は，張力などによって寸法や形態が歪んだり，布帛化して重ね合わせた際に表面のループが絡んで接着しやすいため，撚糸して使用するなどの配慮が必要である。

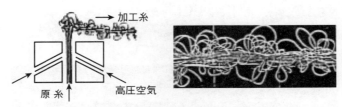

図 2.48 空気噴射法の模式図とその加工糸

3.2.8 異収縮混繊法

図 2.49 に示すように，熱収縮率の異なる複数の原糸を引き揃えて，空気の噴射流を利用して両方の繊維を混ぜ合わせる(混繊)加工法である。

本加工糸に，低張力下で熱処理を施すと，その収縮差により，図 2.49 に示す異収縮混繊糸の熱処理品のようにかさ高性を発現する。なお，本加工糸は，

図 2.49 異収縮混繊法の模式図と混繊糸

高収縮糸が芯部を形成するため,外力によって伸長しやすく,また異収縮原糸間の染色差も目立ちやすいので,使用の際にはこれらが問題化しないよう配慮が必要である。

3.2.9 その他の加工法

上記加工法のほかにも,次に示すような多様な加工法が開発されている。

(1)複合仮撚り加工法[21), 22)]

仮撚り加工法において,仮撚り機に原糸を供給する際に伸度の異なる原糸を供給したり,あるいは供給量を変えて供給したりして,図2.50に示すように,片方の原糸をもう一方の原糸の周囲に巻き付けることで,いわゆる芯鞘構造とする加工法である。複合する原糸の組み合わせや条件により,より高い感性や機能性を有した商品ができる。

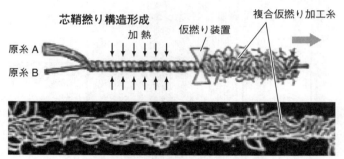

図2.50 複合仮撚り工法の模式図と複合仮撚り加工糸の例

(2)スラブ状太細加工法

複合仮撚り加工法や2本の原糸を供給する空気噴射加工法において,片方の原糸を間欠的に余分に供給して,加工糸にスラブ状の太い部分と細い部分を付与する加工法である。スラブ調外観のほか,意匠性に富んだ外観の商品ができる。

(3)毛羽加工法

撚糸や複合仮撚り加工中に,糸条に擦過などによる損傷を与え,紡績糸のような毛羽を付与する加工法である。長繊維糸条でありながら,紡績糸使いのような商品ができる。

(4)融着仮撚り加工法

仮撚り加工中に，熱セット用ヒーターの温度を高くしたり，低融点の原糸を複合したりして原糸の一部に融着を起こさせる加工法である。融着により，糸が交互撚り状に集束したりして硬くなるため，強撚調あるいは清涼感を有する商品ができる。

(5)牽切加工法

トウまたは長繊維糸条を，引きちぎるとともに再び結束して糸条とする加工法である。本加工法を利用すると，多工程を要する紡績糸を一工程でしかも高速で製造したり，長繊維の製造設備で紡績糸を製造したりできるほか，供給繊維と牽切条件により，強度，かさ高性，意匠性などに独特の特徴を有する多様な商品ができる。ただ，一般的な技術としてはまだあまり普及しておらず，今後の活用が期待される。

(6)不均一延伸加工法

UDY（未延伸糸）やPOY（部分配向糸，高配向未延伸糸）に，集団として，あるいは単繊維として，図2.51に示すような種々の不均一延伸を施す加工法である。繊維に種々の太い部分と細い部分を付与したり，収縮率の高い部分と低い部分を付与したり，染着率の高い部分と低い部分などを付与することで多様な商品ができる。

むらパターン	特徴	加工法
(1)	 シック＆シン 濃染むら（淡染地）	ランダム分散延伸
(2)	 シック＆シン 淡染むら（濃染地）	高倍率むら延伸
(3)	 位相差シック＆シン	低倍率むら延伸
(4) (5)	むらピッチ長短制御	延伸ゾーン長短 間欠ニップ 間欠熱処理 ランダム収縮
(6)	 ミックス調	混繊
(7)	 杢調	引き揃え 単糸抱合合糸

図2.51　各種不均一性付与加工例

3.3 加工糸の製造および取り扱い

加工糸の中でも最もよく利用され，かつ多く生産されているポリエステル繊維の仮撚り加工糸を例に，加工糸の製造や取り扱い上，留意すべき点について説明する。

3.3.1 加工糸製造時の主な留意点

仮撚り加工糸の製造原理や加工設備については，3.2.2項でその概要を記したが，実際に製造する際には，以下のような点についても十分留意する必要がある。

(1) 糸形態の熱セット温度

図2.52(a)に示すように高温ほど強固な熱セットが可能であるが，図2.52(b)に示すように過度に高温にすると強度が低下する。

また，図2.52(c)は加工温度と染着濃度の関係を示したものであるが，温度によって繊維の染着濃度が変化する。その挙動は原糸や染料によって異なる。

熱セット温度は，このほかにも品質への影響が大きいので，ヒーター内およびヒーター間，機台間などの温度差はもちろん，ヒーター内の糸の走行位置や汚れなどについても，実測して十分管理する必要がある。

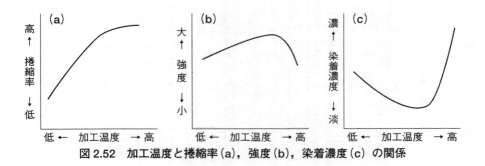

図2.52 加工温度と捲縮率(a)，強度(b)，染着濃度(c)の関係

(2) 加工張力

加工中に何か異常が生じると，加工錘内や錘間で張力差が生じ，加工糸の物性も変化する。また，加撚部の張力を低くすると捲縮率が高くなるが，走行糸の振動が，特に仮撚り装置付近で大きくなり，糸の走行が不安定になる。

さらには，巻取り時の糸張力や，巻取りボビンとワインダーの接圧なども糸

質や生産性に影響する。したがって，いずれの場合もそれぞれ適正な条件を事前に把握し，許容範囲を設定して管理をする必要がある。

(3) 仮撚り数

糸長1m当たりの撚り数をいい，撚り掛け装置による糸の回転数を糸速で除することによって算出される。一般に，仮撚り加工中の撚り角度は約50度が適正とされ，原糸の種類や繊度により，適正な仮撚り数が算出される。

この仮撚り数を多くすると，①撚りピッチが細かくなり，捲縮率が高くなる，②捲縮が主に曲げにより賦形され，旋回性が低下する，③撚りの締め付け力が強くなり，繊維の断面変形が大きくなる，④過度になると二重撚りが発生し，加工中に断糸しやすくなる。したがって，加工機や原糸により，これらの知見をよく考慮し，適正な条件を選定する必要がある。

また，原糸にPOY（部分配向糸または高配未延伸糸）を使用すると，撚糸中に延伸されて断面方向にせん断変形を受けやすく，図2.53に示すように，加工糸の繊維断面が延伸糸使いに比して，より扁平化して側面がきらきら光る欠点が生じる。このため，断面を多葉形にしてこれを防止した改良原糸も開発されている。

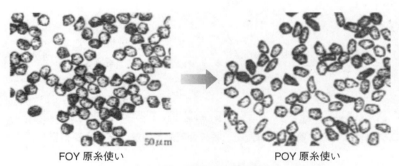

図 2.53 使用原糸と加工糸の繊維断面の変形例 [23]

(4) 熱セット時間

ヒーター長と糸速で決まり，熱セット時間が長いほど堅ろうな捲縮が得られる。

(5) 生産現場の環境

温湿度や風などが，繊維の静電気発生，摩擦特性，糸道のふらつきなどに影

響し，糸質や生産性に影響する。また，照明や騒音，排煙，作業性なども安全衛生に影響するので，それぞれ適正な環境になるよう管理する必要がある。

(6)加工糸の品質管理

生産による加工糸の品質を維持するため，加工糸の物性や巻き取ったチーズやコーンの物性，形状，生産履歴などを常に管理する必要がある。

3.3.2 加工糸の取り扱い

加工糸の捲縮特性は，加工後の経時や捲縮発現の処理条件などによっても変化する。

図 2.54(a)のグラフは，加工後の経時による捲縮率の変化を示したものであるが，経時が短く変化が大きい時期に取り扱う際には，このような変化の影響を受けないよう十分配慮する必要がある。

また，図 2.54(b)のグラフは捲縮の発現処理温度と捲縮率の関係，図 2.54(c)のグラフは捲縮発現処理時の荷重と捲縮率の関係を示したものであるが，いずれも大きく影響を与えるため，捲縮の比較や管理には同じ捲縮発現処理条件を使用する必要がある。

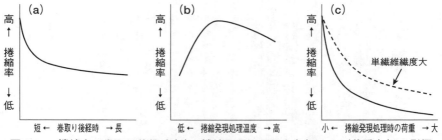

図 2.54　捲縮率の巻取り後経時(a)，捲縮発現処理温度(b) および荷重(c) の影響

また，高い捲縮率を得るには，その加工糸の最適発現処理温度を使用し，できるだけ負荷を軽くし，単繊維繊度の太いものを使用するとよいことがわかる。このような知見は，他にも加工糸を生産する側や使用する側によっていろいろ検討されており，加工糸を扱う上での重要なノウハウになっている。

3.3.3　新商品開発への活用[22]

前記の多様な加工法や加工糸特性をよく把握し，さらに原糸や染色仕上加工との組み合わせなども考慮すると，加工糸の多様化への余地はまだ十分あり，

さらなる拡大も期待できる。すなわち，蓄積技術や原糸から製品に至る技術の連携に勝る日本にとって，これらの加工糸をうまく活かして商品化することは得意なことであり，衣料用および産業資材用のいろいろな新商品開発への展開が期待される。

図 2.55 は，仮撚り加工機の使い方を種々工夫した例であるが，供給ゾーン，仮撚り加工ゾーン，再熱セットおよび巻取りゾーンなど，すべてのゾーンでいろいろな工夫が試みられ，さらにそれらが有効に組み合わされて，新しいニーズや企画に合った商品がいろいろとつくり出されている。また，原料のポリマーや紡糸段階からの開発に比べると，比較的短期間で開発でき，かつ少量の需要にも対応できる利点も有しており，この点についても活用が期待される。

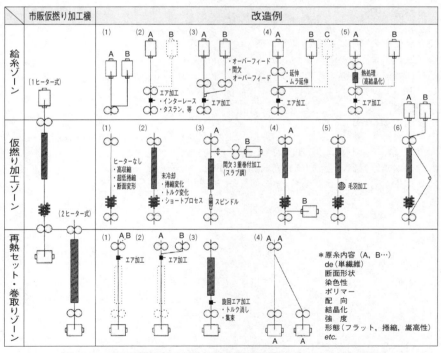

図 2.55 市販仮撚り加工機を利用した仮撚りプロセスの工夫例

第2編　糸の基礎知識

── 参考文献 ──

1) 繊維学会（編）；繊維便覧（第2版），p.299，丸善（1994）
2) 日本繊維機械学会（編）；繊維工学Ⅲ，p.4，日本繊維機械学会（2001）
3) 中村あきら；繊維の実際知識，p.102，東洋経済新報社（2000）
4) 足立達雄；繊維工学Ⅰ　紡績，p.84，実教出版（1965）
5) 足立達雄；繊維工学Ⅰ　紡績，p.94，実教出版（1965）
6) 篠原，白井，近田；ニューファイバーサイエンス，p.55，培風館（1990）
7) 日本繊維機械学会（編）；繊維工学Ⅲ，p.94，日本繊維機械学会（2001）
8) 大阪紡毛工業組合技術委員会（編）；紡毛紡績技術必携，p.28，丸善印刷（1990）
9) 中村あきら；繊維の実際知識，p.107，東洋経済新報社（2000）
10) 繊維学会（編）；繊維便覧（第2版），p.296，丸善（1994）
11) 村田機械㈱のカタログから抜粋
12) RIETER 社のカタログから抜粋
13) 日本羊毛紡績会技術委員会（編）；梳毛紡績技術マニュアル，p.176，日本羊毛紡績会（1995）
14) 繊維学会（編）；繊維便覧（第3版），pp.278-292，丸善（2004）
15) 繊維学会（編）；図説繊維の形態，p.197，201（1989）
16) Leesona 社のパンフレット（Spindle Type 400）
17) Heberlein 社のパンフレット（Spindle Type FBE 603）
18) TEMCO 社のパンフレット
19) 村田機械㈱のパンフレット
20) USP 4188691
21) 本宮達也（監修）；"ファイバー" スーパーバイオミメティックス，pp.187-196，エヌ・ティー・エス（2006）
22) 日本繊維機械学会誌，**51**，334-343（1998）
23) 繊維学会（編）；繊維便覧（第2版），p.307，丸善（1994）

第3編

織物の基礎知識
Basic Knowledge of Textile

第1章	織物の定義 ………… 137
1.1	織物とは何か
1.2	織物・編物・不織布・皮革の比較

第2章	織物の種類と特徴 …… 139
2.1	素材で区分
2.2	糸で区分
2.3	形態で区分
2.4	工程で区分
2.5	用途で区分
2.6	機能で区分
2.7	組織で区分

第3章	織物の製造 ………… 157
3.1	織物の製造工程概要
3.2	主な工程

第4章	織物の規格 ………… 172
4.1	幅
4.2	長　さ
4.3	織縮み
4.4	密　度
4.5	目　付
4.6	厚　さ
4.7	カバーファクタ

第5章	織物の欠点 ………… 175
5.1	欠点名と内容

執 筆 者

中川　建次（Kenji NAKAGAWA）
（一般社団法人　日本繊維技術士センター　執行役員）

松原　富夫（Tomio MATSUBARA）
（一般社団法人　日本繊維技術士センター　理事）

第1章

織物の定義

1.1 織物とは何か

糸をたて・よこに用いて，原則として互いに直角かつ上下に，一定の規則にしたがって組織させた布地を織物という。

1.2 織物・編物・不織布・皮革の比較

図 3.1 に，織物・編物・不織布・皮革の比較を示す。

第3編　織物の基礎知識

区　　分	内　　　容	構　　　造
織　　物	長さ方向の経（たて）糸と幅方向の緯（よこ）糸を，上下に組み合わせて立体交差させてつくる布である（素材，撚糸，組織，加工で商品多様化が可能であり，用途の幅が広い）	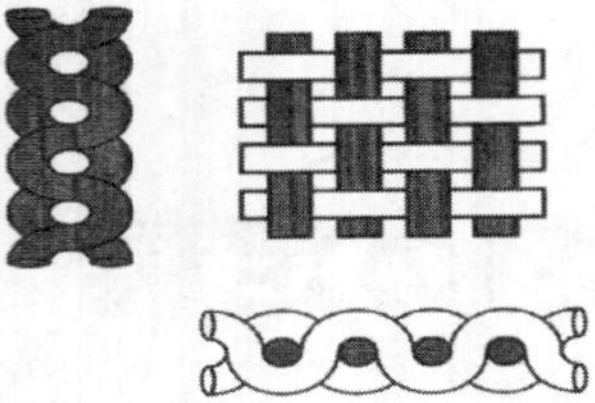
編　　物	編物は緯または経のいずれか一方向の糸を用い，ループを連続させることによってつくる糸である（伸縮性，柔軟性，保温性に富み，ドレープ性に優れる）	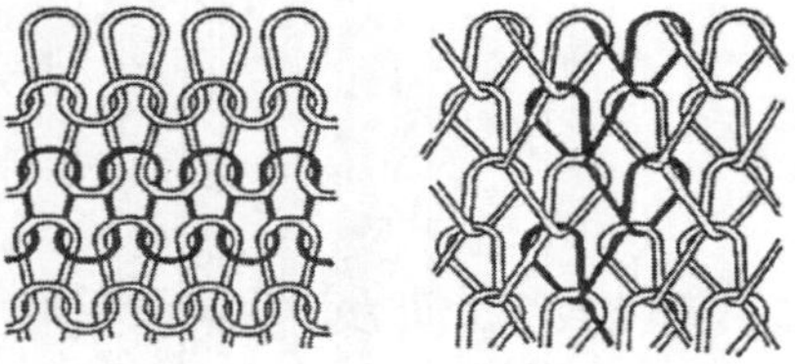
不 織 布	シート状の繊維の塊を絡ませたり接着したりして，織りや編みによらずにつくる布である（多孔構造とかさ高性をもち，吸収性，ろ過性，透水性，熱遮断性に優れる）	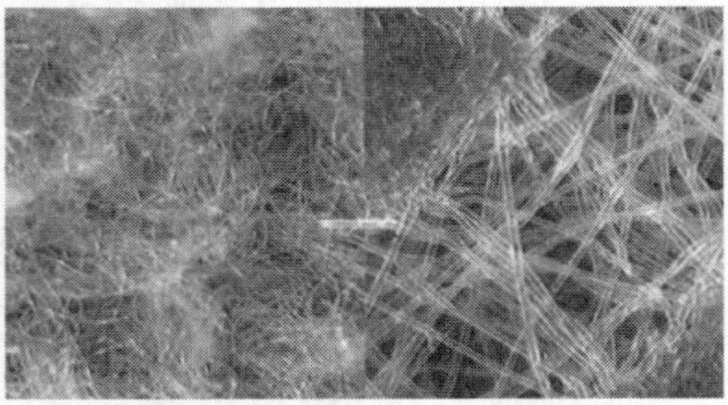
皮　　革	天然皮革や毛皮を模して，織編物や不織布に樹脂を含浸したり，塗布してつくる。また，超極細繊維の不織布を基材に用いた天然皮革に極めて近い布もある	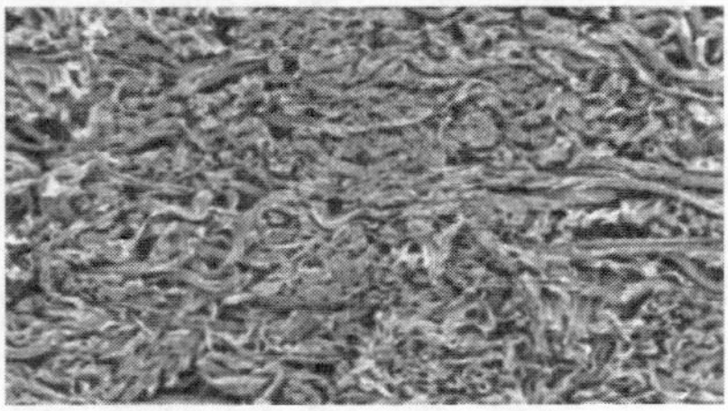

図3.1　織物・編物・不織布・皮革の比較[1]

138

第2章

織物の種類と特徴

2.1 素材で区分

　織物を用いた糸の素材で，絹織物［生（き）織物，練織物，紬織物］，毛織物［梳毛（そもう）織物，紡毛織物］，綿織物，麻織物，合繊織物（ナイロン織物，ポリエステル織物），化繊織物（レーヨン織物，アセテート織物），その他（紙布，ガラス織物）などに分類する（図3.2）。

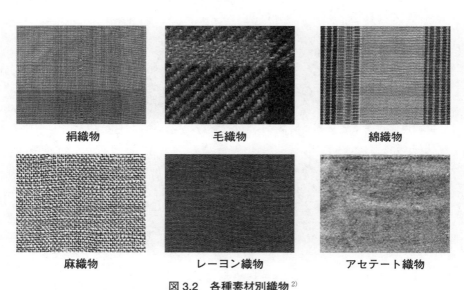

図 3.2　各種素材別織物[2)]

2.2 糸で区分

織物を用いた糸の特徴で，フィラメント織物，スパン織物，加工糸織物，強撚糸織物，ファンシーヤーン織物，混紡糸織物，複合素材織物などに分類する。

2.3 形態で区分

織物を形態で，平織物，ドビー織物，ジャカード織物，パイル織物，捩(もじ)り織物，多重織物などに分類する(図3.3)。

　　平織物　　　　　　　ドビー織物　　　　　　ジャカード織物
図 3.3　組織の異なる織物例[2]

織物の形態変化を織機で与えるため，織物組織を変える。織物組織は多種多様で，この組織をつくるための織機機構として，タペット，ドビー，ジャカードの各種機構(図 3.4〜3.6)がある。

経糸を直接上下に動かす装置を綜絖(そうこう)という。綜絖は織機の機構により，所定の織物組織を得るように動かされる。機構は，後者ほど複雑な組織をつくることができるが，機械としては複雑で高価となる。

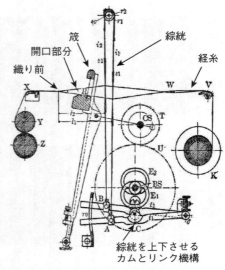

図 3.4　タペット開口装置[3]

第 2 章　織物の種類と特徴

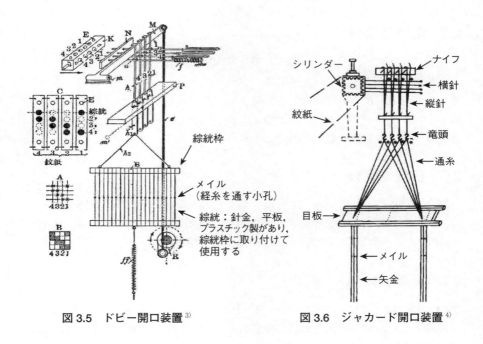

図 3.5　ドビー開口装置[3]

図 3.6　ジャカード開口装置[4]

2.4　工程で区分

　織物をつくる前後の工程の特徴を表現する分類として，先染め織物，後染め織物，捺染織物，無地織物，絣織物，起毛織物，樹脂加工織物，プリーツ加工織物，オパール加工織物，無撚織物，強撚織物などがある（図 3.7）。

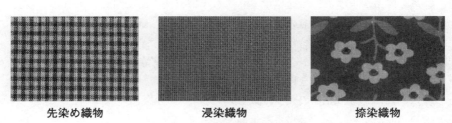

図 3.7　染め工程の異なる織物例[2]

141

第3編　織物の基礎知識

2.5　用途で区分

　衣料，インテリア用途の分類として，婦人衣料織物，紳士衣料織物，スポーツ衣料織物，ワーキングウェア織物，テーブルクロス，カーテン織物，壁紙織物などがある。産業資材織物としてはネームクロス，カーシート織物，シートベルト，エアバッグ織物，タイヤのゴム補強に多く用いられる簾（すだれ）織物，養生シート，帆布織物などがある。

2.6　機能で区分

　織物の機能性の特徴を表わす分類として，ストレッチ織物，透湿防水織物，はっ水織物，接着布，ダウンプルーフ織物，難燃織物，防炎織物，耐刃（たいじん）織物，消臭織物，遮光（しゃこう）織物などがある。

2.7　組織で区分

2.7.1　組　織

　組織とは，織物の経糸と緯糸の交錯した組み合わせの状態をいう。これには普通，経糸が緯糸の上になる場合と逆に，経糸が緯糸の下になる場合がある。この2つを，一定の規則にしたがって組み合わせて組織をつくる。表3.1は織物組織の分類体系であり，①一重組織，②重ね組織，③添毛（てんもう）組織，④からみ組織の4大分類の下に，すべての組織を層別する。

2.7.2　平組織（ひらそしき）(plain weave)……①－1－1

⑴構　造

　経糸と緯糸が1本ごとに交錯する，最も単純で基本的な組織である。この組織は，基本となる三原組織の中で最も組織点が多い。意匠図は1レピート表示するのが基本（図3.8）。

⑵特　徴

・最も簡単，目ずれの起きにくい丈夫な組織である。

・経糸，緯糸ともに屈曲の頻度は最も多い。

・糸の屈曲が多いため，織物密度を高くできない。

・地は薄いが，硬くてしわが入りやすい。

・製織が容易で，応用が最も広い。

第 2 章　織物の種類と特徴

表 3.1　織物の組織区分[2]

①一重組織	①-1 三原組織	①-1-1 平織
		①-1-2 斜文織
		①-1-3 朱子織
	①-2 変化組織	①-2-1 変化平織
		①-2-2 変化斜文織
		①-2-3 変化朱子織
	①-3 混合組織	①-3-1 ①-1 と①-2 を混ぜた組織
	①-4 特別組織	①-4-1 ①-1 と①-2 によらない組織
	①-5 紋織	①-5-1 模様を浮き出したもの
②重ね組織	②-1	②-1-1 経二重織
		②-1-2 緯二重織
		②-1-3 二重織
③添毛組織	③-1 ビロード組織	③-1-1 経毛ビロード
		③-1-2 緯毛ビロード
	③-2 タオル組織	③-2-1 タオル織
④からみ組織	④-1 からみ組織	④-1-1 絽(ろ)織
		④-1-2 紗(しゃ)織

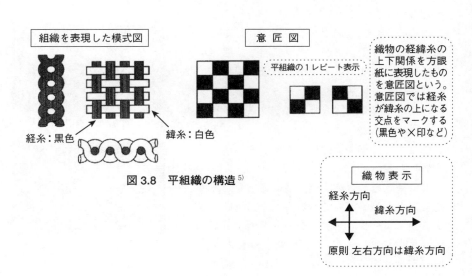

図 3.8　平組織の構造[5]

143

(3)織物事例

- **ポプリン**(図3.9)

ポプリンは平織を変化させて，緯糸の方向に織畝(おりうね)を現わした織物である。素材は綿製品が最も多いが，現在では絹，羊毛，レーヨン，キュプラ，ナイロン，ビニロン，アセテート，ポリエステルなどの製品，またこれらの素材を混紡した糸を用いたものや素材の異なる糸を混ぜて織った(交織という)製品も多い。

図3.9 ポプリン[2]

- **ブロード**(図3.10)

ポプリンの一種で，織密度が高くて艶のある柔軟加工を施したものの総称である。横畝の表現が少ないのもブロードの特徴である。用途はワイシャツ地，ブラウス地である。

図3.10 ブロード[2]

- **タフタ**(図3.11)

地合いが密で横畝(よこうね)が現われている硬めの感じの織物である。素材として絹製品が最も優れているが，異形断面糸を用いたナイロン，ポリエステルなどの合繊製品も，絹製品に近い外観・性状をもっている。タフタの用途は広く，婦人服，ブラウス，スリップ，肌着，ガウン，コート，裏地，インテリアなどとして重要な材料である。

図3.11 タフタ[2]

- **グログラン**(図3.12)

太い横畝を持つ織物で，地に締まりがあって重厚な美しい織物である。本来，絹織物であるが，レーヨン，アセテート，ナイロン，ポリエステル，あるいは交織[注]のものが多い。用途はスーツ，コート，ドレス，装飾品などである。

図3.12 グログラン[2]

注)交織：素材の異なる糸を混ぜて織ること，またはこの方法で織られた織物。

・コードレーン（図 3.13）

経糸に紺色あるいは茶色の色糸を使い，緯糸に晒（さらし）糸を使った地に，白い畝経糸を数本引き揃えて織った織物である。経畝のある夏向きの硬い感触で，替えズボンなどに用いられる。

・羽二重（図 3.14）

経糸や緯糸に，無撚の生糸（きいと）およびフィラメント糸などを用い，平織に織った後，精練してつくられる織物である。本来は生糸で製織した織物であるが，現在では多くの化合繊の糸でつくられている。

・ギンガム（図 3.15）

晒糸，色糸などを用いた，経縞や格子縞などの平織である。

・クラッシュ（図 3.16）

亜麻製品で，細番手の糸を用いて織密度をやや粗くして，平織に織ったものである。素材は亜麻に限らず，綿，レーヨン，黄麻，合成繊維もある。薄手の生地は，服地，ドレス，シャツ，スポーツウェアなどに，厚手物はテーブル掛け，カバーなどのインテリアに用いられる。

・モスリン（図 3.17）

モスリンは薄地の綿布を意味するが，現在ではウール，合成繊維などの単独製品や交織および混紡糸・交撚糸などを使って織られる製品が多い。

・ポーラ（図 3.18）

ポーラは，その名が示すとおり気孔のある織物で，織目が透いて見えることが特徴である。ポーラの本物は，経緯にモヘヤ[注]を使っ

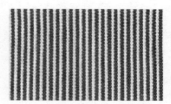

図 3.13 コードレーン[2]

図 3.14 羽二重[2]

図 3.15 ギンガム[2]

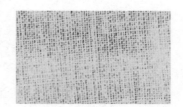

図 3.16 クラッシュ[2]

図 3.17 モスリン[2]

たもので，モヘヤの持つ絹状の光沢と粗硬感は，ポーラの地合に最も適している。用途は夏の服地が主である。

注）モヘヤ：アンゴラ山羊の毛

- **トロピカル**（図 3.19）

ポーラと同じく，織目が粗く感触が清涼感を伴い，通気性・透湿性が優れている。本来は，羊毛の梳毛糸を経緯に組み合わせて，平織に製織されたものである。最近ではレーヨン，アセテート，ポリエステルなどのフィラメント糸を用いてつくられる。用途は夏の服地である。

- **ローン**（図 3.20）

薄手で密度の大きい平織りの生地で，美しく柔らかいことが特徴である。感触が硬めでさらっとしているが，地が非常に薄いため総体的に柔軟性が目立つ。透けて見える生地で，夏季の被服材料やインテリアに適する。ブラウス，ドレス，カーテン，カバーなどに広く用いられる。

- **ボイル**（図 3.21）

麻製品のような風合いを持つ薄地で，密度の粗い織物である。夏季の子供服，ブラウス，肌着，カーテンなどとして多く用いられる。

- **楊柳（ようりゅう）**（図 3.22）

経糸も緯糸も単糸であるが，緯糸にS撚またはZ撚のどちらか一方の強撚糸を打ち込んでつくられる。経糸方向に山筋を持っている。

- **デシン**（図 3.23）

フランス縮緬（ちりめん）とも呼ばれている。緯糸の撚り癖を強くするために，83 dtex の

図 3.18　ポーラ[2]

図 3.19　トロピカル[2]

図 3.20　ローン[2]

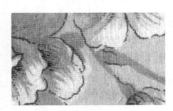

図 3.21　ボイル[2]

図 3.22　楊柳[2]

場合1m当たり 2,500 から 3,500 回程度の撚りを掛ける。白地，無地，プリントで，ブラウス，ドレス，裏地，カーテン，アクセサリーなどに用いられる。

・ジョーゼット（図 3.24）

経糸，緯糸ともに強撚糸を用いた平織物である。地合が薄く，クレープを現わすことが特徴である。この生地は，地合が薄い上に組織密度が粗いので非常に軽い。艶に乏しいがこしがあり，硬い感触である。白地，無地染め，プリント染めとして，夏季の婦人子供服，カーテン，マフラー，装飾品，インテリアなどに用いられる。

・オリエンタルクレープ（図 3.25）

経糸に強撚糸を用い，緯糸に無撚糸を用いて平織にした織物である。無地染め，プリント物，縞柄物で婦人子供服，着尺[注]，インテリア，装飾品などに供される。

注）着尺：和服用生地をいう。寸法は，通常幅 36 cm，長さ 11.36 m。

図 3.23　デシン[2]

図 3.24　ジョーゼット[2]

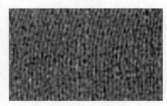

図 3.25　オリエンタルクレープ[2]

2.7.3　斜文（しゃもん）組織，綾（あや）組織（twill weave）……①-1-2

(1) 構　造

織物表面に，斜めの畦（あぜ）が現われる組織で，経緯ともに3本以上で構成された組織である（図 3.26）。

(2) 特　徴

・平織に比較して，糸密度を高くできる。
・地合が密で，かつ厚くでき，柔軟でしわがよりにくい。
・組織の種類は多くできるが，その応用は平織より少ない。

(3) 織物事例

・ドリル（図 3.27）

経糸・緯糸に，10 番から 20 番の太さの糸を用いて，2/2 か 2/1 または 3/1 の斜文組織で織られたものである。ドリルは本来，綿製品であるが，レーヨン，

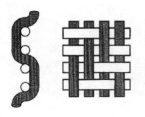

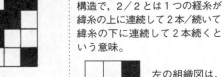

図3.26は、2/2の斜紋組織の構造で、2/2とは1つの経糸が緯糸の上に連続して2本/続いて緯糸の下に連続して2本続くという意味。

左の組織図は、1/2の斜紋という。

図3.26　斜紋組織の構造[5]

ポリエステルその他の合成繊維製品も多い。主な用途は，作業服，制服，コート，ズボン，スポーツウェア裏地，カーテン，インテリアなどである。

・**デニム**（図3.28）

経糸に同じ色糸を用い，緯糸に晒糸を使って，2/1または3/1の綾組織で織った厚地織物。本来は綿製品であるが，レーヨン，ビニロン，ナイロンその他の化学繊維製品も多くつくられている。色糸には，濃色染めの藍（あい），紺（こん）などが多く用いられる。

・**サージ**（図3.29）

サージは，斜文織物の代表的なものの1つである。本来は，羊毛の梳毛糸（そもうし）を用いた2/2の斜文組織で織られたものである。地合は柔らかく，斜文線が45度の角度になっている。素材としては，スフ，スフとナイロン，アセテート，ポリエステルなどを30%から50%混紡した製品も少なくない。用途は，服地，コート，スカート，ズボン，制服，学生服，作業服などの生地である。

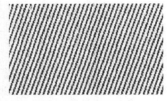

図3.27　ドリル[2]

図3.28　デニム[2]

図3.29　サージ[2]

・ギャバジン(図3.30)

斜文織の代表的なものの1つで，羊毛や木綿，レーヨン，ナイロンその他の合成繊維でつくられている。斜文線の傾斜が45度以上の角度をしていること(急斜文という)が特徴で，経糸の密度を高くして，細い綾が現われている。組織は2/1，2/2，3/1のものが多い。用途は服地，コート地である。

図3.30　ギャバジン[2)]

・スレーキ(図3.31)

スレーキは緯綾の一種で，元来は綿織物である。この織物は，光輝金巾(こうきかなきん)と呼ばれるように，光沢が強くて美しい。素材はレーヨン，ナイロン，ポリエステルなどのフィラメント糸を使うものが多い。用途はもっぱら洋服の裏地である。

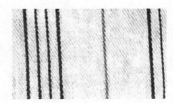

図3.31　スレーキ[2)]

・ツイード(図3.32)

外観が粗く，感触の硬い，野趣に富んだ紡毛織物である。その外観，感触が手織の毛織物に似ている。現在では，羊毛に限らず，レーヨン，アセテート，ポリエステル，絹，アクリル，その他の化学繊維やその混紡製品がある。服地，コート地，帽子が主な用途である。

図3.32　ツイード[2)]

2.7.4　朱子(しゅす)織物(satinweave, sateenweave)……①-1-3

(1) 構　造

朱子織物組織は，経糸・緯糸ともに5本以上からつくられ，5本でつくられる場合は，経糸が緯糸の上に4対1の割合で多く浮く構造の織物である(図3.33)。

(2) 特　徴

・糸の屈曲は三原組織の中で最も少なく，平滑である。
・織密度は大きくできる。
・地は厚いが柔軟である。
・最も強い光沢をもつ。

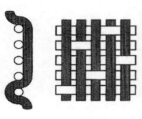

図 3.33 は，5枚朱子組織。詳しくは，3飛び5枚朱子という。

図 3.33　朱子組織の構造[5]

(3) 織物事例

・サテン（図 3.34）

朱子織は，経糸または緯糸が連続して浮き出し，経糸や緯糸だけで組織されているような外観を呈する。5枚朱子，8枚朱子，12枚朱子などといわれるものは，それぞれ4:1，7:1，11:1の割合で経糸または緯糸が交錯して組織点を形成していることが特徴である。素材としては綿，絹，レーヨン，アセテート，ナイロン，ポリエステルなどである。用途は，服地，ドレス地，クッション，裏地，リボンなど。

図 3.34　サテン[2]

2.7.5　変化平織物……①-2-1

・オックスフォード（図 3.35）

図 3.35　オックスフォード[2]

斜子（ななこ）組織から変化した変化組織で織られ，やや厚手で艶のある柔軟な感触をもっている。綿，アセテート，ビニロン，ポリエステル，レーヨン，ナイロン，アクリルなどでつくられ，用途は婦人子供服，ワイシャツ，肌着，ブラウス，スリップ，エプロン，パジャマ，インテリアなど範囲が広い。

・シャークスキン（図 3.36）

外観が鮫の皮膚のように見えることから，この名前が付けられた。地合が密で，感触が粗い特徴がある。素材は綿，絹，羊毛，レーヨン，アセテート，ナイロン，ビニロン，ポリエステルなどで，用途は婦人服地，コート地，スポー

ツウェアなどである。

2.7.6　変化斜文織物……①-2-2
・フランス綾（図 3.37）

　幅の広い綾目が特徴で，太い綾と細い綾が並行して走っているため子持ち綾ともいわれている。素材は，綿，絹，羊毛，化学繊維で，主な用途は服地，オーバー地，裏地である。

2.7.7　変化朱子織物……①-2-3
・みかげ織（グラニットクロス，梨地織）（図 3.38）

　花崗岩（かこうがん）のような不規則な細かい凹凸があり，ざらざらしている変化朱子織物。用途はスーツ，着尺，裏地など。

・重ね朱子

　朱子織の組織点の上方や隣に，新たに組織点を加えた変化組織で，ダブルサテン，二重朱子織ともいう。ベネシャン，インペリアルサテン，バックスキンなどがある。地が丈夫で，綿織物や毛織物の起毛品（きもうひん）に用いることが多い。

2.7.8　混合組織織物……①-3-1
・吉野織

　平織と畝（うね）織の混合組織で，平織地に経畝または緯畝を，縞または格子状に組み合わせた組織である。素材は，絹および化合繊のフィラメント糸を用いる。用途は着尺地，帯地などである。

2.7.9　特別組織織物……①-4-1
・蜂巣（はちす）織（図 3.39）

図 3.36　シャークスキン[2]

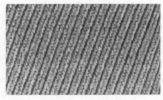

図 3.37　フランス綾[2]

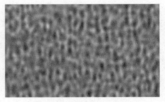

図 3.38　みかげ織[2]

図 3.39　蜂巣織[2]

　四角形または菱形に，経糸の浮き上がった部分と沈んだ部分を組織して，表面に凹凸を作る蜂の巣状の外観をもつ織物である。用途はタオル，シーツ，夏用婦人服などである。

2.7.10 紋織物 ①-5-1

・ダマスク(図3.40)

ジャカード織機を使い，朱子織を応用して紋柄を表現した意匠性に富んだ織物である。紋柄には草花や幾何模様の大柄なものが多く，厚地物が多い。用途はカーテン，テーブル掛け，そのほかインテリアとして広く用いられる。

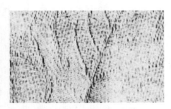

図3.40 ダマスク[2]

・ラメ(図3.41)

金糸や銀糸，アルミ蒸着フィルム糸などを使い，紋柄や筋柄を織り出した織物を総称してラメという。高級品には絹糸を用いるが，普通品はレーヨンを用いたものが多い。そのほか，アセテート，ナイロン，ポリエステルなども用いられる。婦人服地，ブラウス，帽子などが主な用途である。

図3.41 ラメ[2]

2.7.11 経二重織物 ②-1-1

・ピンタック(図3.42)

襞(ひだ)織の一種で，緯糸の方向に襞を浮き上がらせて，織柄を出している。襞が細く，

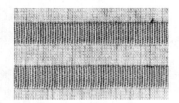

図3.42 ピンタック[2]

襞の間隔が細いものを特にピンタック織という。経二重織を変化させた特殊な織り方である。婦人服地，子供服地，礼装用のワイシャツ地に用いられる。

2.7.12 緯二重織物 ②-1-2

・ブロケード

ジャカード織機を使い，紋柄を織り出している緯二重組織の織物である。紋柄用の糸には各種の色相の色糸，金，銀糸が使われ，錦絵のような美しい花模様が浮き出されている。素材は，絹，麻，綿，レーヨン，アセテート，ポリエステルなどの製品もある。用途は，ブラウス，ドレス，ネクタイ，カーテン，テーブルクロスなど。

2.7.13 二重織物 ②-1-3

・ふくれ織

表面に，立体的に模様や凹凸を現わした織物である。組織は主に二重織で，

中には三重織のものもある。この織物は艶があって美しく，独特の立体模様を持っているため，婦人服地，服飾に用いられる。
- **風通織（ふうつうおり）**

織密度を少なくした特殊な厚地織で，二重組織である。風通織は独特の色彩や趣をもつので，服飾用として多く利用されている。生地に張りがあるため，しわが入りにくいのが利点である。用途は高級婦人服地などである。

2.7.14　経毛ビロード織物……③-1-1
- **本ビロード**

経毛ビロードはベルベットと呼ばれ，地を組織する経糸（地経）と，毛羽（パイル，毛房ともいう）をつくるための経糸（毛経）を使い，経二重織組織を基本にしてつくられる。ビロード織は，針金を織り込んで輪奈（わな：ループパイルともいう）をつくる方法と，2枚の織物が重なったように織り，毛経で両者を結合させた部分をせん毛する方法の2つがある。前者を経毛ビロード，後者を二重ビロードという（図 3.43）。

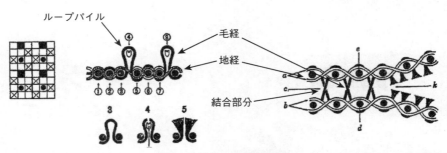

図 3.43　ビロード形成図[6]

- **プラッシュ**

経毛ビロードで毛羽の長いものをプラッシュという。

2.7.15　緯毛ビロード織物……③-1-2
- **ベッチン**

ベッチン（別珍）は，添毛組織（毛羽をつくる組織）の一種である緯毛ビロードで，緯糸を切断してパイルにしたものである。組織は，生地を組織するための緯糸（地緯）と，毛羽（パイル，毛房）をつくるための緯糸（毛緯）を用い，毛緯は一定間隔で経糸の下に潜るように織られる。織り上がった織物は，せん毛

刃で縦方向に移動させて浮いている緯糸を切断し，表面上に均斉に毛羽をつくる。素材は綿などで，用途はドレス，コート，椅子張り，敷物，足袋，裏地，掛け布などである（図 3.44）。

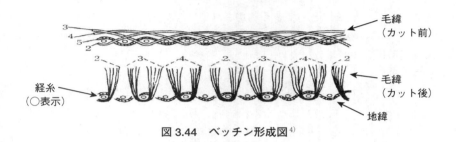

図 3.44　ベッチン形成図[4]

・コール天

緯毛綿ビロードの1つで，畝ビロードとも呼ばれている。用途はズボン，作業服，乗馬服，足袋，椅子張り，スカート，ドレス，インテリアなどである。図 3.45 にコール天立毛形成図を示す。

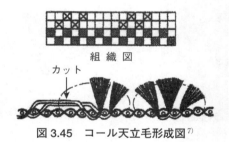

図 3.45　コール天立毛形成図[7]

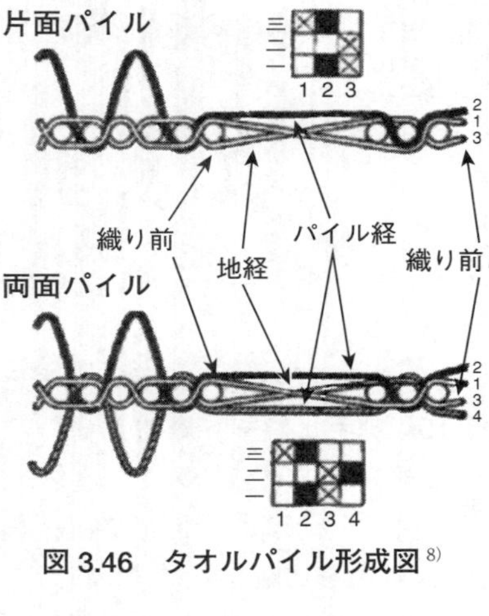

図 3.46　タオルパイル形成図[8]

2.7.16 タオル織物……③-2-1
・**両面タオル**(図 3.46, 図 3.47)

添毛織物の一種で,経緯糸のほかにループパイルになる経糸を使い,両面にループを織り出したものである。素材は麻,綿,レーヨンなどである。

図 3.47 両面タオル[9]

タオルパイル形成図(図 3.46)の下部は両面タオルの形成機構図で,筬は織り前(おりまえ)[注]と同図(a)の位置(仮の織り前作成位置)の2箇所で止めることができ,(a)の位置でつくった仮の織り前を,後の筬打ち動作で織り前に移動させ,パイル経糸をループ化させる。

注)織り前:織機上,織られていない経糸の部分と織物が形成された部分との境界をいう(図 3.46, 図 3.51, 図 3.64 を参照)。

・**片面タオル**(図 3.46)

パイルを片面に出したタオル織物である。拭き布や肌着に用いられる。

2.7.17 絽(ろ)織物……④-1-1
・**絽**

地経と捩り経[注]が,3本ないし5本ごとに数本の緯糸と平織組織をつくり,次に経糸1本と絡み(搦みとも書く)合い,順次に同じ組織を構成しているものである。平織りの緯糸本数で,3本絽,5本絽,7本絽などと呼ぶ。主な用途は,夏のシャツ地,カーテン,蚊帳(かや),着尺,袋物などである(図 3.48,図 3.49)。

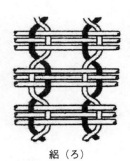

紗(しゃ)   絽(ろ)

図 3.48 紗,絽の構造[2]

舞妓さんの着物やお坊さんの法衣も,夏用は絽織物が使われる。

注)捩(もじ)り経:経糸の幅方向に経糸1本隣の位置に移動,

図 3.49 絽織物[2]

155

第3編　織物の基礎知識

後の動作で元の位置に戻る機構の綜絖に通された経糸。

2.7.18　紗（しゃ）織物……④−1−2

・**紗**（図3.48）

絡み織物（捩り織物）の一種である。捩る経糸と捩られる経糸が1組になって，緯糸1本ごとにその位置を転じて織られた織物である。用途は，篩絹（ふるいきぬ）注），蚊帳，カーテンなどである。

注）篩絹：スクリーンクロスともいわれる。捺染工程の染料を調合した糊を原反に刷り込む型や，印刷のスクリーンに用いられる。最近は，合繊のモノフィラメント糸が多用される。

第3章

織物の製造

3.1 織物の製造工程概要

3.1.1 製織準備工程

　織物を織機で織るまでに，多くの準備工程が必要である。ここでの工程管理や品質管理の良否が，製織能率や織物の品質を大きく左右する。したがって，製織準備には細心の注意が必要である。一般的な製織準備工程の概略をフィラメント織物（デシン）を例にとって図 3.50 に示し，併せて製織工程と検査工程を示す。

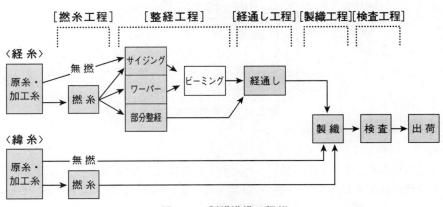

図 3.50　製織準備工程[10]

工程を経糸準備工程と緯糸準備工程に二分し，経糸準備工程では撚糸，整経，糊付け，経通し(へとおし)，機掛け(はたかけ)があり，緯糸準備工程では撚糸，撚り止めセット，巻き返しがある。

3.1.2 製織工程

織物を織機で織る工程。

織機は，綿，毛，絹，合繊など繊維の種類や織物幅，タオル，カーペットなどの織物種別に適した多くの種類がある。

さらに，機構上では開口[注1]方式や緯糸挿入方式[注2]の違いによって種類が多様化する。しかし，製織原理はほぼ同じで，図3.51は，シャトル織機を例にとった図である。

注1) 開口：経糸が上下に分けられ，緯糸が通される空間もしくは空間をあけることをいう。

注2) 緯糸挿入方式：開口部分に緯糸を入れる方式。シャトルやウォータージェット，エアージェットなどによる方式がある。

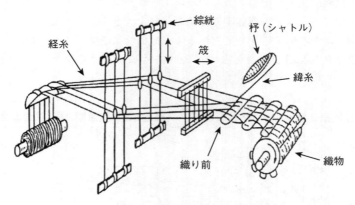

図 3.51　織機の機構[10]

3.1.3 検査工程

織機で織り上がり，染色加工されていない織物は生機(きばた)といわれる。生機は検査工程に送られ，織物外観欠点や品質および規格の検査を行う。そして，検査した織物のデータと合否判定基準とを照合し，合否判定を行ったり，サンプルの切り取り，生機への反番や格付けの記入などを行う。

第3章 織物の製造

3.2 主な工程

3.2.1 撚糸工程
(1)撚糸の目的
- 風合い改良(締まった硬い感じやドレープ性を与える)
- 表面変化(しぼ・しじら等の凹凸効果や,ダルな光沢感を与える)
- 清涼感付与(さらっとした感じや大きな透き間を与える)
- 製織性向上(糸の収束性や抱合力を高めて無糊や薄糊化を行ったり,織物欠点の減少や製織速度の増加を図ったりする)

(2)撚糸機の種類

上記の撚糸目的を実現するため,さまざまな機種がある。イタリー撚糸機(図3.52),パーン供給アップツイスター,リング撚糸機,合撚機(図3.53),飾り撚糸機,二重撚糸機(ダブルツイスター,図3.54)などがあって,消費電力,作業性,糸の太さ,織物品種,撚り数の大きさ,糸巻き姿形状により使い分けている。図3.54に,代表的な撚糸機であるダブルツイスターの機構図と写真を示す。

ダブルツイスターでは,スピンドル1回転で撚りが2回掛かり,生産性が高いのが特徴である。撚り掛け時の糸張力は他の機種よりやや高いが,張力変動は極めて低い。

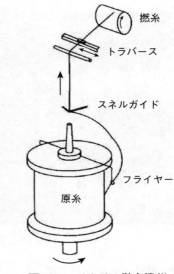

図3.52 イタリー撚糸機[11]

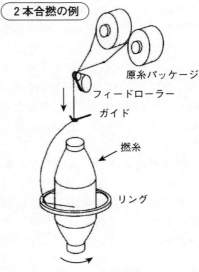

図3.53 合撚機[11]

159

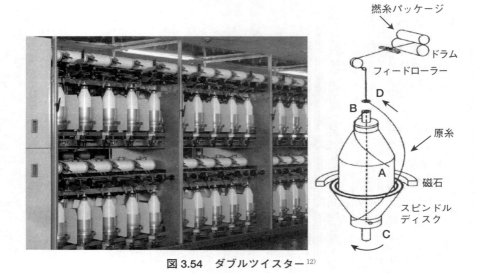

図 3.54　ダブルツイスター[12]

3.2.2　撚り止めセット工程

糸に撚りを掛けると，戻ろうとする反力，いわゆるトルクが発生する。このトルクを低減させる工程を撚り止めセット工程という。撚り数が大きくなるほどトルクは強くなり，工程での取り扱いに支障が出てくる。熱で撚りを簡易固定して，これを低減させ，撚り糸の取り扱いを容易にさせる。

簡易固定は通常，真空スチームセット法を用いる。標準条件は，ポリエステルで温度80～95℃，時間30～40分，綿で温度95～105℃，時間30分，羊毛で温度75～90℃，時間20分である。図3.55に，撚り止めセット機の写真を示す。

図 3.55　撚り止めセット機[13]

第3章 織物の製造

3.2.3 整経工程
(1)整経の目的

織に必要な本数の経糸を，織りやすいようにビームに巻くこと。

このため，多数の糸を均一な張力で，パーン，ボビン等から解舒（かいじょ）し，均一な張力で巻き取ることや，毛羽，太糸，ビリなどの糸欠点を取り除く。

(2)整経機の種類

整経機は，織物の経糸となる糸を多数載せる架台（クリールという）と，引き出した糸の張力を調節する装置，糸の間隔を決める筬，ビームに糸を巻き取る装置が基本となる。追加装置として静電気除去装置，糸欠点検知器，仕上げオイル付与装置などが装備される。

整経工程でビームに巻かれたビームを荒巻ビーム（プレビームともいう）といい，これは織機にセットすることができない。荒巻ビームを数本合わせたりして，織機にセット可能なビーム（ウイバースビーム）に巻かれ，製織工程に供される。

- **部分整経機**（図3.56）

糸が少量でも整経が可能であり，小ロット対応の織物生産に適している。糸をクリールに載せる時，数種の色糸を適当に配置すれば，経筋柄織物の経糸準備が簡単にできる。

- **サンプル整経機**

極少量の糸（最低1本）での整経ができ，紡績糸，フィラメント糸，強撚糸のいずれにも対応できるので，見本作成や試織用に広く用いる。さらに，自由な経筋柄配列が可能であり，全幅1レピートの柄も容易に準備できる。図3.57に，この整経機の写真例を示す。

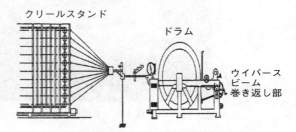

図3.56 部分整経機模式図[1]

図3.57 サンプル整経機[14]

・ワーパー（図3.58）

　大量生産に適した整経機。1,000本前後の糸をクリールに載せ，全数の糸を同時に均一なテンションで解舒して荒巻きビームに巻き取る。

　クリール出口に配置された糸切れ検知器やビーム巻き取り機の前部に配置された毛羽発見器により，異常を検知した時にワーパーを自動停止させる。停止後，切れた糸を結んだり，異常部分を取り除いたりして，巻き上がったビームの糸の品質向上を図る。

図3.58　ワーパー[15]（手前がビーム巻き取り機，奥はクリール）

3.2.4　糊付け工程

　糸に糊剤を付与乾燥する工程。主に経糸に付与される。

(1)糊付け(のりづけ)の目的

　製織時，経糸には，織機の開口・緯入れ・筬（おさ）打ち運動によって過酷な力や摩擦が幾度も加わり，毛羽や糸切れが発生する。この現象は，織物欠点の発生や生産性の低下を招くため，防がなければならない。これらの外力に耐えて製織性を向上させ，さらに織機の回転数増加で生産性を上げる目的で，糊付けにて経糸を保護，補強する。

　糊付けした経糸は，表面の平滑性が向上して捌き（さばき）やすく，接触部との摩擦が減少，隣接する糸間の絡みが少なくなる。さらに，摩擦静電気の発生が抑制されて，糸どうしのくっつきや糸割れが解消される。捌きやすいとは，多数の糸がもつれにくく扱いやすいことをいう。

(2)糊付け機の種類
・スラッシャーサイザー(一斉サイザー)

紡績糸の経糸糊付けに主として使う。ワーパーで糸本数約 1,000 本のビームを巻き，このビームを織物の必要経糸本数になるよう(図 3.59 では 8,000 本)に用意して，合わせて一斉に糊付けを行い，織機用のビーム(ウイバースビーム)に巻き取る。図 3.59 に機構図を示す。

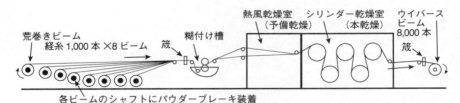

図 3.59　スラッシャーサイザーの機構図

・ビーム・ツー・ビームサイザー

約 1,000 本の経糸を巻き取った荒巻ビームから糸を解舒しつつ，糊付けを行う。この方式では，糊付け後にウイバースビームに巻き取る，いわゆるビーミングが必要である(図 3.60)。

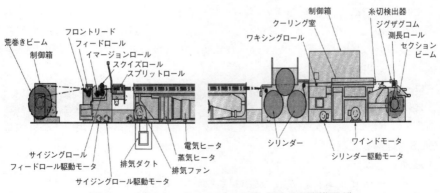

図 3.60　ビーム・ツー・ビームサイザーの機構図 [16]
　　　(図は機械長手方向中間部をカット省略)

・ビーマー

たとえば,経糸本数8,000本の織物を織る場合,8,000本巻きのウイバースビームが必要になる。1,000本の荒巻ビームを8本合わせて,8,000本のビームに巻くのに使用されるのがビーマーである。図3.61に,12本の荒巻ビームを仕掛けたビーマーの例を示す。構成は,複数の荒巻ビーム架台と荒巻ビームごとのブレーキ装置,ウイバースビームワインダーからなる。このブレーキ装置は,巻き取られる糸の張力を均一にするために用いられる。

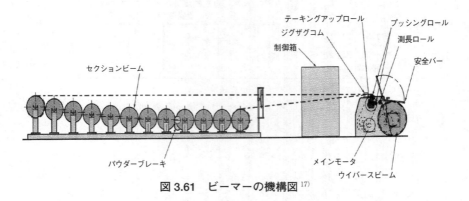

図3.61　ビーマーの機構図[17]

・部分整経糊付け機

この機械では,部分整経機のクリールとドラム(ビームに巻かないでドラムに巻く)の間に小型のサイジングマシンを設置して,糊を付けつつ整経を行う。部分整経機の長所を活かしながら,能率的に糊付け整経ができる。梳毛の単糸織物によく用いる。

・ローラー糊付け機,チーズ糊付け機

繊維の特性やロットが小さく,量産タイプの糊付機が適さない場合に用いられる。この方法は,糸1本単位で糊付けをして,次いで部分整経機を用いて整経する。

3.2.5　経通し工程

(1)経通しとは

ウイバースビームに巻かれた経糸は,製織中の経糸切れを検知するドロッパー[注],経糸を上下に分けるための綜絖および経糸密度を決めたり,挿入された緯糸を織り前に打ち込むための筬に通される。これらの装置に糸を通す作業を経通しという。

注）ドロッパー：経糸を通す穴のあいた薄い板状の錘。織機は製織中に経糸が切れると，その糸に通されていた錘が所定位置に落下して検知され，自動停止する。

経通しが終わって，次に一連のウイバースビーム，ドロッパー，綜絖，筬を織機にセットすることを，機掛けという。

(2) 経通し機の種類

・リージング・マシン

ウイバースビームに巻かれた経糸を，幅方向の一端から他端まで1本1本分離して，綾組みを自動的に行う機械である。経糸の切り口がばらけやすい場合は，切り口部分にスプレー糊付けして，ばらけ防止の処理をして行うことが多い。ここでいう綾は，ウイバースビームに巻かれた経糸の幅方向の順番を乱さないように，経糸を緯糸2～3本で平組織に組んだものをいう。ここに用いる緯糸は，リージング・マシンが扱いやすい糸を用いる。

・リーチング・イン・マシン

綾組みを自動で行い(リージング・マシン機能)，さらに綜絖に通すべき糸を順番を乱さず選り分ける機械。綜絖へは，治具を使って手で通す。

・リード・ドローイング・マシン

筬への引き込みだけを行う機械で，全自動と手で給糸する半自動がある。

・オート・ドローイング・マシン

ドロッパー，綜絖，筬への引き込みを自動で行う機械である。機械例を

図 3.62　オート・ドローイング・マシン[18]

図 3.62 に示す。

・タイイング・マシン

経糸ビームの交換時に，新・旧ビーム（糸は一部織機側に残している）の糸を自動的に結ぶ機械。

織り終わって，ドロッパー，綜絖，筬に経糸を通した状態で，織機のドロッパー側に残した経糸の終了端と，新たな次のウイバースビームの糸の開始点端を幅方向の糸の順番を乱さずに結ぶ機械。同種の織物を続いて織る場合に用い，経通し作業が省略できる。

3.2.6 緯糸準備工程

(1)緯糸準備の目的

織機に供給する緯糸を，織機に適合するように糸の巻き姿（寸法や形状，糸量），すなわち，管・コーンやボビンに巻き返すこと。巻き返しにより，製織中の緯糸の解舒がスムースになるように工夫される。

(2)機　種

・管巻き（くだまき）機

シャトル織機のシャトルに装着する管に糸を巻く機械。管に巻かれた糸を管糸（かんし）という。

・巻き返し機

ワインダー，リワインダーともいう。

織機に適した糸の巻き形状に巻き返す機械。小巻や巻き足して，大巻にしたりもする。

3.2.7 製織工程

(1)織機の歴史

織物は，新石器時代にすでにつくられていたようである。織物を織る道具は，約 5,000 年前のエジプト王の墳墓に描かれているように早くから存在した。シャトル織機は 1773 年に英国人の J. Kay が発明したものであり，自動織機の稼働は 1789 年に米国で行われた。

古い製織道具と織機を，図 3.63(a)〜(d)に示す。

(2)製織の原理

製織は，経糸と緯糸を一定の規則で交差させてシート状にする。これは，後述する織機の五大モーションによって実行される。図 3.64 に織機の構造を示す。

第3章　織物の製造

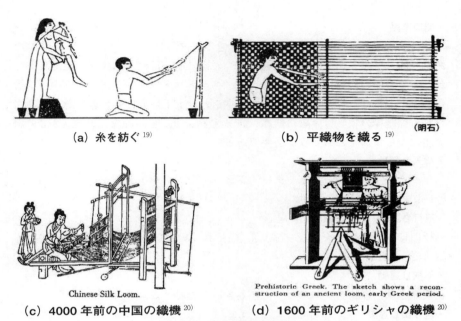

(a) 糸を紡ぐ[19]　　(b) 平織物を織る[19]

(c) 4000年前の中国の織機[20]　　(d) 1600年前のギリシャの織機[20]

図3.63　古い製織道具と織機[19], [20]

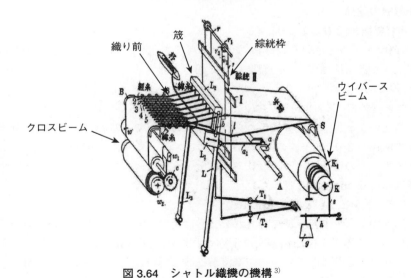

図3.64　シャトル織機の機構[3]

・開口運動

綜絖で経糸を上下に分けて，緯糸の通る間[杼口(ひぐち)]をつくる運動である。同じタイミングで動く綜絖は1つの枠に取り付けられ，枠単位で制御される。この開口機構には，クランク，タペット，ドビー，ジャカードの各機構がある。綜絖は，経糸を規則的に糸1本ごとに上下に分ける装置である。使用される綜絖枠の枚数は，織る組織によって異なる。平組織なら2枚，2/2の斜文組織なら少なくとも4枚は必要である。

・緯入れ運動

シャトル，レピア，ウォーター・ジェット，エアー・ジェット等の機構で，杼口に緯糸を挿入する運動。

・筬打ち運動

杼口に入れた緯糸を，筬で織り前(織られていない経糸部分と織物との境界線)に打つ運動。

・巻取り運動

製織された織物をクロスビームに巻き取る運動。

・送り出し運動

製織されるにしたがって，経糸をウイバースビームから順次送り出す運動。

(3)織機の種類

・有杼織機(ゆうひしょっき)

杼(シャトルともいう)を用いて緯入れする織機である。この織機は調整範囲が大きく汎用性は広いが，製織速度は低い。標準的なシャトルの速さは7〜14 m/秒である。

・ウォーター・ジェット・ルーム

高速のジェット水流で緯入れを行う機構の織機である。ジェット水の到達距離の関係で230 cm までの織物幅が限度である。図3.65にウォーター・ジェット・ルームの全体図，測長ドラム，ジェット用ノズルを示す。ジェット水流速度は40〜60 m/秒である。

・エアー・ジェット・ルーム(図3.66)

高速のジェット空気流で緯入れを行う織機。メインノズルで緯糸を給糸側から杼口まで導き，後は幅方向に配列されたサブノズル[注]の順次噴射で反給糸側まで飛走させる。飛走中に空気流が拡散しないように，筬は特殊な形で，緯糸は筬の凹溝の底に沿って走る。特徴は，緯糸8種類までと幅400 cm までの

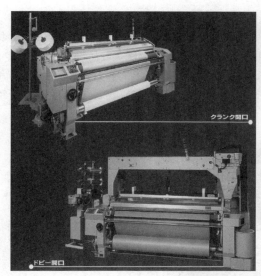

測長ドラム2セットの例

2丁ノズルの例

図 3.65　ウォーター・ジェット・ルームの全体図，測長ドラム，ジェット用ノズル[21]

図 3.66　エアー・ジェット・ルームの全体図[22]

製織が可能である。空気流の速さは約 300 m/秒であるが，空気ジェットのため糸の飛走速度はウォーター・ジェット並みである。

　注）サブノズル：ウォーター・ジェット・ルームにはない機構。筬の幅方向に，適当な間隔で配置された小さなノズル。エアーは反給糸側に噴射する。サブノズルのエアー制御により，緯糸を遠くまで飛ばすことができる。

169

第3編　織物の基礎知識

・レピア・ルーム（図3.67）

織機の左右両端から，同時に杼口に入るレピア（槍）により緯入れを行う織機である。特徴は，緯糸8種類，幅360 cmまでの製織が可能である。織機の給糸側のレピア（インサートレピア）の先に摘んだ糸を，幅中央部で他端（反給糸側）から挿入されたレピア（キャリヤーレピア）の先端に渡し，他端側に糸を持

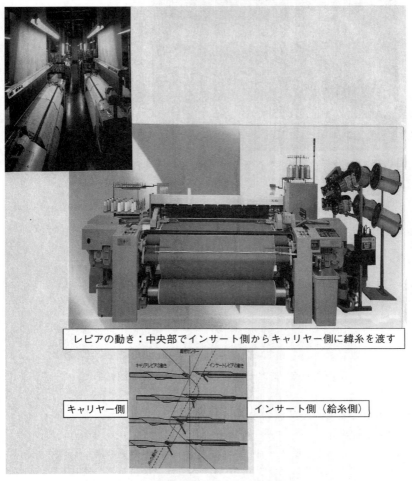

図3.67　レピア・ルームの全体図[23]

ち込んで緯入れを完結させる。レピアの速度は 20～25 m/秒である。レピアは糸をしっかり把持できるため，多様な糸を挿入できる。製織中の緯糸種類の自動切り替えも容易である。

・グリッパー織機（プロジェクタイル織機）

長さ 10 cm ほどの小型のグリッパーシャトル（キャリヤーシャトルともいう）で緯入れを行う織機である。シャトル後部に緯糸を把持して，給糸側からガイドの中を反給糸側へ飛走する。キャリヤーの速度は 20～25 m/秒である。特徴は，織物幅 540 cm くらいまでの広幅が織れることである。

キャリヤーは，反給糸側に到達して緯糸の挿入を終えると，把持していた糸を開放し，織機内の別ルートを通って給糸側に戻される。そして，その後，緯入れを行う。キャリヤーは複数個用いて運転される。

図 3.68 に，グリッパー織機とガイドとキャリヤーの図を示す。

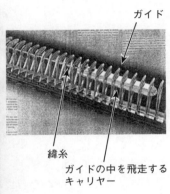

図 3.68　グリッパー織機の図[24)]

第4章

織物の規格

　商品の特性を決める規格は，商品を求める側と提供する側，すなわち取引関係者間で合意して決められる。織物についても同様に決められる。

　決められる内容は，規格の項目，測定方法，項目ごとの合格範囲やこれらの特性を維持するための荷姿の仕様規格などがある。

　ここでは，生機の設計や規格として一般的に使用されるものについて説明する。

　衣料用織物の規格は，縫製に提供される反物，多くは染色加工終了後の織物の規格を取引関係者間で決めることがほとんどである。したがって，生機の規格は染色加工終了後の織物の規格を満たすための中間点でのチェック的な意味を持っている。

　生機を販売する取引では，生機の規格は最終製品のチェックとなる。生機の用途によっては，新たな特性項目や測定方法などの規格の取り決めが必要となる。

4.1　幅

　織物の幅は，経糸方向に対して直角の方向の織物長さをいう。緯糸が斜行していなければ，緯糸の方向の織物幅である。織物の幅は，基本的には使用する筬への経糸の通し幅で決まる。染色仕上げ後，所定の織物幅が得られるように筬通し幅を決める。染色仕上加工後の織物の幅は商習慣によって決められ，92 cm，112 cm，122 cm，150 cm など，今まで取引された代表的な幅が一般によ

く用いられる。寝具用の 164 cm や，土木用途では 200 cm などのように，用途に応じた織物幅も設定される。

4.2　長　さ

　織物 1 疋[注1]（ぴき）の長さをいう。織機上がりの長さは，次工程の加工能率を考慮して決められ，織機仕様および厚地や薄物により異なるが，100～5,000 m など，さまざまである。染色仕上加工反の長さは，内地物は「50 m」，輸出物は「50 yd」[注2]の定長が一般的である。特殊なものとして，トーブ（中近東民族服）は「25 yd」である。

　注 1）疋：匹，反とも表現される。
　注 2）yd：長さの単位である yard（ヤード）の略字。1 yd＝約 0.9144 m

4.3　織縮み

　織物中では，経糸，緯糸は屈曲した形となるため，準備した経糸の長さと織物になった長さが異なる。この見掛け長さの差を「織縮み」という。この値は，糸の太さ，織密度，織物の組織によって異なる。幅方向についても同様に，筬通し幅（経糸が通された部分の筬幅）と織物幅は異なる。この差も織縮みという。

4.4　密　度

　織物を構成する経糸および緯糸の，単位長さの間にある糸本数を密度という。これは，経糸密度と緯糸密度で表示される。単位長さは 1 cm または 1 インチ（2.54 cm）である。密度が小さい場合は，単位長さを 10 cm にすることもある。
　密度は織物の粗密さの程度を表わし，表面形態や光沢などの外観，引張試験時の破断強さや伸び，寸法安定性，剛軟性，ドレープ性，通気性，保温性などの織物の性質に影響する。
　この値は，織物組織とともに最も基本的な構造的特性である。

4.5 目 付

単位面積当たりの織物重量を目付という。一般に「g/m²(平方メートル)」で表わす。

4.6 厚 さ

一定の加重の下で，一定の時間を経過した後に測定した厚さ(mm)をいう。たとえば，JIS L 1096：2010 織物及び編物の生地試験方法では，"普通の織物では23.5kPa，有毛織物では0.7kPaの加重を加え10秒後の厚さを測る"としている。

4.7 カバーファクタ

織物の緻密さの状態，あるいは織物平面が糸で被覆されている状態を便宜的に表示するために，織物密度と糸太さの代用値[注]の積「カバーファクタ(被覆度)」が用いられる。

注)糸太さの代用値：糸番手の単位Sの平方根の逆数とdtex単位Dの平方根は，糸の太さにほぼ比例するので，糸太さの代わりとして用いている。

カバーファクタ：$C = Cw + Cf$
密度：N(本/インチ)
糸の繊度：S(番手)またはD(dtex)
- 恒重式(番手)の場合…経糸：$Cw = Nw/\sqrt{Sw}$　　緯糸：$Cf = Nf/\sqrt{Sf}$
- 恒長式(dtex)の場合…経糸：$Cw = Nw \times \sqrt{Dw}$　　緯糸：$Cf = Nf \times \sqrt{Df}$
　　添え字のwは経糸，fは緯糸を表わす。$\sqrt{\ }$は平方根を意味する。$\sqrt{Sw}$はSwの平方根。
- 経緯同じ糸，同じ組織の場合…カバーファクタが大きくなると，よりしっかりした，目ずれしにくい，透けない，通気性が小さい織物となる。製織性としては，生産性が小さく，織機のパワーが不足すると織りにくくなる。

- 注意：織物規格の単位は，長さではcm，m，ydやinch，そして糸の繊度では番手とdtexが多用される。単位を見誤らないように注意しなければならない。

第 5 章

織物の欠点

5.1 欠点名と内容

主な織物欠点名と内容を表 3.2，また写真例を図 3.69 に示す。

表 3.2 織物欠点と内容 (1) 25)

欠点名	内　　　容	英語名
経糸切れ	経糸が切れて（または抜けて）縦筋を生じたもの	broken end
経吊り	経糸が部分的に緊張して，時には光って見えるもの	tight end
経弛み	経糸が弛んで，節またはループ状を呈したもの	loose end
引き込み違い	綜絖や筬への糸の引き込みまたは通し本数違いで，経筋または柄崩れとなったもの	wrong draw
すくい	経，緯糸の 1 本または数本が，絡んで組織崩れしたもの	floating
緯引け	緯糸の 1 本または数本が連続して緊張し，布面に張力むらあるいは異常な光沢の収縮差などを生じたもの	tight pick
緯切れ	緯糸が切れて，またはその単糸が切れたことにより，緯筋，組織崩れ，単糸のしごき溜まりなどを生じたもの	broken pick
緯弛み	弛んだ緯糸の織り込みによる，部分的なループや節の発生	loose filling
厚段	口合わせ操作 ^{注)} 不良で，緯糸密度むらにより厚くなった現象	heavy mark
薄段	同上の原因で地薄になったもの	light mark
口合わせ違い	口合わせ操作 ^{注)} ミスによる，緯方向の組織崩れ現象	starting mark
連れ込み	切れた経糸または緯糸を交換した時の，端糸の織り込み現象	drag in
経（緯）糸汚れ	部分的に汚れた経（緯）糸を織ったもの	soiled warp

175

第3編　織物の基礎知識

表 3.2　織物欠点と内容(2) [25)]

欠点名	内　　　　容	英語名
織り込み汚れ	緯入れ時，周囲の雑物などが織り込まれたもの	contamination
付着汚れ	織った後に，布面が汚れたもの	soiled cloth
経縞	経方向の糸種，繊度，撚り，光沢，張力むらなどでの縞現象	warp streak
生折れ	生地の折れ目，しわなどが布面に残っているもの	crease
耳不良	耳の品位が悪く，次工程で障害となるもの	defective servege
筬筋	筬羽の不整，損傷などにより経方向に筋立ちしたもの	reed mark
機械段	機械の調整不良で，打ち込み不同の疎密むら現象	barre
チカ	経糸の不均質により，かすり状のチカチカ現象	
地割れ	経糸が不均整な波状に寄り，割れ目を生じたもの	crack

注）口合わせ操作：製織中に織機が一時停止し，再始動させた時に織物の緯糸方向に筋や段が
　　生じることがある。再始動前に，筋や段を軽減するために織機を調整する操作をいう。

　表 3.2 の欠点の呼び方は，企業や工場ごとに異なる場合がある。欠点名とその内容は確認して使用するようにしよう。

第5章　織物の欠点

経欠点	内　容	写　真	緯欠点	内　容	写　真
経糸切れ	1本または数本の糸が切れて経筋発生		緯引け	1本または数本が連続緊張し，張力むら，光沢むら，収縮むらが発生	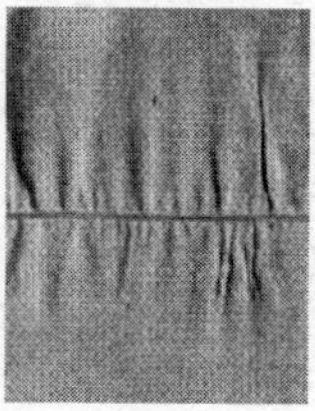
経吊り経弛み	1本または数本が，部分的に緊張したり弛んだもの	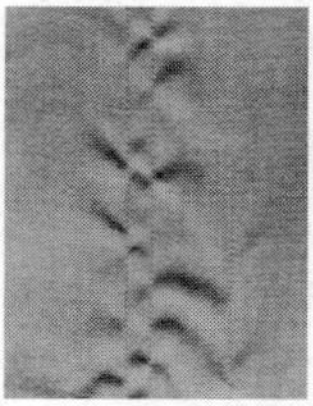	厚段薄段	口合わせ操作不良で，緯糸の密度むらが発生	
経　縞	糸種，繊度，撚り，光沢，染め，張力などのむらで縞発生		緯切れ	緯糸切れで布面に緯筋，組織崩れ，毛羽溜りが発生	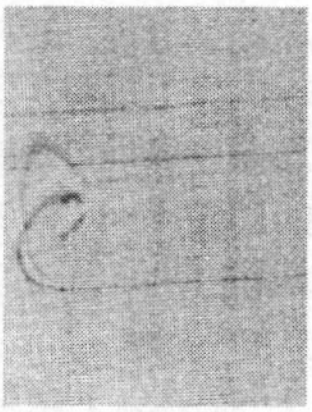
引き込み違い	綜絖，筬への糸通し違いで経筋，柄崩れを発生		緯弛み	弛んだ緯糸を織り込み，ループや節を発生	
すくい	経，緯糸の1本または数本が絡んで組織崩れを発生	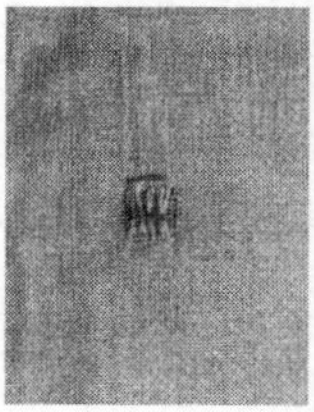	口合わせ違い	口合わせする時の操作ミスで緯方向に組織崩れを発生	

図 3.69　織物の主な欠点の写真例 [25]

第3編　織物の基礎知識

― 参考文献 ―

1)　福井県繊維技術協会；繊維技術(2000)
　　TEIJIN WEB のカタログ「コードレ®」(2004)
2)　繊維の知識，長江書房(1978)
3)　力織機，産業図書(1957)
4)　日本衣料管理協会；繊維製品の基礎知識第一部(2001)
5)　日本繊維技術士センター；繊維ベーシック基礎講座レジュメ(2013)
6)　やさしい織物の解説，繊維研究社(1990)
7)　日本繊維技術士センター；技術士試験講習会テキスト(2004)
8)　中村耀；繊維の実際知識，p.151，東洋経済新報社(1980)
9)　新・繊維総合辞典，繊研新聞社(2012)
10)　日本化学繊維協会；PFY 加工技術教材シリーズ第二編(1999)
11)　日本繊維機械学会；21 世紀のテキスタイル科学(2003)
12)　村田機械㈱のカタログ「ダブルツイスター 302 - Ⅱ」
13)　中越機械㈱のカタログ「撚り止めセット機 NAW - H」
14)　石川県工業試験場の HP；サンプル整経機画像
15)　津田駒工業㈱のカタログ「ワーパー TW - N」
16)　津田駒工業㈱のカタログ「ビーム・ツー・ビームサイザー KSH」
17)　津田駒工業㈱のカタログ「ビーマー」
18)　丸井織物㈱の HP；引通し機「DELTA 200」
19)　金沢工業大学；科学と文化(2002)
20)　Encyclopedia of textiles，Prentice-Hall.Inc.(1972)
21)　津田駒工業㈱のカタログ「ウォーター・ジェット・ルーム　ZW 408」
22)　津田駒工業㈱のカタログ「エアー・ジェット・ルーム　ZAX-e」
23)　津田駒工業㈱のカタログ「レピア・ルーム　FR 001」
24)　SULZER RUTI 社のカタログ「グリッパー織機」
25)　日本化学繊維協会；織物の欠点解説書(1985)

第4編

編物の基礎知識
Basic Knowledge of Knitting

はじめに ………………………… 181

第1章	編物の基礎知識 ……… 184

  1.1 編 目
  1.2 編み方による分類

第2章	よこ (緯) 編とたて (経) 編

                            ………………… 187

  2.1 よこ編
  2.2 たて編
  2.3 編み方による大分類

第3章	よこ編の基本組織 … 191

  3.1 よこ編の基本ループと
        編成記号
  3.2 よこ編の三原組織

第4章	よこ編の変化組織 … 196

  4.1 平編の変化組織
  4.2 ゴム編の変化組織
  4.3 パール編の変化組織

第5章	たて編の基本組織 … 204

  5.1 たて編の基本ループと
        編成記号
  5.2 たて編の三原組織

第6章	たて編の変化組織 … 208

第7章	編成の基礎知識 ……… 215

  7.1 編針の種類
  7.2 編針以外の編成要素
  7.3 針床 (ニードルベッド)
  7.4 編機のゲージ
  7.5 基本工程

第8章	編機の種類 ………… 221

  8.1 よこ (緯) 編機
  8.2 たて (経) 編機

第9章	まとめ …………… 229

  9.1 知っておきたい基礎知識,
        技術用語
  9.2 編物の種類と用途概略

第10章	技術動向 …………… 233

執 筆 者

田中　幸夫（Yukio TANAKA）
（一般社団法人　日本繊維技術士センター　顧問）

橋詰　　久（Hisashi HASHIZUME）
（一般社団法人　日本繊維技術士センター　監事）

はじめに

　織物の起源は，紀元前数千年前にエジプトのミイラの着衣で確認されているのに対し，編物で現存する最古の製品は紀元前2～3世紀のものといわれている。

・**織物から分岐した編物(ニット)**

　編むという技術がいつ，どこで始められたかについては，わかっていない。しかし，考古学上の研究によると，「織物の技術を基礎にして考案」されたのではないか，というところまでは究明されており，その時期も紀元前数世紀まで遡るといわれているが，定かではない。

・**手編みの普及**

　手編みの基礎技術を完成したのは，アラビアの砂漠にいた遊牧民族であったようで，紀元前2～3世紀にはすでにかなり精巧な「アラビアのサンダル用靴下」がつくられている。図4.1[1]にその形状を示す。これらの編物技術は古代エジプトに伝わり，靴下だけでなく帽子なども編まれるようになった(7～9世紀)。さらに，これらの技術はスペインを経由してヨーロッパ各地に伝わった(14～15世紀)。中世から近世にかけて，ヨーロッパの手編技術は各王室の手厚い保護のもとに急速に普及し，同時に王侯，貴族だけのものから，農民や一般市民の衣料にまで広がった。

図4.1　アラビアのサンダル用靴下[1]

・**手編み技術から機械編みへ**

　イギリス人ウイリアム・リー(William Lee)が編針(ひげ針)を使用して手動式靴下編機を製作したのが1589年。その形状を図4.2[2]に示す。

　最初につくった機械は，木製で踏木を踏んで動かし，編針は木片の中に植え付けてあり，12ゲージだったという。それでも手編の6倍も速く編め，1分間に200編目ができたという。

181

このあと，相次いで各種の編機，装置，針などが発明され，現在ではエレクトロニクスを応用した編機も出現しているが，実用的な自動編機が出現したのは 1900 年前後といわれている。

・**日本での編物（ニット）**

編物がいつごろ，誰の手によって日本に伝えられたかは明らかではないが，少なくとも織田，豊臣時代(1576〜1595年)に渡来したヨーロッパ人が手編みの靴下を着用していたであろうことは，当時の風俗画からも想像される。

図 4.2　手動式靴下編機 [2]

徳川時代初め，特に水戸光圀(1628〜1700年)の遺品にはヨーロッパ製の靴下がある。日本で手編みの編物製品がつくられたのは，徳川家綱時代(1673〜1681年)といわれ，当時の記録(自悦書：洛陽集 1679 年)にも「めりやすの足袋」の言葉がある。「メリヤス」という言葉は，スペイン語のメディアス(Medias)，ポルトガル語のメイアス(Meias)からきたといわれている。いずれも靴下を意味しているが，順に他の編物製品にも用いられるようになったと思われる。「メリヤス」を「莫大小」と書くようになったのも，この頃からと思われるが，大小なし，伸縮自在の意と考えられる。今では「ニット」という方が一般的になった。

日本で機械編みが始まったのは，日本におけるニット工業の始祖といわれる「西村勝三」がアメリカ製小型丸編機を輸入し，靴下を製造した 1870 年(明治 3 年)といわれる。1872〜1873 年(明治 5〜6 年)を契機として，編機が次々と輸入され，生産業者も全国に広がっていった。そして 1874 年(明治 7 年)には，国産編機の第 1 号がつくられた。

明治末期から昭和初期にかけては，丸編機，たて編機，靴下編機が電動化に向かい，工場制手工業（マニュファクチュア）から工場生産への転換が進んだ。

1960 年頃を境に，編機および関連機器の高速化・高度化，合成繊維をはじめとする原料面での新開発が互いに刺激しあいながら技術革新のテンポを早め，製品の多様化もあり，需要が拡大した。

2000 年代に入った現在，大量生産的な商品の生産は中国など海外に移って

いるが，ファッションの創造や消費者ニーズを追求する方向，また無縫製型編機のような日本独自の技術など，ソフトやハード面での革新が見られる。また，経編組織を活用した産業資材分野への商品開発なども注目される。

表4.1　編物関係での主なできごと

西暦	和暦	で　き　ご　と
1589	天正17	英国人ウイリアム・リーがひげ針を考案，初めて手動式靴下編機を発明
1758	宝暦8	英国人ジュデディア・ストラットがゴム編機（ダービーリブマシーン）を発明
1769 前後	明和6	英国人ジョージア・クレーンがひげ針によるたて編機を発明 英国人スチーブン・ワイズが円型編機を発明，最初のシームレスストッキング
1856	安政3	英国人マシュウ・タウンゼントがべら針を発明
1863	文久3	米国人アイザック・ウイックソン・ラムが手動横編機を発明
1864	元治1	英国人ウイリアム・コットンがコットン式編機を発明
1870	明治3	西村勝三が米国製小型丸編機を輸入。靴下製造開始（横編機の輸入もこの頃か？）
1874	明治7	国産第1号機の靴下編機。円型8インチφ280本針
1899	明治32	齋藤浅次郎が水平式トリコット機（俗称：ハタ編機）を輸入
1900	明治33	英国人ウイルトにより，両頭針を用いたダブルシリンダー編機完成
1915	大正4	英国人スコット・ウイリアムがK式靴下機を完成
1933	昭和8	たて編，フルファッション靴下需要本格化
1948	昭和23	西独カールマイヤー社がトリコット機を生産開始
1956	昭和31	㈱福原精機製作所発足
1957	昭和32	西独カールマイヤー社がダブルラッシェル機を生産開始
1958	昭和33	日本でニットブームに入る
1962	昭和37	日本でニットブーム最盛の年
1965	昭和40	島精機製作所が全自動手袋編機を開発
1981	昭和56	西独カールマイヤー社がコンピュータ制御ジャカードシステムを開発
1995	平成7	島精機製作所が完全無縫製型コンピュータ横編機を開発

183

第1章

編物の基礎知識

1.1 編　目

　編物は，その最小単位である編目(ループ：loop)の連なりでできている。その編目は，編針(ニードル：needle)の動きでできた「ニードルループ」とそれをつなぐ「シンカーループ」で構成されている(図4.3)。

　シンカー(sinker)とは，編針の間にある編地保持片の名称で，新しくできる編目の均一化，すでに形成された編地が編針の動きに影響されないように保持するなどの役割をする部品である。

　また編目は，新しくつくる編目が，すでにある編目(旧編目)から表側に引き出した編目「表目」，裏側に引き出した編目「裏目」に区分されて表示される場合もある(図4.4)。

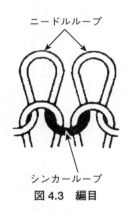

図4.3　編目

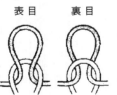

図4.4　表目と裏目

1.2　編み方による分類

　編物を編み方(編目の連なり)により区分する場合，一般的によこ編とたて編に大別される。

(1)よこ編

　よこ編は，編地の幅方向(よこ方向)に供給された糸でループを形成し，これ

を順次編地の幅方向に連結させることによりつくられる。2本の編棒での編み方を図 4.5[3]に示す。
①旧編目が第1の編棒に保持されている。
②第2の編棒を右端のループに差し込み、この編棒の先端にこれから編む糸を掛ける。
③その糸を旧ループから引き抜いて、新ループができる。
④この新ループを第2の編棒に保持する。

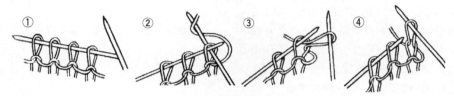

図 4.5　よこ編の編み方[3]

(2) たて編

たて編は、布の長さ方向に多数配列された糸(たて糸)のそれぞれでループを形成し、これらのループを幅方向に連結させることによってつくられる。図 4.6[3]に、モデルとして鎖編の例を示す。

①編棒を旧ループに差し込み、新ループをかぎ(鈎：フック)に掛ける。

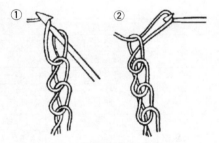

図 4.6　たて編の編み方[3]

②その糸を旧ループから引き抜いて、新ループができる。編目はたて方向につながる。

(3) 編物のたて・よこ方向の表示と編密度、ゲージ

編目のたて方向の列をウェール(wale)といい、よこ方向の列をコース(course)という。ウェールは織物のたて方向に、コースはよこ糸方向に相当する。編物関係の独特の表示である。

これを用いて、編物の粗密(編密度)を表わす場合に、単位長さ(多くは1イ

ンチ)間のウェール数,コース数で表示する。

たとえば,30ウェール/インチ,25コース/インチのように表わす。前者は織物のたて糸密度,後者はよこ糸密度に相当する(図4.7)。

また,編密度に関係する編針の粗密を表わす語彙としてゲージ(gauge)がある。これも単位長さ(多くは1インチ)の編針本数で表わす。たとえば24ゲージは,1インチに24本の編針があることを表わしている。

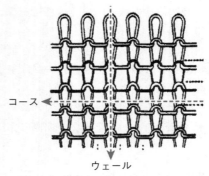

図4.7 編物のたて・よこ表示

(4)編機別の針,ゲージの表示

編針の粗密を,一般的にはゲージで表現すると説明したが,編機により,またはその業界により表現が異なる場合もあるので,以下に説明する(表4.2)。

表4.2

分 類	編機種類	単位長	一般的表示例	備 考
横編機	フルファッション編機	1.5インチ	18, 21, 24	
	一般編機(2針床含む)	1インチ	12, 16, 18	2針床編機は片側床の針本数で示す
丸編機	一般編機(2針床含む)	1インチ	24, 36, 56	
	円型靴下編機	針釜外径(インチ)×針本数	3.5φ×160N 4.75φ×300N	針釜径と針本数表示で粗密,用途がわかる
たて編機	トリコット編機	1インチ	28, 32, 36	2針床編機は片側床の針本数で示す
	ラッシェル編機	(2インチ) →1インチ*	18, 20, 24	

*:たて編機では,トリコット編機は1インチ,ラッシェル編機は2インチを基準長とする時代もあったが,現在は1インチに統一されている。

①フルファッション編機は,その発明・製造メーカーの意向もあり,1.5インチ表示になっている。ただし,現在は実働台数は極めて少ない。

②円型靴下編機は,針釜外径(シリンダー外径)と針本数表示の方が,用途も含め,わかりやすいので,靴下業界でよく使われている。

③たて編機では,トリコット編機は1インチ,ラッシェル編機は2インチを単位長とする時代もあったが,現在は1インチに統一されている。

第2章

よこ（緯）編とたて（経）編

2.1 よこ編

よこ編は，よこ方向から糸を供給してよこ方向に編目を連ねていく編み方である。通常，よこ方向の伸縮性がたて方向より大きい。また，編地の中で糸が切れると，たて方向に編み始めに向かって編目が次々とほつれる現象（一般に，ランまたは伝線という）を起こしやすい。

よこ編は，左右に往復して長さ方向に編目を連ねる「横編」と，円状に一方向に回転して長さ方向に編目を連結する「丸編」がある。図 4.8 に横編，図 4.9 [4]，4.10 [4]に丸編の略図を示す。

横編と丸編は，チーズなどから直接糸を引

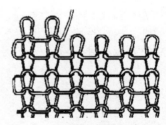

図 4.8　よこ編：編目の連なり

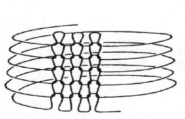

図 4.9　丸編：1本編成 [4]

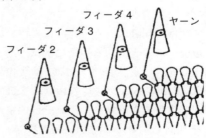

図 4.10　丸編：多数本編成 [4]

187

き出しながら編めるので，織物やたて編のように整経など手間の掛かる工程がなく，糸さえあればすぐ編地ができるという大きな特徴がある。

横編は，平らに編んでカット・ソー(cut and sewn：縫製)用の編地もできるが，成型編でセーター，カーディガンなどの1着分編みなどに適している。また，針床が2列ある横編機では，手袋や軍手などのような立体的な製品も編める。最近は無縫製型横編機の登場など，高機能化が見られる。

丸編は筒状に編まれるため，実際に生地として使われる時は，切り開いて1枚の布とする場合が多い。ほとんどがカット・ソー製品として使われる。すなわち，織物から衣服をつくるのと同じように型紙に合わせて裁断し，それを縫い合わせて製品とする。最近，人体サイズに適合する製品を編めるようなボディサイズの成型丸編機が出てきて，切り開かずに脇を縫製することなく，インナーやセミインナーウェア分野で新しいジャンルの製品になっているものもある。靴下やストッキングも小径の丸編機で編んだ製品である。

2.2 たて編

たて編は，ビームに整経した多数のたて糸をたて方向から編針に供給して編成する編み方で，1本の針で1つのループがつくられる基本的な編成動作は，よこ編機の場合と同じである。

しかし，ループを連結して編地を形成していく方法や機構では大きく異なっている。

たて編機で，糸が供給される状態を模式的に図4.11[5]に示す。ビームから送り出された糸が，テンションバーで角度を変え，筬(おさ)に案内されて編針に供給される。

たて編機の編針は，水平方向に長い針床に多数並べて植えてある。その数は，たとえば130インチ幅，28ゲージの編機の場合には3,640本ある。供給される糸も針本数と同じ本数である場合，それぞれの糸がそれぞれ同じ編針で編まれると，3,640本の鎖編によるひも状のものができるだけで

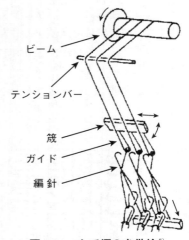

図4.11　たて編の糸供給[5]

編地にはならない。

　そこで，1つのループをつくった（編み終わった）糸を一斉に右隣りの針に移して新しいループをつくる。編み終わった糸は，再び元の左隣りの針に移り，さらに新しいループをつくる。この動作を繰り返すことにより，ループの数は長さ方向に増えていくと同時に左右の糸も連結されて，編地が形成される。図4.12に編成部の拡大図を，図4.13[6]に左右1針編目を移した場合の編目図（デンビー編）を示す。

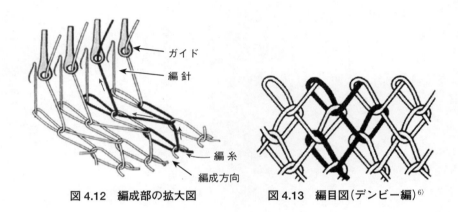

図4.12　編成部の拡大図　　　図4.13　編目図（デンビー編）[6]

2.3　編み方による大分類

　編み方による分類を，一般にいわれる編機と関連させて表示すると，図4.14のようになる。

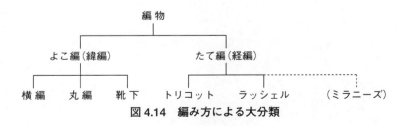

図4.14　編み方による大分類

第4編　編物の基礎知識

①よこ編に分類される横編，丸編，靴下は，編み上げる形状に差はあるが，
　編み方・組織は同じである。
②たて編のトリコット，ラッシェルは，用途的な違いはあるが，編成の基本
　に差はない。ミラニーズは特徴ある編み方であるが，現在実働している機
　械は極めて少ない。

第3章

よこ編の基本組織

3.1 よこ編の基本ループと編成記号

よこ編の基本的な編み方(基本ループ)にはニット，タック，ウェルト(ミス)の3種類がある。よこ編地は，これら3つの基本ループの組み合わせでできており，その組み合わせによってさまざまな編組織が得られる。図4.15に，こ

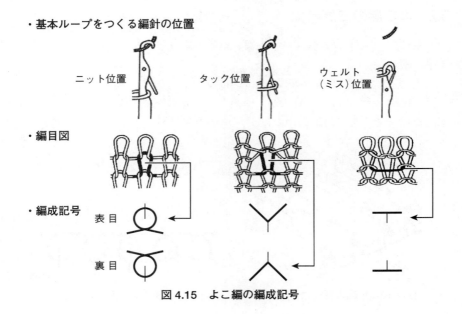

図4.15 よこ編の編成記号

れら基本ループを編む時の糸と編針の上下関係を示す。これらの位置関係を3ポジションという。それぞれのループの表示は記号で定められており（JIS L 0200），これらは国際的にも通ずる。これを用いて，編目の連なる状態をわかりやすく示すのが組織図である。

各基本ループの特徴を説明する。

①**ニットループ**：ニットされたループは，最も伸縮性に富む性質をもち，編地構成の主役格のループである。

②**タックループ**：このループは，編地をたて方向に圧縮するような形となるため，編地の幅が広くなる性質をもつ。主役のニットループに対して，脇役ではあるが変化組織にはなくてはならないループである。

③**ウェルト（ミス）**：ループをつくらないのでループとはいえないが，編地のよこ方向に拘束力として働くため，よこ方向の伸縮性が乏しくなり，タイトな感じになる。

これらの編成記号を用いて編組織を表示する場合，編組織の1レピート分のコース数を連続して表示する。

3.2 よこ編の三原組織

一般に，「平編」「ゴム編」「パール編」をよこ編の三原組織という。

(1) 平 編

天竺（てんじく），シングルニット，手編みではメリヤス編ともいう。

図 4.16[7]に示すような，針床が1つのシングル編機で編み立てられる最も基本的な組織で，三原組織の中で唯一，編地の表裏の外観が違う。図 4.17 に組

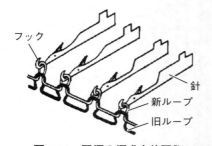

図 4.16 平編の編成立体図[7]

図 4.17 組織図

織図を示す。
- 特徴：たて方向よりよこ方向に伸びやすい，薄くて軽い。
- 欠点：編目が切断するとラン(run)[注]を起こしやすい，編地がまくれやすい。

注）ラン：編地の中の編糸が切断した時に，編目が編み始め方向に連続して，ほつれていく状態をいう。「伝線」ともいう。毛羽などの少ない糸使いの編地は特に生じやすい。図4.18にラン発生例を示す。

用途は広範囲にわたり，アンダーウェア，スポーツシャツ，ドレスシャツ，各種セーター，スーツ，ワンピース，靴下，手袋，帽子，ボンディング基布，産業資材など，ニット製品の全域にわたっている。

針のフックの側にできる編目が表目で，編目はニードルループの両側面の糸がV型状に見え，これらが連なった編地外観となるため，たて方向の筋がはっきりする。

図 4.18　ランの状態

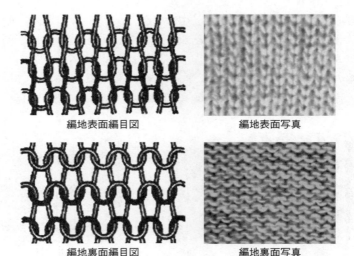

編地表面編目図　　編地表面写真

編地裏面編目図　　編地裏面写真

図 4.19　平編編目図と外観

針のフックの裏側にできる編目が裏目で，編目はニードルループのトップの部分とシンカーループが半円形状に見え，これらが連なった編地外観となるため，よこ方向の筋がはっきりする。図4.19に，その状態を編目図および外観で示す。

(2) ゴム編

リブ編，フライス編，畦編ともいう。

ダブル編機(2針床編機)で，編針の配置をゴム出合い(リブゲーティング)にして編成された組織である。また，ダブル編機でジャカード編地を編成する際の基本組織でもある。図4.20[7)]に2組の編針の配置を示す。

平編の表面と裏面が，1ウェールごとに交互に配列された組織で，表裏とも同じ外観を示す。図4.21に編目図，組織図，編地外観を示す。

図4.20 ゴム編の編針配置[7)]

編地は，耳まくれがない，よこ方向の伸びが大きい，裁断〜縫製がしやすいなどの特徴がある。

この表目と裏目を1列ずつ交互に配列した組織を1×1ゴム編といい，基本組織になっているが，2列，3列にして畦幅を広くした2×2，3×3ゴム編などもある。また，表裏の畦幅を変えた3×1，5×2ゴム編などもある。これらを針抜きゴム編という。

ゴム編の主用途は，アンダーウェア，各種セーターなどの袖口，裾の締まり，襟，その他付属品，靴下などがある。ゴム編からいろいろな変化組織の編地が

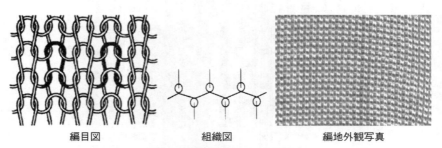

編目図　　　　　組織図　　　　編地外観写真

図4.21 ゴム編(1×1ゴム)

でき，外衣用ダブルジャージーとして生産され，広く利用される。
(3)パール編
　両頭編，リンクス，あるいはリンクス・アンド・リンクスともいう。
　シリンダーが上下一対になっている編機，または2針床が並列に配置されているダブル編機で編成される編地である。編針は他の組織の場合と異なり，両頭針を使う。
　編地の特徴は，平編に比べて編地が重厚，耳まくれがない，たて方向の弾力性に優れる，編地も比較的安定している，などが挙げられる。
　編地外観は表裏同じく，平編の表目(V字型)と裏目(半月型)とがコースごとに交互に表われた編目の連結となっている。図4.22に編目図，組織図，編地外観を示す。用途はセーター，カーディガン，ポロシャツ，スーツ，靴下などのほか，柄編などにも使われる。

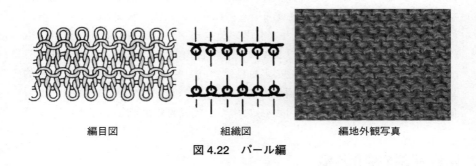

編目図　　　　　　組織図　　　　　　編地外観写真

図 4.22　パール編

第4章

よこ編の変化組織

　前述の三原組織にミスやタックを応用することで，いろいろな変化組織の編地が得られる。その中でも「両面編」はよく使われる組織であり，三原組織に加えて四基本組織ということもある。そのほか，よく使われる組織として，「鹿の子」「シングルピケ」「ミラノリブ」「ポンチローマ」などがあるが，基本組織にウェルト（ミス）を応用した「ジャカード組織」などもある。これらを総称して変化組織と呼んでいる。編物の名称は織物ほど明確化されていない。一般的には編組織の名称がそのまま編地の名称になっているか，織物の外観などから似た名称を付けた場合も多い。表4.3の中で，代表的変化組織を説明する。

4.1　平編の変化組織

⑴鹿の子編

　平編にタック編を併用すると，編地の表面に隆起や透かし目をつくることができる。タックの配置の仕方や数で表面効果が異なり，表鹿の子，総鹿の子，並鹿の子などの呼び名がある。その中でも表鹿の子は，タック点が多く編地は重厚でしっかりしている。その効果が表面に出ることなどから，最もよく使われる。代表的な用途は，ポロシャツなど外衣である。図 4.23 [8] に編目図，組織図，編地表の外観写真を示す。

⑵立毛編

　２本の糸を異なった角度で編針に供給し，１本の糸はパイルシンカーの作用でシンカーループ長を大きく編み，他の糸は通常のループ長で編む編み方である。

第4章　よこ編の変化組織

表 4.3　よこ（緯）編の変化組織

柄の大分類	基本組織	三原組織 平編	三原組織 リブ編（ゴム編）	三原組織 パール編	両面編
無地柄	タックを応用した組織	鹿の子 　表鹿の子 　裏鹿の子 　並鹿の子 サッカー	（両面編） 片畦編 両畦編 フライス亀甲柄	特別な組織名なし 応用組織多	シングルピケ モックシングルピケ ロイヤルインターロック タックリップル テクシーピケ
	ミスを応用した組織	ストライプ	ミラノリブ ダブルピケ 　スイスダブルピケ 　フレンチダブルピケ オーバーニット		クロスミスインターロック モックロイヤルインターロック モックロディ ウェルトリップル
その他		ジャカード柄 裏毛編 立毛編 添え糸編 パイル編 インレイ	ジャカード柄 ブリスター柄 　シングルブリスター 　ダブルブリスター 　クラシックブリスター 片袋編 スーパーローマ 針抜き 　2×1 ゴム編 　2×2 ゴム編 　3×3 ゴム編	ジャカード柄 バスケット編	ジャカード柄 ポンチローマ 変形ポンチ エイトロック モックエイトロック

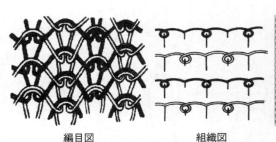 

編目図　　　　　　　組織図　　　　　編地外観写真（表面）

図 4.23　表鹿の子編[8)]

197

図 4.24 に立毛編の編目図,組織図を示す.

パイルをカットして使用することもできる。用途はカジュアルウェア,ベビーウェアなど。

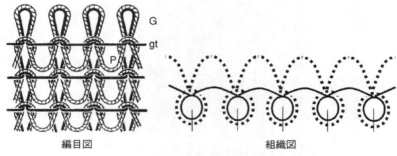

編目図　　　　　　　　　組織図

図 4.24　立毛編

(3) 裏毛編

地糸と裏糸を用い,裏糸が裏面に浮くように編成した編み方。裏糸をそのままにしたものはトレーナーに,カット起毛したものは一般防寒具に,起毛せず裏糸の方を表にしてカジュアルウェアなどに用いられる。裏毛用の台丸機や吊機などで編成される。

編地は,図4.25[9]で示すように,表糸g1,中糸g2,裏糸bよりなり,裏糸bは中糸g2とシンカーループで絡むが,この点は表糸g1によって覆われるため,表面から見えない。また,裏糸も表糸と中糸の間に挟まれる状態になるため,起毛カット後も起毛糸が脱落しにくい。その状態を図4.25(b)[9]の拡大図で示す。

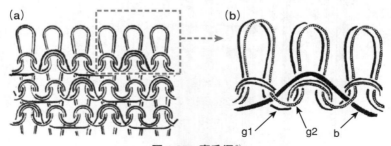

図 4.25　裏毛編[9]

(4)添え糸編

地糸とともに，添え糸を同一給糸口に給糸位置や糸張力を調整して給糸することにより，編地表裏に違う糸，または同じ糸を出す編み方。リバーシブル編地やスパンデックスを使ったベア天竺編地に用いられる。

(5)その他，ジャカード柄など

ジャカード装置を使い，タックループを不規則に配置することにより，梨地柄や凹凸柄が得られる。それらの編地外観例を図4.26に示す。

また，ミスループを規則的に配置することで格子柄が得られる。ジャカード装置を使い，いろいろな糸を併用することで多彩な柄ができる。

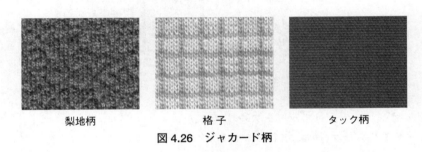

梨地柄　　　　　　格子　　　　　　タック柄
図4.26　ジャカード柄

4.2　ゴム編の変化組織

(1)両面編

2つのゴム編を二重(腹合わせ)にしたゴム編の代表的な変化組織である。編地の表裏面とも平編の表目のような外観で，比較的平滑・緻密であるため，スムースあるいはシンカーループの交差部が二重であることからインターロックともいう。図4.27に，編針の両面出合い[10]，編目図，組織図，2色使いでの編地外観例を示す。編地は，ゴム編の特徴であるコース方向の伸びが制限されるので厚地になり，外着用や中着用に用いられる。

この2給糸口による両面編を二段両面編ともいうが，3給糸口，4給糸口を1リピートとする三段，四段両面編もある。三段両面編の組織図を図4.28[11]に示す。シンカーループの交差部が多くなるので，外観は変わらないが，厚地になる。特に，三段両面編地はトレーニングウェアに多く使われる。

両面編を基本とする変化組織は，タックを応用したシングルピケ，タック

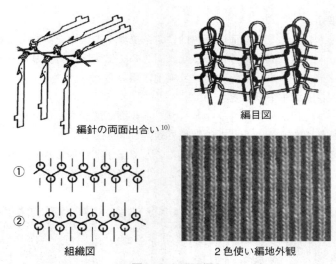

図 4.27　両面編

リップル,テクシーピケ,ミスを応用したモックミラノリブ(通称:4口ポンチローマ),モックロディなど多数ある。

(2) シングルピケ

両面編にタックを応用した組織である。図 4.29,図 4.30[12]に編地外観,組織図を示す。鹿の子状の大きな編目が出る。両面編よりもやや厚くなる。

よこ編ジャージーの代表的な組織で,中着や外着に多く使われる。

ゴム編にミス(ウェルト)を応用した組織で,無地柄の編地には,ミラノリブ,ダブルピケ,片袋編などがある。

(3) ミラノリブ

1レピートが3給糸口で循環する組織である。ゴム編,裏目の平編,表目の平編を順に編む。編地は表裏とも同じ外観を示す。編地

図 4.28　三段両面組織図[11]

図 4.29　シングルピケ外観

の特徴は,横方向の弾力性に優れ,安定性も高いことである。女性のドレス,スーツなどに広く使われる。図 4.31 に編地外観例を示す。

(4) **ダブルピケ**

1本交互にゴム編と平編を組み合わせた変化組織で,1レピート4給糸口で構成されるダブルニットの基本的な組織の1つである。ゴム編と平編の編順により,スイス式とフランス式の2種類があるが,一般にはスイスダブルピケの方が婦人用外衣に使われる。織物のピケと外観が似ているのでこの名がある。図 4.32 に編地外観を示す。

(5) **片袋編**

ゴム編と平編を繰り返す組織で,2コース組織である。ミラノリブよりやや横に伸びやすく,ハーフミラノともいう。幼児や子供用の外衣によく使われるが,ゴム部に綿糸,平編部に弾性糸のカバリング糸を用いた編地は,伸縮性のある肌着などに使われる。図 4.33 に組織図を示す。

ゴム編にタックを応用した組織で無地柄の編地には,片畦編,両畦編,フライス亀甲柄などがある。図 4.34 [13] に片畦編の組織図,図 4.35 [14],図 4.36 [14] に編地表裏の外観例を示す。

(6) **片畦編**

通常のゴム編よりも畦が大きく幅も広く編まれ,伸縮性は少ない。編地は厚く,保温性に富む。ハーフカーディガン編ともいう。

(7) **両畦編**

片畦編より,さらにタックを増やした編み方(ゴム編の表部もタックにする)。片畦編よりもさらに厚くなり,伸縮性がなくなって安

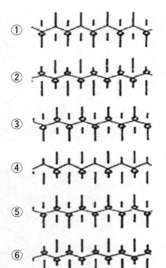

図 4.30 シングルピケ組織図 [12]

図 4.31 ミラノリブ

図 4.32 ダブルピケ

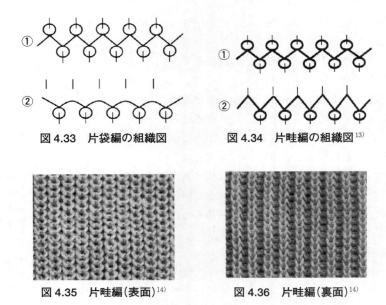

図 4.33 片袋編の組織図　　図 4.34 片畦編の組織図[13]

図 4.35 片畦編(表面)[14]　　図 4.36 片畦編(裏面)[14]

定性が増す。フルカーディガンともいう。セーター，カーディガン，ベストなどに用いる。

　ゴム編を基本とした組織ではほかに，目移しによるアイレット編やウェルトを併用したブリスター柄などがある。後者はジャカード装置を使い，編地全体にふくれ状の凹凸を出した複雑な柄もできる。柄糸の本数により，シングル，ダブルブリスターと区別する。

4.3　パール編の変化組織

　平編と組み合わせて，靴下やセーターの柄出しなどによく使われる。図 4.37 にその一例を示す。

　パール編の組織の中へ平編を籠（かご）目状に配置した組織を，バスケット編という。パール編の厚みと，平編の平滑な表面および横伸びの良さを組み合わせた組織で，型崩れせず安定性も良い。

第4章　よこ編の変化組織

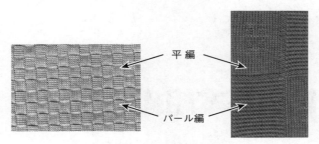

図 4.37　パール編を使った柄

〈身近にあるよこ編製品〉

・**軍手**：国語辞典には"太い白木綿糸で編んだ作業用手袋。元軍隊用であったことから軍手という"とある。2針床の横編機で筒状に編むが，基本編目は平編である。手袋を着用する袖口部は外観状，ゴム編のように見えるが，平編にスパンデックスなど弾性糸を芯糸とし，ナイロン糸などを巻いたカバリング糸を挿入編した組織で，伸縮性を付与している。

　それぞれ長さの違う指部分も個々に編成している。最終仕上げで指先部分は手作業で閉じるが，ほとんど縫製作業もない成形編地である（図 4.38）。身近なこんな製品にも，それなりの高い技術が使われている。

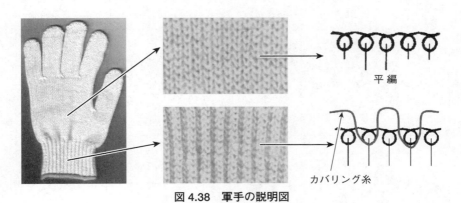

図 4.38　軍手の説明図

203

第5章

たて編の基本組織

5.1　たて編の基本ループと編成記号

　たて編の基本ループは閉じ目と開き目である。よこ編のように，表目・裏目という言い方をしない。編目が一斉に同方向に編成されることが理由と思われる。編目図，編成記号，組織図の関係を図 4.39 に示す。

　たて編の組織は閉じ目と開き目の編目でつくられる。閉じ目とはシンカー

編目の種類	編目図	編成記号	組織図	数字表示組織
閉じ目	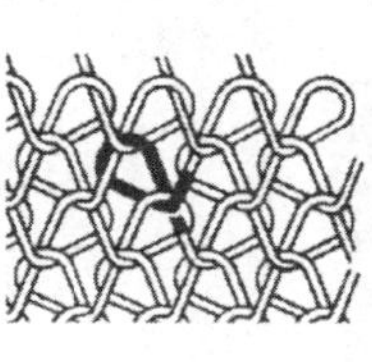		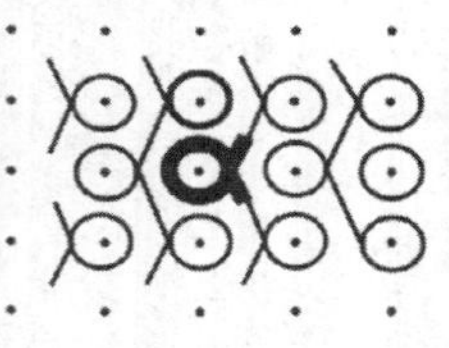	1−0/1−2 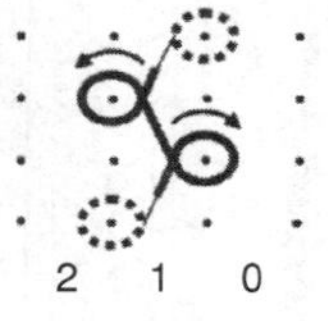
				2　　1　　0
開き目				0−1/2−1 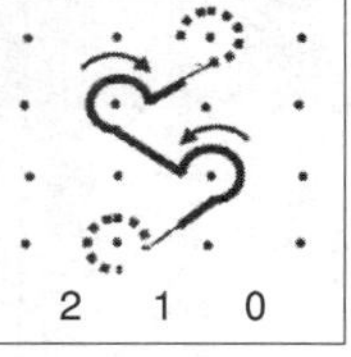
				2　　1　　0

図 4.39　たて編の編成記号と編組織表示

204

ループが交差している編目を，開き目とはシンカーループが交差せず左右に開いたループをいう。閉じ目はしっかりした安定性に優れた編目をつくる。開き目はやや締まりの緩い編目をつくるが，これを利用して，後工程で起毛したい場合などによく使う。両者単独でまたは併用して使うが，一般の編地では閉じ目を使うことが多い。

また，編組織を表示する場合，編成記号とともに，針間に数字を付け，筬の左右の動きを数値化した表示も併用して使われる。この場合，1コース内でオーバーラップ（編針のフック側：図4.39の矢印部）した針間の数字を1単位として，1レピート分連続して表示する。

5.2 たて編の三原組織

一般に，シングルデンビー編，シングルコード編，シングルアトラス編をたて編の三原組織という。

①**シングルデンビー編**：シングルトリコット編ともいう。隣り合った編針に次コースで編目をつくる編み方で，最も基本的なたて編組織である。編地が薄く，カーリング（まくれ）を生じて安定性が悪いため，編組織として単独で用いられることはほとんどない。図4.40に，シングルデンビー編の閉じ目，開き目，編地外観（閉じ目）を示す。

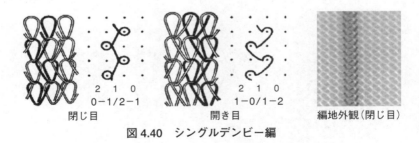

図4.40 シングルデンビー編

②**シングルコード編**：単にコード編ともいう。編目をつくった編針に対して，1本置いた隣の編針で次のコースの編目をつくる編み方である。この1×2コード編を基準として，さらにその次の編針で編目をつくる1×3コード編，その次の編針で編目をつくる1×4コード編もある。図4.41に1×2

コード編,組織図,編地外観(裏面),図4.42に1×3コード編の組織図,編地外観(裏面)を示す。

シングルコード編の場合,シンカーループの飛びが長くなるほど浮き部分も長くなり,編み地は厚くなる。また外観も滑らかになり,光沢も増す傾向を示す。ただし,デンビー編と同様,編組織として単独で用いられることはほとんどない。

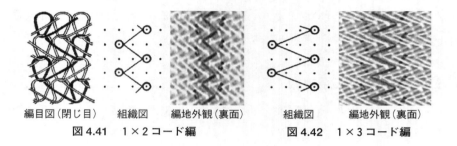

編目図(閉じ目)　　組織図　　編地外観(裏面)　　　　組織図　　編地外観(裏面)

図4.41　1×2コード編　　　　　　　　図4.42　1×3コード編

③**シングルアトラス編**：デンビー編やコード編のように1コースごとに折り返さず,同方向に数針編んだ後,逆方向に同数針編む編み方。同じ方向に編む時は開き目,折り返し点は閉じ目にするのが一般的である。この編組織も逆方向組織と組み合わせて(ダブルアトラス編)使われることが多く,単独で用いられることは少ない。図4.43に編目図,組織図,編地外観を示す。

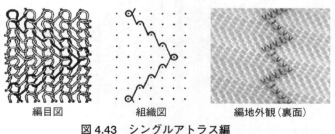

編目図　　　　組織図　　　　編地外観(裏面)

図4.43　シングルアトラス編

前述の三原組織とともによく使われる編み方として，鎖編や挿入編がある。
④**鎖編**：チェーン編ともいう。鎖編だけではひも状のものしか編めないが，他の基本組織と組み合わせて編地をつくる。鎖編がある編地は，たて方向の伸びが少なく，寸法安定性の良い編地ができる。図4.44に鎖編の閉じ目，開き目の組織図を示す。
⑤**挿入編**：インレイ編ともいう。挿入編だけでは編地はできない。鎖編を含めた基本組織と組み合わせて，編地とする。図4.45に挿入時の説明図を示す。

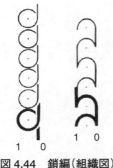

図4.44　鎖編（組織図）

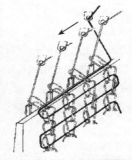

図4.45　挿入時の説明図

第6章

たて編の変化組織

　先にも述べたが，たて編の一重組織は形態不安定のため実用的でなく，ほとんどの組織が二重組織以上で使われる。

　また，二重組織以上の組織では，前筬[注]に配置された糸がつくる編目が編地の表裏に現われ，後筬[注]に配置された糸がつくる編目は編地内部に位置する特徴がある。

　注）前筬，後筬：筬（ガイドバー）とは，導糸針（ガイド）を取り付ける板をいう。編組織により，筬は複数枚配置される。2枚筬の場合，機械に向かって前の筬を前筬（フロントガイド），後の筬を後筬（バックガイド）という。

　図4.46は，前後筬の位置関係を示す写真である。3枚筬の場合は，前筬，中

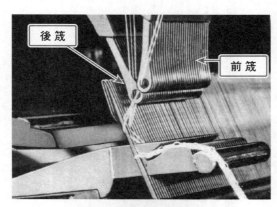

図 4.46　前後筬の位置関係

表4.4 たて編の変化組織

基本組織	三原組織			鎖編 (前筬)	その他
	シングルデンビー編 (前筬)	シングルコード編 (前筬)	シングルアトラス編 (前筬)		
シングル デンビー編 (後筬)	ダブルデンビー編	ハーフトリコット編 サテン編 　1×3サテン 　1×4サテン		ストライプ柄	タック編 裏毛編 パイル編 二目編
シングル コード編 (後筬)	逆ハーフトリコット編 シャークスキン編	ダブルコード編 パイル編		クインズコード編	メッシュ編
シングル アトラス編 (後筬)			ダブルアトラス編 メッシュ編		
インレイ編 二針床編機 その他		ダブルハーフ編		マーキゼット編	チュール編 ジャカード編

筬，後筬という。さらに多筬の場合は，前筬から順に番号を付ける。

表4.4の中で，実用性とループ構造という面から，2枚筬で代表的な組織を主に説明する。

① **ハーフトリコット編**：ロックニット，シャルムーズなどともいう。コード編とデンビー編を組み合わせた二重組織である。前筬(フロント)に1/2のコード編を，後筬(バック)にデンビー編を配置して編成する。図4.47に組織図を示す。

前後筬の振りは，逆振りにするのが一般的である。この編組織は，たて編地の中でも古くから最も多く生産されている編組織である。

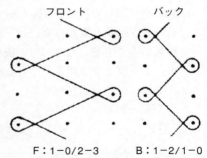

F：1-0/2-3　　B：1-2/1-0
図4.47　ハーフトリコット編組織図

この編地は，編地裏面で前筬の糸(アンダーラップ)が後筬のそれよりも長く外側に横たわっているために，ソフトな感触を与え，よこ方向の伸縮

性に優れている。用途はランジェリー，外衣，水着など広範囲にわたる。

図4.48はフロント，バックの糸を各1本の黒色で編成した編地である。フロント糸はジグザグに動く糸がはっきり見えるが，バック糸はフロント糸に覆われるため，ぼけて見える。この性質を利用して，後筬にスパ

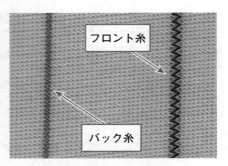

図4.48　編地外観（裏面）

ンデックスなど弾性糸を使った編地は，縦横に伸縮性を持ち，ツーウェイトリコット，ハイテンションニットなどといわれ，水着や婦人用パンツ用によく使われている。

後筬の組織はデンビー組織のままで，前筬の組織を1×3コード編，または1×4コード編にした編組織をサテントリコットといい，1×3サテン，1×4サテンなどという。シンカーループが長くなるので，編地は光沢が出て厚地になる。

②**逆ハーフトリコット編**：この組織は前述のハーフ組織と逆の配置で，前筬はデンビー編を，後筬は1/2のコード編にしたものである。図4.49[15]に組織図を，図4.50[15]に編目図を示す。編地の表面（ループの見える側）の外観はハーフ組織と変わらないが，裏面は大きく異なる。前筬の糸（1針間）が後筬の糸より短く（2針間），後筬の1本のシンカーループを前筬のシンカーループ2本で押さえているためである。このため，組織構造の動きが

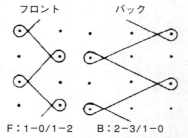

図4.49　逆ハーフトリコット編組織図[15]

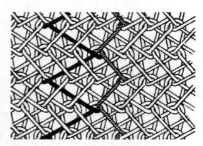

図4.50　編目図（裏面）[15]

制限され，伸縮性が少なくなる反面，寸法安定性に優れた堅固な編地となる。紳士用シャツ地などに用いられる。

　前筬の組織はデンビー組織のままで，後筬の組織を1×3～1×5コード編にした編組織をシャークスキン編という。振りが大きくなるため編地は厚くなるが，伸縮性が少なく，織物調で寸法安定性がある。

③ **クインズコード編**：アメリカンシャークスキンとも呼ばれる。前筬（糸）は同一の針でたて方向に順次ループを形成していくチェーン編（鎖編）とし，後筬（糸）はコード編，すなわち2針以上左右に移行しながら順次ループを形成していく方法である。図4.51[15]に組織図，図4.52[15]に編目図，図4.53に編地外観写真（裏面）を示す。

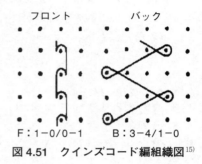

図4.51　クインズコード編組織図[15]

図4.52　編目図（裏面）[15]

図4.53　編地外観（裏面）

　この編地は，編地裏面の前筬の糸が後筬のそれよりもかなり短くなるため，逆ハーフの場合以上に組織構造の動きに制限を与える。このため，編地はかなり堅固で伸縮性も極めて少なく，寸法安定性に優れている。その反面，編地風合いが硬くなる欠点をもっている。外衣，シャツ地，プリント用生地などに用いられる。

④ **ダブルアトラス編**：別名ダブルバンタイク編，ダイヤモンド編ともいう。図4.54[16]に組織図の一例を，図4.55[16]に編目図の一例を示す。

　シングルアトラス編を前後筬に配置し，それらの動きを完全な左右対称

として，それぞれ反対に移動させる編み方で，任意に設定する方向変換コース（通常，48コースの約数）まで，一方向に隣接する編針に順次移行して編目形成を行う。変換コースを境に，最初に編目形成した編針の位置まで順次引き返す。変換コースのみ閉じ目，他は開き目にするのが一般的である。この組織の編地は，変換コースごとに薄い横縞模様となり，さらに色糸または異種の原糸を配列したものはダイヤモンド模様や斜め格子などの美しい外観の柄編地が得られる。編地は緻密で，縫手袋および婦人の下着などにも用いられる。

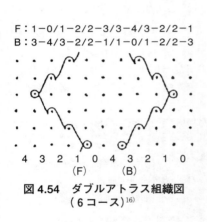

図 4.54　ダブルアトラス組織図（6コース）[16]

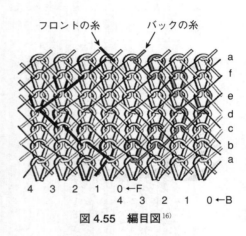

図 4.55　編目図 [16]

以上，基本組織と無地の代表的組織を説明したが，これらは主にトリコット機でつくられる。ラッシェル機でもこれらの組織はつくれるが，以下にラッシェル機が得意とする編組織を説明する。

⑤ **マーキーゼット編**：前筬で鎖編を，後筬1〜2枚でこれら鎖編を連結する2針以上の挿入編1コースと，1針間挿入編の数コースを組み合わせた組織である。図 4.56 [17] に前筬，中筬，後筬の3枚筬による組織図を示す。図 4.57 [17] に編目図，図 4.58 に一般的なカーテンの編

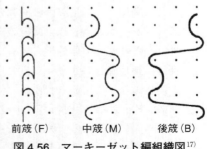

図 4.56　マーキーゼット編組織図 [17]

 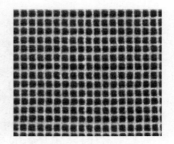

図 4.57　編目図[17)]　　　　図 4.58　カーテン地

地外観写真の例を示す。
　正方形の透かし目が特徴で，後筬 2 枚の場合には互いに反対方向の振りにする。用途はカーテン，レースなどがある。
⑥**チュール編**：前後 2 枚の筬で編むメッシュ組織である。四角形と六角形のメッシュがあるが，六角形のものは亀甲紗ともいい，ラッシェルレースでも代表的な地組織である。柄糸を加えて高級な柄レースができる。図 4.59 に編目図，図 4.60 に柄入りレースの例を示す。

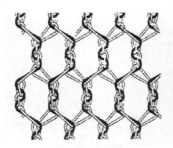 

図 4.59　編目図　　　　　図 4.60　柄入りレース

　ラッシェル編機では，上述の編組織のほかにジャカード装置を装備して種々の柄物ができる。さらに，非衣料用途に適すると思われる多軸挿入編物，ダブルラッシェル編機による立体編地などもつくることができる。
　図 4.61 に多軸挿入編物（ラッシェル）の例を，平面・側面図で示す。編目をつくりにくい糸，高弾性糸などの布帛化が可能となり，補強材などを含めた非衣料分野での用途開発を期待したい。

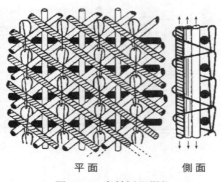

図 4.61　多軸挿入編物

　図 4.62[18]は，ダブルラッシェル機でつくった立体形状の編地の概略図である。表裏組織の違う布帛状のもの，筒状のもの，2枚の編地をパイル糸などで結合したものなどを示す。これらの中でパイル糸を使用したものは，マイヤー毛布で新市場を開拓確立したものもある。今後，経編での無縫製製品の開発，クッションなど非衣料分野，産業資材分野での活用が期待される。

図 4.62　ダブルラッシェルの立体編地概略図[18]

第7章

編成の基礎知識

7.1 編針の種類

編地を形成する最小単位は編目(ループ)であり,その編目をつくるのが編針である。編針は編成要素の中でも,最も重要なものといえる。工業用編機の編針を,その形状と機能により分類すると,ひげ針,べら針,複合針,両頭針の4種類に分けられる。図4.63に各編針の形体を示す。

(1)ひげ針

編針の中で最も古く,1589年に発明され,現在でもフルファッション編機,吊編機などに使われている。トリコット機にも広く使われていたが,最近は多くが複合針に代わっている。

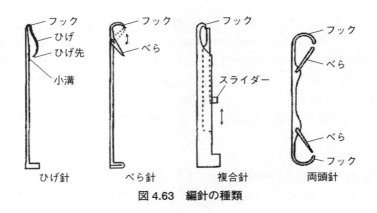

図4.63 編針の種類

215

編成には補助具として，ひげ先部を閉じるプレッサーが必要である。細い針もできるので，編密度の高い編地をつくるのに適する。

(2)べら針

1856年（1849年説もある）に発明され，現在でも横編機，丸編機，靴下編機，ラッシェル機などに広く使われている。

べら針は，針を上下動させるだけで編目をつくることができるので，編成に補助具を要さない。

(3)両頭針

1899年の発明といわれる。針幹の両端にフックとべらをもち，そのいずれかで編成運動をして編目をつくる。編針を針床間で移動するために，スライダーという補助具が必要である。

パール編をする横編機，丸編機，リンクス靴下編機に使われる。

(4)複合針

組み合わせ針ともいう。1858年に発明された。フックを持つ針幹と，フックの開閉をするスライダーまたはトングが別々の動きをするため，編目をつくるのに必要な針の昇降距離を少なくできる。最近，大幅に改良され，耐久性の向上・高速化が可能となった。その結果，現在ではトリコット機，ラッシェル機を含め，丸編機，横編機にも使われるようになり，注目される編針である。

7.2 編針以外の編成要素

(1)シンカー

シンカーは編針と編針との間にある薄鋼板で，編針の編目形成を補助する編成要素である。針床に固定されているひげ針は，シンカーに頼らねばならない要素が多い。また，パイル糸の挿入，添え糸編の地糸と添え糸分離，地糸と添え糸の位置の逆転，シンカーによる柄出しといった補助運動もあり，これはべら針機，特にシングルシリンダーの編機に利用されている。

なお，2針床の横編機，丸編機，パール編機などは，いずれもシンカーを必要としない。

(2)プレッサー

ひげ針機特有の補助編成要素であり，ひげ部を閉じて編目を脱出させる役割をする。また，タックを行うため，プレッサー面に切り込みを入れ，特定の編

針だけひげを閉じないタックプレッサーもある。トリコットのパイナップル編などに使われる。

7.3 針床（ニードルベッド）

編針を配列する部位を針床という。針床は，編機により1個のものと2個を組み合わせたものがある。1針床のものをシングルベッド，2針床のものをダブルベッドという。

よこ編の場合，フルファッション編機を除き，それぞれの編針は針床にあるスリット（針溝）に挿入され，それぞれが単独に針溝中を滑動して編目をつくる。

たて編機の場合，編針は針床に植え付けられており，針床全体が上下運動をする。

図4.64に，横編機，丸編機，たて編機（トリコット，ラッシェル）の針床の形状を示す。

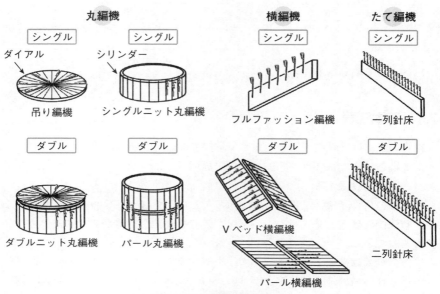

図4.64 各編機の針床形状

第4編　編物の基礎知識

7.4　編機のゲージ

編地の粗密は，主として使用する編機の針配列の粗密によって定まる。配列されている編針の粗密を表わすのに，ゲージ（Gauge）という言葉が用いられ，「G」の記号で示す。

ゲージは，単位長の間にある針の本数で表示される。多くは1インチ間の針本数で表示されるが，表4.5 に示すように，編機により単位長の違うもの（フルファッション編機）や表示の仕方の違うものもある（靴下編機）。

表4.5　編機のゲージ

分　類	編機種類	ゲージの基準長	一般的なG表示	備　考
横編機	フルファッション編機	1.5 インチ	18，21，24，27	
	両面編機	1インチ	7，12，14	2針床編機は片側針床で表示
丸編機	全般	1インチ	18，22，28，32	
	円形靴下編機	シリンダー外径（インチ）×針本数	3.5 φ×160 本 4.75 φ×300 本	
たて編機	トリコット機	1インチ	28，32，36	
	ラッシェル機	（2インチ）→1インチ*	18，20，24	2針床編機は片側針床で表示

＊：たて編機では，トリコット編機は1インチ，ラッシェル編機は2インチを基準長とする時代もあったが，現在は1インチに統一されている。

7.5　基本工程

編物の工程は，織物の場合と比べて単純である（図 4.65）。

よこ編の場合，糸欠点の除去や糸の解舒（かいじょ）を円滑にするため，ワインダー工程を設置することもある。

たて編の場合，整経工程が必要である。この工程はクリールと整経機からなる。整経機には毛羽発見器やオイリング装置を備えた機種があり，糸欠点の除去も兼ねている。

①たて編では機上チェックのみで，生機検査をしないものもある。特に，弾性糸使いの編地では収縮力が強いため，編機で巻かれた状態で染色工場に出荷し，リラックス精練，前セットを行い，生地密度を安定させる方法を取っている。

218

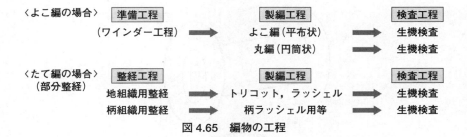

図 4.65 編物の工程

②たて編の整経：地組織を構成するたて糸は，ほとんど整経される。整経された1ビームで編むことは少なく，数ビーム（5,6,8個）をセットとして編機に配置する。

　したがって，織物の部分整経と形態は似ている。図 4.66 に，よく使われる整経機の写真を示す。

　柄組織用整経は，専用の柄整経機で編幅に合わせて整経する場合が多いが，糸本数が少ない場合や特殊な糸の場合は，クリールから編機へ直接供給する場合もある。

図 4.66　整経機概要

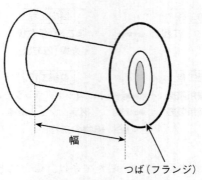

図 4.67　ビーム形状

③ビーム(beam)：クリールから出た経糸を巻き取る器具をいうが，たて編の場合，一般にはつば(鍔)付きである。ビーム形状概略を図 4.67 に示す。

本生産に使われるビームは，つば外径 30 インチ・幅 30 インチ，または，つば外径 21 インチ・幅 30 インチのものが多いが，テスト用生産にはつば外径 7 インチ・幅 7 インチなどの小さいものを使うなど，糸量節約の工夫をしている。

これらを数ビーム並べてセットを組み，編機に配置する。

第8章

編機の種類

　工業用編機は，その編み方により，緯(よこ)編機と経(たて)編機に大別される。さらに，針床の形状により，平型と円型に分けられる。

　緯編機の平型には横編機があり，針床の数によりシングルベッド，ダブルベッドに分けられる。緯編の円型には丸編機と靴下編機があり，それぞれシングル・ダブルベッドがある。経編には平型と円型があったが，平型のミラニーズ編機，円型のミラニーズ編機が製造中止になっており，現在は平型のトリコット編機，ラッシェル編機に区分される。

　図 4.68 [19)] に編機の種類と区分を示す。靴下編機は丸編機を小口径化した編機と考えられるので，その分類は省略する。以下，各編機の概略を説明する。

8.1　よこ(緯)編機

　緯編機は準備工程が簡単で，糸種の切り替えも容易に行えることから，小回りが利くことが特徴として挙げられる。ただし，1台でどんなものも編めるというのではなく，ほとんどが単一の製品目的に使用され，汎用性に欠けるため，いろいろな編機を準備しておかなければ激しく変わる市場の要求に対応できないという難点もある。

8.1.1　横編機

(1)フルファッション編機

　発明者の名前を冠して，コットン式横編機ともいう。図 4.69 に示す1列針床の横編機で，ひげ針を使用し，針床に固定されている。編針は針床とともに動く。

221

第4編 編物の基礎知識

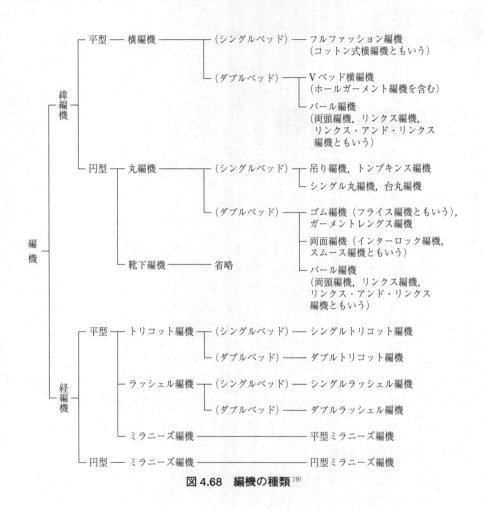

図 4.68　編機の種類[19]

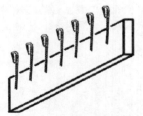

図 4.69　フルファッション編機

平編を基本に，その変化組織が編める。目移しにより，編幅の増減ができ，成型編ができる。編目の均整性などに優れ，きれいな編地ができる。成型編の基本ともいえる編機だが，ゴム編部などは他の編機を必要とするため手間が掛かるなどの課題もあり，現在稼働台数は少ない。

(2) V ベッド横編機

2列の針床が逆V字型に置かれている。編針を昇降させるカムを取り付けたキャリッジが，針床の上を左右に往復運動をしながら編み立てる。針床の配置を図4.70[20]に，編機の正面写真を図4.71[21]に示す。横編機の中で最もよく稼働している機種であり，稼働台数も多い。

通常，べら針を使用し，針床内の針溝内を滑動する。2針床の編針の対向位置も，針床を平行移動することにより，ゴム出合い・両面出合いにもできるため，ほとんどのよこ編組織を編むことができる。

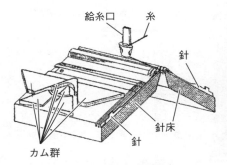

図4.70　針床の配置[20]

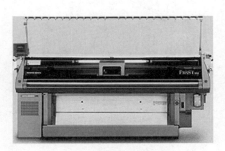

図4.71　編機の正面写真[21]

(3) 両頭横編機（リンクス横編機）

パール編機ともいう。図4.72に示すように，平板が2つ平行に配置された2列針床の編機である。両頭針を使い，針床内の針溝を滑動して，2針床間を移動して編成する。

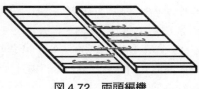

図4.72　両頭編機

パール編（リンクス編），平編の変化組織などが編める。ただし，2針床ではあるが，編める編組織は1針床編機と同じで限定される。

8.1.2 丸編機

図4.73[22]に編機の外観を，図4.74[23]にコーンから編針までの糸道概略を示す。

針床が円筒(シリンダー)または円盤(ダイヤル)になった編機で，針床が回転(シリンダー回転編機)またはカムが回転(カム回転編機)して連続的に編成する。円筒状の編機は，円周位置にカムと給糸口がいくつも取り付けられるので，生産性は横編機に比べ格段に高くなる。1針床のシングル編機と，2針床のダブル編機がある。

図4.73　丸編機の形状[22]

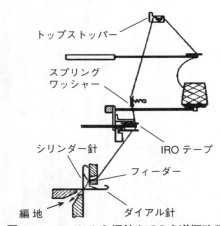

図4.74　コーンから編針までの糸道概略[23]

(1)シングル丸編機(台丸ともいう)

図4.75で示すように，針床が円筒(シリンダー)1つの編機で，シリンダー直径は靴下用の3インチφ程度から外衣用の60インチφ以上まで多種ある。給糸口も1口から百数十口まである。シングルジャージー用編機(38インチφ径生産機)で，152口の編機も紹介されている。編針はべら針または複

図4.75　シングル丸編機

合針を使用，ゲージも12～42ゲージと粗密多々ある。用途別に専用機として使う場合が多く，稼働台数も多い。平編とその変化組織が編める。

また，シンカー台丸機に専用装置を取り付けて，パイル編地も生産できる。

(2) 吊機（つりき）

図 4.76 で示したように，円盤に水平放射状にひげ針を備え，給糸の分配をシンカーホイールで行う特殊な編機である。ゲージの定め方にはフランス式とドイツ式があり，いずれも疎と密の 2 通りがある。

図 4.76　吊機

特に，均整な平編は高級品として定評がある。トンプキンス編機も同様なタイプだが，編成した編地の巻き取り方法が異なる。ただし，両者とも現在の稼働台数は極めて少ない。

(3) ゴム編機（リブ編機，フライス編機ともいう）

針床は，円筒と円盤を組み合わせた編機である。べら針，複合針を使用し，2針床の編針の出合いはゴム出合いである。リブゲーティングともいう。図 4.77[7] にその状態を示す。

ゴム編，平編とその変化組織が編める。稼働台数も多く，よく使われる編機である。

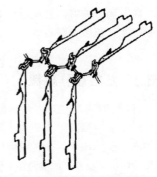

図 4.77　ゴム出合い[7]

(4) 両面編機（スムース，インターロックともいう）

図 4.78 で示したように，針床は 2 針床でべら針，複合針を使用するのはゴム編機と同様だが，2 針床の編針の出合いが図 4.79[10] のように両面出合いである。インターロック出合いともいう。

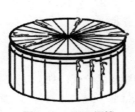

図 4.78　両面編機

図 4.79　両面出合い[10]

両面編と，その変化組織が編める。ジャカードを含め，さまざまな変化組織の基本組織に使う。

稼働台数も多く，ダブルニット生地生産の主力機である。

(5) **両頭丸編機（リンクス丸編機ともいう）**

図 4.80 に示したように，針床は円筒が上下に配置されており，両頭針を使用している特殊な編機である。

靴下用の編機にも使われている。パール編，平編とその変化組織が編める。

図 4.80　両頭丸編機

8.2　たて（経）編機

経編機にはトリコット編機とラッシェル編機，ミラニーズ編機があるが，ミラニーズ編機は現在製造中止になり，稼働台数も極めて少ないので，現在はトリコット編機とラッシェル編機に大別される。

8.2.1　トリコット編機

図 4.81 [24] にその形状を示す。

トリコット編機では，筬に固定されたガイドが，ビームから引き出された糸を編針に巻き付けて編み立てる。したがって，必要な本数の糸を整経してビームに巻く準備工程が必要である。

図 4.81　トリコット機 [24]

図 4.64（第 8 章）に示したように，針床が 1 つと 2 つの編機があり，それぞれシングルトリコット編機，ダブルトリコット編機という。

(1) **シングルトリコット編機**

図 4.82 に，筬と針床の配置を示す。

編針が 1 列の針床に固定配置され，針床の動きで一斉に動く。編針は，ひげ針または複合針を使う。無地編機の場合，筬は 2〜4 枚で，ゲージは 28 を中心に細かいものが多い（18〜28〜44 G）。編幅は 130 インチを中心に広い（110

〜130〜210インチ）。編成速度は速い
（〜2,000 rpm〜）。

筬枚数が2枚以上あれば，たて編の三原組織を加えた多くの変化組織が編める。

(2)**ダブルトリコット編機**

図4.64に示したように，2列の針床が縦向きに平行に配置されている。編針はシングルトリコット編機の場合と同じだが，筬枚数は1〜2枚と少なく，

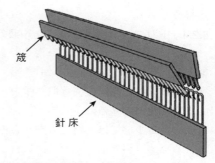

図4.82　シングルトリコット機

編組織もダブルハーフ組織などに限定される。ダブルラッシェル編機で同様な組織が編めるため，最近は製造を中止している模様である。

8.2.2　ラッシェル編機

編成原理はトリコット機と同じである。筬の枚数が多く，ジャカード機では数十枚のものもある。ゲージはトリコット機より粗く，24ゲージ以下のものが多い。編地はカーテンから毛布，産業資材用途まで広範囲にわたる。

(1)**シングルラッシェル編機**

図4.64に示したように，針床は1列で，編針はべら針または複合針を使う。筬枚数は，地組織用または無地編用で4〜6枚，ジャカード柄用は数十枚と多い。編幅は，シングルトリコット編機とほぼ同じである。編成速度はトリコット編機より遅い（〜1,000 rpm〜）。経編のほとんどの組織が編め，編地も薄地（カーテンなど）から厚地まで編成可能である。

(2)**ダブルラッシェル編機**

図4.64に示したように，針床は2列で，編針はシングルラッシェル機と同じである。筬枚数は2〜6枚，ゲージは比較的粗なものが多い。立体的な編地を編成でき，表裏の組織を変化できるので，現在でもスポーツシューズの甲部メッシュや毛布などが商品化されている。今後，産業資材分野なども含め，期待される機種である。

8.2.3　ミラニーズ編機

円型編機と平型編機があるが，いずれも現在製造されておらず，設置台数も少ない。2群のたて糸が，互いに反対方向に連続して編まれる。アトラス編のように編目方向の変換点がなく，たて糸が左右斜めに編目をつくりつつ走るの

が特徴である。

8.2.4 トリコット機とラッシェル機の機構の違い

1針床編機での比較になるが，トリコット機ではたて方向から編成部に入る編糸が，編成後，よこ方向に引き出される。編針に負荷を掛けず編成を円滑に行うには，極力編地の引き取り張力を低くする必要がある。細く均一な糸に適し，高速化ができる。

ラッシェル機では，たて方向から編成部に入る編糸が編成後下方向に引き取られるため，引き取り張力は高低自在に選択できる。このため，太・細糸とも使え，厚・薄地とも広範囲に編成が可能になる。

両編機の編地引き取り状態の違いを，編機側面概略として図4.83，図4.84で示す。

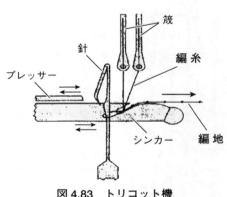

図4.83　トリコット機

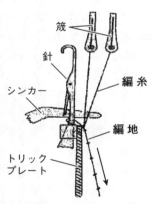

図4.84　ラッシェル機

第9章

ま と め

　編物の基本，種類，組織，編成の基本，編機の種類などを説明した。ここで，編物を理解するために，基本として知っておきたい基礎知識および技術用語を整理してみる。

9.1　知っておきたい基礎知識，技術用語

(1)基本編目
- ・よこ編：ニット，タック，ウエルト(ミス)
- ・たて編：開き目，閉じ目

(2)基本組織
- ・よこ編：平編，ゴム編，パール編
- ・たて編：シングルデンビー編，シングルコード編，シングルアトラス編

(3)よく使われる変化組織
- ・よこ編：両面編，鹿の子編
- ・たて編：ハーフトリコット編

(4)技術用語
　コース，ウェール，編密度の表わし方：コース/インチ，ウェール/インチ

(5)よく使われる用語
- ・シングルニット：よこ編(横編，丸編)で1針床を用いて編成された編地。平編，鹿の子編，ジャカード編などがあり，比較的軽量の編地でスポーツシャツや外衣などに用いられる。

229

・ダブルニット：よこ編（横編，丸編）で，2針床を用いて編成された編地。ミラノリブ，ダブルピケ，ポンチローマ，ジャカード組織など，数多くの編成方法と組織がある。外衣用途の代表的な編地。
・ジャカード編：大小柄で複雑な模様のある編地。柄出装置をジャカードという。織機の柄出装置を発明したフランス人ジャカールの名前に由来する。

9.2 編物の種類と用途概略

図 4.85 に，編物の種類と用途概略を示す。編物の種類は編み方によって分類するのが一般的だが，編み上がってくる形態で分けることもある。成型編地，流し編地，ガーメント・レングス，靴下などである。編み方と形態分類の関連も図 4.85 に示す。

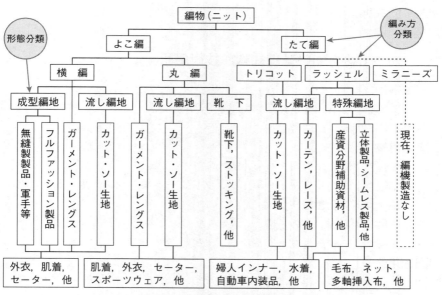

図 4.85 編物の種類と用途概略

(1)成型編地

編成中に編目を増減しながら,身頃や裾など製品の各部分の形に合うように編成された編地である(図 4.86)。横編機(フルファッション編機,Vベッド横編機など)で編む。編成後,各部分をかがり合わせて(リンキング)製品とする。フルファッション編機が得意とする分野であったが,各部分のかがり合わせを編機上で行う無縫製型の横編機が主流になっている。

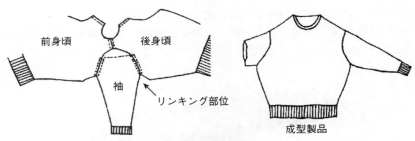

図 4.86　成型編地

(2)ガーメント・レングス

セーターや外衣などに使う編地で,1着分の身丈ずつ区切りながら連続して編成する(図 4.87)。通常,丸編機で裾部をゴム編,身頃部を平編や両面編などに変えながら編成する。袖部は横編機などで編成し,後で縫製する。袖付部分や首回りの成型は行わない,半成型編地である。

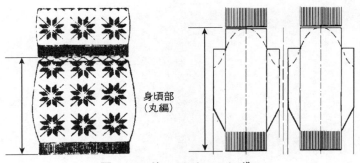

図 4.87　ガーメント・レングス

(3)流し編地

　ヤードグッズともいう。編成途中で編成方法が変わらずに，そのまま編み上げた編地である（図4.88）。反物に巻き上げられたもの，折りたたんだものなどがあり，量的にも一番多い。縫製向けの流し編地をカット・ソー生地といい，裁断して縫製した製品をカット・ソー製品と呼んでいる。

　靴下分野では，ストッキングのように，太い大腿部と細い足首も同じ針本数で筒状に編成した後，型に入れて熱セットして形をつくるチューブラーや，紳士ソックスのように成型編地と同じく靴下の形に編成するコンベンショナルと分けることもある。後者の場合，踵や爪先は，編機を半周以内で動かし，編目を増減して形をつくる。爪先部は，リンキングまたは縫合して閉じる。

図 4.88　流し編地（ヤードグッズ）
反物状。巻かずに振り落としの場合もある。

第10章

技術動向

　ニットは，編機の発展とともに進歩した歴史がある。1990年代には，電子技術やコンピュータ技術を応用して，編機の自動化やコンピュータ選針装置などの性能が目覚ましく進展した。また，定番品の生産が先進国から生産コストの低い国や地域へと急速に移行したため，先進国向けに高付加価値ニット製品の生産可能な無縫製型横編機，ガーメントレングス丸編機，ピエゾジャカードたて編機などが開発されてきた。現在は，これら大型開発機の性能向上やシステム化，周辺機器の開発に傾注していると思われる。今後の開発は，ニット製品の多品種，少量，高付加価値化やオンデマンド生産を具体化する編機と，定番品生産向けの高生産，低価格志向の編機の2つの方向が考えられる。さらには，非衣料分野をねらった編機開発も進んできている。

　横編機関係では，縫製するという既成概念を打ち破り，編機上で各パーツを編成しながらつなぎ合わせて立体的な製品に編み上げる無縫製型横編機がある。日本のメーカー（島精機製作所）が発明し，登場してから10数年になる。その後，種々の機能が付加され，最近ではコンピュータと連結し，編糸の諸特性を入力して，重力も考慮したシルエットを編成前に予測できるという。図4.89[25)]に紹介された写真を示す。

図4.89　無縫製型横編機[25)]

233

無縫製という考え方は，丸編機・たて編機分野の開発にも影響を与えている。そのほか，この分野では性能・機能を向上した度目調整装置や糸切替装置，糸張力調整装置などの開発が見られる。

丸編機の技術革新の成果として，編機のハイゲージ化，大口径化，電子選針化などがある。

ハイゲージ化はシングルニット機で62G，ダブルニット機で50Gまで可能になったという。ウルトラファインともいい，先進国型の要求の1つでもあったが，使用可能な糸，編針の精度，耐久性などの課題も考えられ，実生産にはまだ時間がかかるかもしれない。

大口径化は，38インチ径電子ジャカード搭載丸編機がある。ジャカード搭載機の広幅化を確立し，ベッドカバーのような寝装用など非衣料用途向けにも対応可能になったという。

最近，登場したボディサイズシームレス丸編機も注目される。図4.90[26]に編機の概要を示す。人体サイズに適合する小径のシリンダーを用いて編んだ編地は，脇を縫製する必要がない。この編機は同一コース内で編目の大きさが変更可能であり，また弾性糸を編み込むことで身体によりフィットする製品が得られるという。インナーウェア，セミインナーウェア分野で新しいジャンルの製品となっている。

たて編機では編機の高速化が長年の課題であったが，構造部材の耐久性アップや軽量化などで，ほぼ目的を達した。複合針の使用がトリコット機，ラッシェル機とも増えている。

図4.90　ボディサイズ編機[26]

注目される開発は，ピエゾジャカードシステムである。開発以来10数年になるが，圧電素子を電流制御して柄ガイドを左右に動かす作用を行う。図4.91[27]に概略図を示す。

従来のメカ式に比べ高速化ができ，柄域も無制限であるという。また，このシステムを搭載したダブルラッシェル機は，従来より課題であった前後針床の編地を連結した部分のたて筋を編組織で解消し，シームレス製品の生産が可能

になったという。同機種の場合，胴部・袖部などが同時に編成できるので，丸編機の場合と違い，広範囲のシームレス製品ができる可能性があり，今後の研究が望まれる。また，ダブルラッシェル機は立体構造物も編成可能であり，非衣料用途への使用も広がっているが，さらに研究開発が進み，用途拡大を期待したい。図 4.92[28]に編成部概略図，図 4.93[18]に立体製品例を示す。

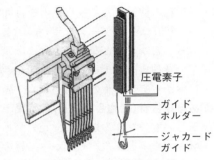

図 4.91　ピエゾガイド[27]

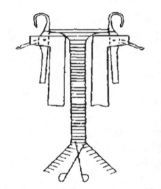

図 4.92　ダブルラッシェル機
　　　　編成部略図[28]

図 4.93　ダブルラッシェル機の立体製品[18]

〈おわりに〉
(1)「ニット産地技術強化調査」報告書(経済産業省：平成 20 年)での提言
・日本では，綿は本物志向でしか生き残れない。ポリエステルも定番糸は同じである。
・よこ編機は，IT 化により 1 針制御ができるようになり，柄制約がなくなった。設備を購入できる資金さえあれば，誰でも同じものができる。ニッターの主体性のあるモノづくりがない。職長は機械のメンテナンスが中心になり，機械の改造などができる人が少なくなった。電気がわからないと機械が運転できないので，編み技術者も少なくなった。

第4編　編物の基礎知識

・最新鋭の機械でも，独自技術を付加できなければ国内ニッターは存在できない。ボリュームゾーンを望めないなら，徹底した差別化商品，本物商品をつくることが重要となる。これには頭と技術はいるが，金はあまり要らない。①企業独自，②チームによる開発の両方が必要である。
・日頃からアンテナの活用がなく，思い付きでは成功しない。

(2)ある経営者（編物会社社長）の言葉
・新しいものを作る以外に，われわれ繊維業界の生きて行く道はない。
・編み方を工夫する。それから素材を合わせて工夫する。
・新しいものは無限につくり出せる。それが面白い。
・機械に頼らずに機械を使いながら，生地に特長をもたせる方向へ。
・マネされたらあきらめる？…マネのできない技術を開発すればよい。
・マネできない技術を開発するには？…ニットの常識を打ち破る。
・マネできない技術を生み出すために…会社従業員全員がモノづくりを楽しくやる。
・ブレーンストーミングで新しい商品の芽が生まれる。

—— 参考文献 ——

1）森英雄；現代メリヤス読本，p.2，センイ・ジャアナル(1968)
2）森英雄；現代メリヤス読本，p.3，センイ・ジャアナル(1968)
3）北浦滋夫；ニットに関する24章，p.88，理工新社(1977)
4）北浦滋夫；ニットに関する24章，p.96，理工新社(1977)
5）北浦滋夫；ニットに関する24章，p.98，理工新社(1977)
6）北浦滋夫；ニットに関する24章，p.99，理工新社(1977)
7）北浦滋夫；ニットに関する24章，p.137，理工新社(1977)
8）北浦滋夫；ニットに関する24章，p.165，理工新社(1977)
9）岡本恒彦；新しいメリヤス学，p.117，繊維研究会出版局(1965)
10）北浦滋夫；ニットに関する24章，p.138，理工新社(1977)
11）新・繊維総合辞典，p.810，繊研新聞社(2012)
12）新・繊維総合辞典，p.796，繊研新聞社(2012)
13）新・繊維総合辞典，p.791，繊研新聞社(2012)
14）江尻久治郎；横編技術入門，p.160，センイ・ジャアナル(1970)
15）北浦滋夫；ニットに関する24章，p.161，理工新社(1977)
16）新・繊維総合辞典，p.787，繊研新聞社(2012)
17）新・繊維総合辞典，p.805，繊研新聞社(2012)
18）海老池義明；知っておきたい繊維の知識424，p.167，ダイセン(2010)

19) 新・繊維総合辞典，p.769，繊研新聞社(2012)
20) 北浦滋夫；ニットに関する 24 章，p.69，理工新社(1977)
21) ㈱島精機製作所のカタログ
22) ㈱福原精機製作所のカタログ
23) 北浦滋夫；ニットに関する 24 章，p.64，理工新社(1977)
24) ㈱日本マイヤーのカタログ
25) ㈱島精機製作所の会社紹介ビデオ
26) "平成 15 年度繊維機械における技術革新と今後の方向性"，日機連 15 高度化 − 12，p.51，日本機械連合会調査資料(2004)
27) "平成 15 年度繊維機械における技術革新と今後の方向性"，日機連 15 高度化 − 12，p.55，日本機械連合会調査資料(2004)
28) 海老池義明；知っておきたい繊維の知識 424，p.165，ダイセン(2010)

第5編

物　性
Physical Properties

はじめに ………………………… 241

| 第1章 | 機械的特性 ………… 242 |

1.1　引張強さ
1.2　引裂強さ
1.3　破裂強さ
1.4　摩耗強さ

| 第2章 | 外観特性 …………… 248 |

2.1　防しわ性
2.2　ウォッシュ・アンド・ウェア性
　　（W＆W性）
2.3　プリーツ性
2.4　ピリング性
2.5　スナッグ性

| 第3章 | 寸法安定性 ………… 256 |

3.1　洗濯収縮
3.2　アイロンプレス収縮

| 第4章 | 衛生機能的特性 …… 259 |

4.1　水分に関する性質
4.2　熱に関する性質
4.3　空気に関する性質
4.4　静電気に関する性質
4.5　微生物（細菌）に関する性質

| 第5章 | 風合い特性 ………… 267 |

| 第6章 | 織物と編物の比較 … 270 |

執 筆 者

後藤　淳一（Junichi GOTO）
（一般社団法人　日本繊維技術士センター　執行役員）

中西　輝薫（Terushige NAKANISHI）
（一般社団法人　日本繊維技術士センター　評議員）

はじめに

　一般に，繊維製品の品質(品質管理・品質評価)には，(1)正常な着用や取り扱いに耐える消費性能的品質，(2)総合的な外観品質があり，それなりのバランスが必要である。

　繊維製品の企画設計に際して，どのような品質の生地を選択するかは，アパレル企業の自主的な判断に任せられている。衣服は，一種の消耗品とはいえ，それなりの耐久性と消費性能が必要である。消費者の満足度の向上と無用の苦情発生を未然に防止するため，情報交流と商品知識の向上啓発を図らなければならない。

　JIS L 4107 では一般衣料品の品質基準の規格があり，また業界規格としての製品規格がある。しかし，生地素材の多様化に伴い，また生活様態や環境の変化に伴い，繊維関連企業は自社製品の品質を保証する立場から，各用途・各種項目について品質規格を設定している。国際的に通用する規格適合性の表示には，第三者試験機関(JNLA 登録試験機関，ISO/IEC 17025 認定試験所)の品質データが必要となる。

　素材の品質情報は，単なる伝達に終わるのではなく，事前に発信・受信双方の基準の考え方を調整する必要がある。

　第5編　物性として，(1)機械的特性，(2)外観特性，(3)寸法安定性，(4)衛生機能的特性，(5)風合い特性，(6)織物と編物の比較，について解説する。併せて，関係する各種試験内容と判定結果の表示・報告について解説し(繊維製品が消費段階での要求性能を満たしているかを，主として生地段階で評価するための試験方法が JIS に規定されている)，企画設計に際しての生地の選択や品質管理の実務において，現実に即した基準の運用，適正な判断によることの一助としたい。

〈エンドポイント (限界値)〉
　企業は，自社製品・ブランドの品質を保証する立場から，品質規格・基準を設定している。現実に即した基準の運用，適正な判断には，エンドポイントを把握し，社内(企画，生産，販売…)でコンセンサスを得ることが重要である。

第1章

機械的特性

　布地は，それぞれの用途に適合した性能を保持しているとともに，長期にわたって着用され，洗濯した後も初期の性能が保たれることが望ましい。着用，洗濯等の取り扱いに耐える強さを伴っていることが必要である。

1.1　引張強さ

　衣服の着用と洗濯時に受ける引張り，摩擦，屈曲，圧縮などの機械的作用，また洗濯や保存時は紫外線，熱，水分による作用，虫害，かびの被害などの作用を受けて性能が劣化する。1つの目安ではあるが，劣化の程度を知る方法として，引張強さの測定が用いられる。

　また一般的に，たて糸密度はよこ糸密度より大きいので，たて方向はよこ方向よりも強力が大きく，伸度は小さいことが多い。バイアス方向は，たて・よこ方向よりも伸びやすいので，この性質(図5.1)を知った上で繊維製品を製造

〈経時変化，賞味期限？〉

　繊維製品に賞味期限はないが，ポリウレタンコーティングは2〜3年で劣化が進み，賞味期限切れとなるともいえる。

〈ジャングルテスト〉

　公式の試験方法ではないが，経時変化・劣化の簡易的な試験法としてジャングルテストがある。色の変退色やポリウレタンコーティングのベトツキなどは，70℃(高温)・90% RH(多湿)のジャングルのような環境に約1週間放置すると，通常環境の約1年に相当する経時変化となる。

する必要がある。

綿，麻は乾燥時より湿潤時の方が強さは増すが，毛，絹，レーヨンなどは湿潤によって強さが低下する。疎水性の合成繊維は，湿潤によって強さはあまり低下しない。

〈引張試験〉

ストリップ法とグラブ法がある。グラブ法は，試験機のつかみ幅よりも広い幅の試験片を用いる。JISでは編物の場合はグラブ法を優先している。

結果の表示は，切断時の強さ[N(kgf)]，伸び率(％)。また，温湿度と試験方法，試験条件を付記する。

1.2 引裂強さ

衣服は使用中に引張り力で切断するよりも，かぎ裂きのように引き裂かれて切断することが多い(図5.3)。この引裂きに抵抗する力を引裂強さという。これは実用上重要なデータで，織物の耐久性は引裂強さと摩耗強さで代表される

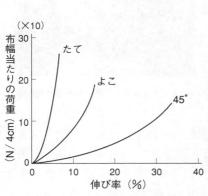

図5.1　各方向の荷重－伸長曲線

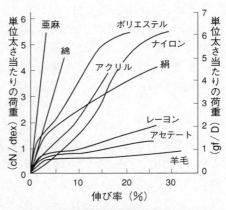

図5.2　各種繊維の単位太さ当たりの荷重－伸び率曲線

〈絹とナイロン〉

荷重－伸び率曲線(図5.2)の立ち上がりの角度が大きいと，硬い繊維である。絹は，麻と同じように硬い繊維である。この硬さは，絹の風合いや衣擦れの重要な要素である。

といわれるほどである。

同じ糸で織った平織と，糸を引き揃えて織った斜子織では引張強さは大きな差がないが，引裂強さは引き揃え糸数の増加とともに大きくなる。斜子織は，引き揃えられた糸が同時に抵抗しているため，引裂強さは大きい。また，糊付けや樹脂加工した織物は，糸が織物内で滑りにくく，伸びにくく，もろくなるため，引裂強さは小さくなる。

このように，引裂強さは切断部の糸の自由度に左右されるため，伸びの小さい織物，構造の密なもの，硬い織物は引裂強さが小さくなる。

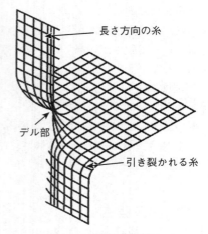

図 5.3　織物の引裂き

〈引裂試験〉

タング法，トラペゾイド法，ペンジュラム法がある。よく用いられるペンジュラム法は，JIS では織物を D 法，編物を A 法とし，エレメンドルフ形（扇形）引裂試験機（図 5.4）を使用する。この試験法は一般衣料の布には必須である。

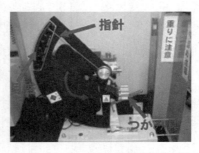

図 5.4　エレメンドルフ形引裂試験機

結果の表示は，編物ではウェール方向の引裂強さとは，試験片をウェール方向に引き裂いた時の，またコース方向の引裂強さとはコース方向に引き裂いた時の強さである。一方，織物はどの方向に引き裂いたかではなく，たて，よこ，どちらの糸を引き裂いたかを表記する。

なお，結果には試験機の種類と試験方法・試験条件を併記し，異常な引裂き状態の時はそれを付記する。

1.3 破裂強さ

　引張強さや引裂強さは，1方向にだけ外力が作用する抵抗を調べるのに対して，たて糸，よこ糸，両方向同時に引張られる場合の抵抗を表わすのが破裂強さである。ひじ，ひざの部分ではこの状況が考えられる。
　総合的な布の強さの比較や品質チェック，あるいは布構造のバランスの良否などの評価，編物のように伸びやすくて引張り変形が大きい布に適用される。
〈破裂試験〉(図5.5，図5.6)
　ミューレン形法(A法)，定速伸長形法(B法)がある。A法はミューレン形破裂試験機で試験をする。試験片にしわやたるみが生じないように，均一な張力を加えてクランプでつかみ，ゴム膜が試験片を突き破る強さと，破断時のゴム膜だけの強さを測り，その差を破裂強さとする。

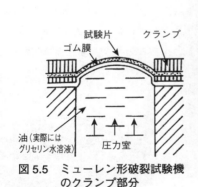

図5.5　ミューレン形破裂試験機のクランプ部分

図5.6　破裂試験機

〈Σインフォメーション→インテリジェンス(使える知識)〉
　形態安定加工は，セルロースとホルムアルデヒド・HCHOの架橋結合により，引裂強さが約40％減少する。紳士シャツは，引裂強さ7N≒0.7kgf=700g。ニットポロシャツは，破裂強さ400kPa≒4kgf/cm・cmが要求される。
　甘撚り糸，ルーズな組織・織物を使用すると，引裂強さは大きくなるが，ピリング，毛羽立ちの問題を生じる。
→生地設計や液安処理，デザインやパターンを含めた全体のバランスが大切である。

1.4 摩耗強さ

　衣服が着用中に損傷や変形を生じるのは，単なる引張りよりも摩擦によるものが多い。日常生活の中で繰り返し衣服を着用した時に，ひざや上着のひじがすり切れたり，薄地になったりする現象である。これらに対する抵抗性を耐摩耗性，その抵抗の強さを摩耗強さといい，繊維製品の耐久性を評価する特性値の１つである。

　平滑な布は耐摩耗性が大きいが，朱子織のように表面に長い浮き織のある織物は，浮き糸に直角な摩耗には弱い。また，起毛織物や添毛織物のように表面に毛羽があると，摩耗の作用は緩和される。同じ繊維で製造された織物でも，織密度，撚りの関係で硬すぎる織物は折り目が摩耗しやすい。親水性繊維の布は，ぬれると耐摩耗性が低下することが多い。

〈摩耗試験〉

　摩耗試験方法の種類，結果の表わし方は種々ある。

　摩耗試験の留意点…被服等の繊維製品の使用中の摩耗の実態は，非常に複雑であり，またエンドポイントもさまざまである。これを再現することは極めて困難であり，決定的な試験機と試験方法は確立していない。試料の摩耗強さを評価する時は，測定誤差を十分考えて，また複数の方法で試験して総合的に評価するなどを心掛けるべきであろう。

　　・ユニバーサル形法－平面摩耗（A－1法）
　　・ユニバーサル形法－屈曲摩耗（A－2法）
　　・ユニバーサル形法－折目摩耗（A－3法）
　　・スコット形法（B法）
　　・テーバ形法（C法）
　　・アクセレロータ形法（D法）
　　・マーチンデール形法（E法，図5.7）

図 5.7　マーチンデール摩耗試験機

　主として毛織物の摩耗を評価する場合に適用する。また，ざっくりとした風合いのスーツ地および弱いニットのすだれ現象や，毛羽・ピリングの観察・判定にも有用である。3,000～5,000回の途中経過の観察も重要であり，外観変化等に問題があれば，試験片（現物）を付けて報告する。

　規定の標準摩擦布を取り付けた摩擦台の上に試験布を載せて，規定の押圧荷

重を加え，多方向に摩擦してエンドポイントまでの摩擦回数を測る。エンドポイントは，2本以上の糸切れ，変退色用グレースケールの3号相当までの変退色，顕著な外観の変化のいずれかによって判定する。

第 2 章

外 観 特 性

2.1 防しわ性

　被服は，着用中の変形や洗濯・乾燥時の絡み，保管中の折りたたみなどによって，しわが発生する。しわになりにくい性能を防しわ性という。布地に外力が加わり変形すると，その部分の繊維は伸長や曲げなど種々の変化を生じる。外力が除かれた時，完全に回復できない場合にしわが生じる。防しわ性は，伸長弾性や圧縮弾性に大きく依存する（図 5.8）。
　一般に，同じ繊維を用いた布では，糸や布の構造がルーズで，密度が小さい方が，また厚い方が防しわ性は大きい傾向がある。添毛組織や表面に毛羽のある織物は，しわはできにくく，また目立たない。一般に，織物より編物の方が

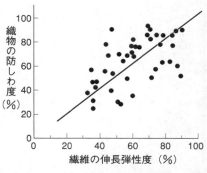

図 5.8　繊維の伸長弾性と織物の防しわ性

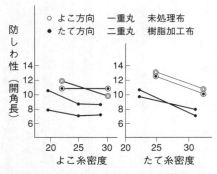

図 5.9　防しわ度に対する糸密度の影響

248

しわになりにくい(図 5.9)。
〈防しわ性試験法〉
　「モンサント法」と「針金法」は，たて・よこ方向にしわ付けした試験片の開角度から防しわ率を求める方法である。実用時の不規則な多方向のしわの評価とはやや異なる。
　「リンクル法」と「サンレイ法」は，多方向のしわを評価する方法である。リンクル法は，判定用標準と比較して等級を判定する方法である。サンレイ法は，面積の変化から防しわ率を求める方法で，主に毛織物，絹織物の多方向の防しわ性を評価する方法である。

2.2　ウォッシュ・アンド・ウェア性（W&W性）

　W&W 性も防しわ性の一種と考えることもできるが，この性能試験には JIS L 1096 にある「洗たく後のしわ」の試験法がよく用いられる(図 5.10)。
　この試験法には，A 法(かくはん形洗濯機を用いる方法)と B 法(シリンダ形洗濯機を用いる方法)とがある。W&W 性の評価は，試験布を判定用標準(レプリカ)と比較して行う。

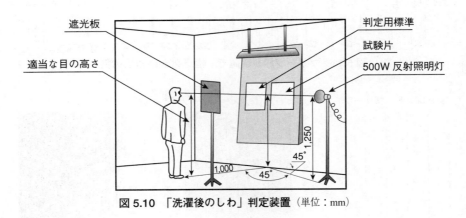

図 5.10　「洗濯後のしわ」判定装置　(単位：mm)

2.3 プリーツ性

布に，加工によって付けたひだ，または折り目をプリーツという(図5.11, 図5.12)。プリーツセット性(プリーツの付きやすさ)は構成繊維の特性が支配的であるが，布地の構造特性の影響も受ける。天然繊維はアイロン(熱，水分，圧力)で容易にプリーツを付けられるが，プリーツ保持性(付けられたプリーツの取れにくさ)が悪い。

化学処理による方法には毛織物のシロセット加工があり，半永久的なプリーツ保持性が得られる。そのほか，樹脂加工(パーマネントプレス加工)も効果的である。

また，合成繊維や半合成繊維織物は，熱可塑性によってセットが可能となる。すなわち，熱や蒸気を当て，安定な状態にすることができ，これをヒートセットという。水にぬれても消えず耐久性がある。

〈プリーツ性試験法〉

JIS L 1060では，開角度法(A-1法)，糸開角度法(A-2法)，伸長法(B法)，外観判定法(C法)の4種類の試験方法を規定している。

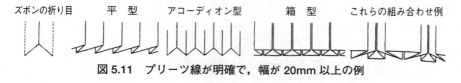

図5.11 プリーツ線が明確で，幅が20mm以上の例

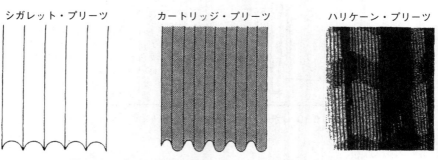

図5.12 プリーツ線が平行または，ほぼ平行で幅が短い例

〈繊維と熱〉
　水は，氷↔水↔蒸気とフェーズを変える。
・天然繊維(例，綿)：125℃〜×5時間で変色・分解，または245℃で変色・分解(焦げる)。
・合繊(例，ポリエステル)の熱特性
① 81℃：ガラス転移点
② 238℃：軟化点
③ 255℃：融点
　注1) ガラス転移点温度：非結晶領域の分子鎖が微小な旋回運動を始める温度，これを超えると変形しやすくなる。水中では約20℃も低下する。
　注2) 染色性：分散染料が用いられる。この染料は水に難溶性であり，水中に分散した状態において，100〜130℃付近で疎水性合成繊維に染着する。あるいは，180〜210℃付近で乾熱染色をする。
　注3) アイロンプレス処理でヒートセット
　　　総熱エネルギー＝℃×秒×圧力

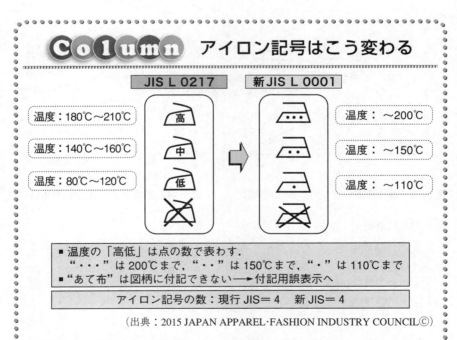

（出典：2015 JAPAN APPAREL·FASHION INDUSTRY COUNCIL ©）

・JIS L 0217：「高」は，210℃を限定とし，高い温度(180〜210℃まで)で掛けるのがよい。
・JIS L 0001：「・・・」は，底面温度200℃を限度としてアイロン仕上げ処理ができる。

2.4 ピリング性

　JIS L 1076用語の定義：Pilling＜Pill(球)…よれて毛玉ができること，またはその毛玉。織物や編物の表面の繊維が摩擦などによって毛羽立ち，この毛羽がさらに絡み合い，小さな球状のかたまり(ピル，毛玉)を生じた状態。

　ピリングは，着用や洗濯時などの摩擦によって進行し，衣料の外観，風合いを著しく損ねる(図5.13)。ピルの生じやすさは，①毛羽立ち，②毛羽の絡み付きやすさ，③ピルの脱落しやすさのバランスによって決まる。繊維の長さは長い方が糸から引き出されにくく，また繊維は太い方が曲げこわさが大きくなるため，ピルの発生は減少する(図5.14)。一般に，繊維の強さは大きい方がピルはできやすく，合成繊維の布でピリングが問題になる。

　また，織物よりもニット製品にピルが生じやすい。これはニットの布構造がルーズであり，一般に撚りの甘い糸が使われていて，毛羽立ちやすいためである。

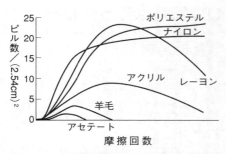

図5.13　各種繊維の布へのピル生成曲線

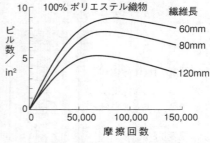

図5.14　繊維長とピル生成の関係

〈ピリング試験法〉

　ピリング試験には，次の4種類があり，それぞれ独立した別個の試験方法である。これらのうちから適切な方法を選んで行う。
- ・A法(ICI形試験機を用いる方法，図5.15)
- ・B法(TO形試験機を用いる方法)
- ・C法(アピアランス，リテンション形試験機を用いる方法)
- ・D法(ランダム・タンブル形試験機を用いる方法)

　一般の衣料のピリング試験では，毛羽が発生しても脱落してしまい，ピルの

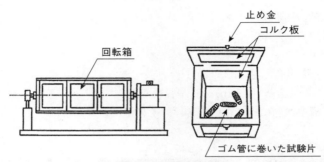

図 5.15　ICI 形試験機

形成まで進行しないため，弱い摩擦作用が働く実用時の結果と異なる評価になる場合がある。

- **判定結果報告**：ピリングの発生の程度は，試験片とピリング判定標準写真（図 5.16）を並べて比較判定する。また，ピルの脱落および試験片表面の毛羽乱れの有無について観察し，ピルが脱落している場合，また写真例（毛羽乱れ，図 5.17）のような目立つ状態が観察された場合は，判定結果にその旨を付記する。素材・組織構造から 2～3 級が限度の場合がある。結果の数字だけでなく現物をよく観察し，発注者・企画担当者として判断することが必要である。

また，試験法以外で注意すべきことは，各種の仕上剤・添加剤がピリングに大きな影響を与えるので，新しい布を試験する場合には，洗濯やドライクリーニング処理を行い，その影響を除いた後に試験するのが望ましい。新しい布の状態だけで試験した結果は，洗濯やクリーニングで加工剤が落ちた場合と大きく異なることがあるので，注意が必要である。

〈ピリングは着用による苦情が多い〉
　試験データ（報告）と着用による実態との差がある場合がある。
　試験の結果の記録と報告書の見方・判断などについて，試験所（機関）と依頼者が事前の情報交換をすることが大切である。
　・例 1：A 法　4 級，毛羽乱れあり
　・例 2：A 法　3.5 級，ピルの脱落あり

試験記録紙に次の事項を記録する。
①試験の種類
②試験の結果
　・例1：A法　4級，毛羽乱れあり
　・例2：A法　3.5級(図5.16)，ピル脱落あり
③試験室を標準状態に保てない場合は，その温度および湿度

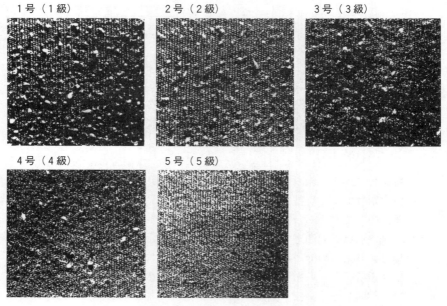

図5.16　ピリング判定基準写真

図5.17　毛羽乱れ

2.5 スナッグ性

JIS L 0208用語の定義：織物および編物を構成する繊維または糸が，なんらかの引掛かりによって生地表面から突出し，ループを形成したり，ピル状を呈したり，またはこれらの現象とともに，引きつれなどを起こす欠点。

スナッグは，糸が滑りやすいフィラメント糸使いの編地や加工糸織物に生じやすい。一般に，たて編よりよこ編に生じやすく，また糸の浮きの長い組織，ルーズな組織ほど生じやすい。

〈スナッグ試験法〉

JIS L 1058では，以下の試験方法を規程している。
- ICI形メース試験機法（A法，図5.18・図5.19）
- ビーンバッグ形試験機法（B法）
- 針布ローラ形試験機法（C法）
- ICI形ピリング試験機法（D法）
  - ダメージ棒を回転箱に取り付ける方法（D-1法）
  - ピンを回転箱各面に取り付ける方法（D-2法）
  - 金のこを回転箱内の2面に取り付ける方法（D-3法）
  - 研磨布を回転箱内の2面に取り付ける方法（D-4法）

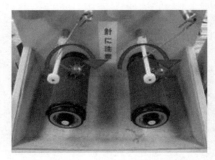

図5.18 メース型スナッグ試験機

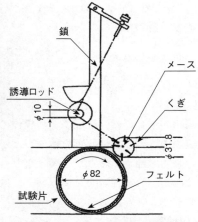

図5.19 ICIメース試験機主要部

第3章

寸法安定性

　一般に，布の寸法変化は，主に布が編織される時点で発生する布の内部の歪みが緩和されることによって生じる。また，縫製加工(主に延反，ハンドリング，アイロンプレス)，着用中，洗濯・ドライクリーニングなどの段階で，主に発生する。

　収縮率，寸法変化率の定義・計算式は次のとおりである。

・収縮率の式(旧 JIS)

$$収縮率(\%) = \frac{(処理前の寸法) - (処理後の寸法)}{(処理前の寸法)} \times 100$$

　　(注)マイナスは伸びを示す。

・寸法変化率の式

$$寸法変化率(\%) = \frac{(処理後の寸法) - (処理前の寸法)}{(処理前の寸法)} \times 100$$

　　(注)マイナスは縮みを表わし，プラスは伸びを示す。

・回復操作

　編物の場合には，洗濯などの操作のため，編目(ループ)が変形し，このために実際の収縮以上に収縮を示すことがある。これを除くためには，試験片に一定の張力を加えることが必要となり，これを回復操作という。回復操作をしないで測定した収縮率を見掛収縮率，回復操作を行った後，測定した収縮率を正味収縮率と呼んでいる。

・布の収縮

　親水性繊維の織物の収縮は，水分を吸って膨潤する膨潤収縮と，潜在歪みの

256

開放あるいは緩和による緩和収縮が主なる原因である。繰り返し洗濯により収縮する洗濯収縮や，熱可塑性繊維による織物では，アイロンなどによる熱収縮がある。

羊毛繊維は，熱，水分，揉みで緻密な構造になるフェルト化収縮がある。また，吸湿伸長などによる布表面の凹凸を生ずるハイグラルエキスパンションがある。

3.1 洗濯収縮

繰り返し洗濯により，膨潤収縮と緩和収縮による収縮が親水性織物に顕著に現われる（表5.1）。

・膨潤収縮

繊維が吸水して膨潤すると繊維の直径が太くなるが，長さ方向にはほとんど変化しない。織物中で糸が太くなり長さが変化しないならば，糸の曲がり構造が大きくなり，織物構造が変化して収縮する（図5.20）。

表5.1　繰り返し洗濯による寸法変化率（経：％）

織　　物	1回洗濯	10回洗濯
綿ブロード	－5.5	－6.5
スパンレーヨン・サリー	－13.0	－17.5
毛平織	－12.0	－38.0

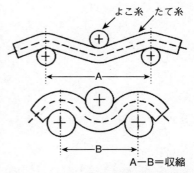

図5.20　糸の膨潤による織物の収縮

・緩和収縮

織物の製造または着用中に，引張りによる歪みが生じると，糸の内部に残留または潜在する。これが無緊張の状態で吸湿または吸水すると，歪みが除かれて安定した状態に復元する結果として収縮が起こる。

・フェルト化収縮

羊毛の集合体に，水分と熱を与えて機械的な力を反復して加えると，羊毛ど

うしが絡まり合って緻密な構造に変わる。この現象をフェルト化といい，長さ，幅，厚さが減少する。フェルト化による収縮は，回復させることはできない。

・ハイグラルエキスパンション（吸湿伸長）

　湿度変化によって，羊毛繊維が水分を吸収または放出して伸縮する現象。緩和収縮と組み合わさって布に複雑な寸法変化を生じ，しわや凹凸等で外観を損ねる。

3.2　アイロンプレス収縮

・熱収縮

　熱可塑性繊維の織物の場合，それまでに受けた熱履歴より高い加熱を受けると，繊維の分子構造が弛緩されて収縮を起こす。不可逆収縮では元に復元できない。

　熱可塑性繊維による織物・編物では，アイロンやプレス機を用いた際の高温での熱収縮が問題となることがある。合成繊維は，紡糸時に熱延伸，仕上げ時にヒートセットすることで寸法安定性を高めている。

第4章

衛生機能的特性

　一般に，着心地と呼ばれるものは，主として生理的着心地をいう。フィット性・ストレッチ性などの運動的機能と，衛生的機能がある。被服の衛生的機能に関する布の性質として，人体からの不感蒸泄や発汗に関係する吸湿性・吸水性などの水分に対する性質，保温性のような熱に対する性質およびこの両者に影響をおよぼす通気性などがある。

4.1　水分に関する性質

4.1.1　吸湿性

　繊維製品の吸湿性は，もっぱらそれを構成する繊維の吸湿性によって定まる。乾燥した繊維を空気中に放置すると，空気中の水蒸気を吸収し，やがて平衡状態に達して吸収は停止する。

　図5.21は，乾燥状態から環境の湿度を増加させた時の各種繊維の水分率の変化を示す。

4.1.2　透湿性

　布が水蒸気を透過させる性質を透湿性と呼び，被服の生理衛生的な着心地に大きい影響をおよぼす。布の抵抗が大きければ，透湿性は低下し，皮膚表面の

〈透湿性，快適性，衛生機能面から商品企画の進化の例〉
・裏綿・表ポリエステルの肌着→肌側ポリエステル
・綿・羊毛中綿のふとん・寝具→ポリエステル綿

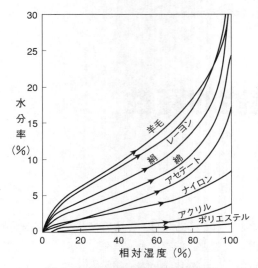

図 5.21　各種繊維の等温吸湿曲線

近辺の湿度は非常に高くなって不快感を与える。また，このような場合に外界の気温が非常に低ければ，衣服内に水分が凝結し，被服の熱絶縁性あるいは保温性を著しく低下させることがある。

「JIS L 1099 繊維製品の透湿度試験方法」にもとづいて実施され，透湿性試験にはA法とB法の試験方法がある。A法は着用状態に近い環境での透湿度測定に適しており，B法は生地の最大透湿度を測定するのに適している。

(1) A－1法（塩化カルシウム法）

一般的によく用いられる方法で，衣服内が多湿となる着用条件下において，乾燥した環境下での透湿度測定に適する。透湿カップ（図5.22）に吸湿剤（塩化カルシウム）を入れ，試験片の表側を吸湿剤側に向けて載せ，透湿カップにセットする。これを40℃・90% RHの恒温恒湿装置内に置き，1時間調湿後質量を量る。再び同装置内に置き，1時間後質量を量る。試料を通ってカップ内の吸湿剤に吸収された水蒸気の質量を計算し，透湿度（$g/m^2 \cdot h$）を算出する。

図 5.22　A法用透湿マグカップ

(2) A－2法（ウォーター法）

　衣服内が多湿となる着用条件下で，通常の外気環境下での透湿度測定に適する。透湿カップに水を入れ，試験片の裏側を水側に向けて載せ，透湿カップ（図5.22）にセットする。これを40℃・50% RHの恒温恒湿装置内に置き，1時間後質量を量る。再び同装置内に置き，1時間後質量を量る。カップ内の水が蒸発して，試料を通ってカップの外に出た質量を計算し，透湿度($g/m^2 \cdot h$)を算出する。

(3) B－1法（酢酸カリウム法）

　防水性のある生地の最大透湿度を測定するのに適する。試験片の裏面を外側に向けて支持枠にセットする。これを水の入った水槽に浸るように固定し，15分以上放置する。透湿カップ（図5.23）に吸湿剤（酢酸カリウム溶液）を入れ，質量を量り，これを水槽に固定した試験片支持枠の中に置き，15分後質量を量る。試料を通ってカップ内の吸湿剤に吸収された水蒸気の質量を計算し，透湿度($g/m^2 \cdot h$)を算出する。

図5.23　B法用透湿マグカップ

(4) B－2法（酢酸カリウム法の別法）

　防水性のない生地の最大透湿度を測定するのに適する。補助フィルムで試験片の裏面を覆い，フィルムを外側に向けて支持枠に装着する。これを水の入った水槽に浸るように固定し，15分以上放置する。透湿カップに吸湿剤（酢酸カリウム溶液）を入れ，質量を量り，これを水槽に固定した試験片支持枠の中に置き，15分後質量を量る。試料を通ってカップ内の吸湿剤に吸収された水蒸気の質量を計算し，透湿度($g/m^2 \cdot h$)を算出する。

4.1.3　吸水性

　一般に，繊維自体の吸水性よりも，繊維間の非常に狭い隙間や吸水性合繊内の極めて細い細孔内で生じる毛細管現象に大きく依存する。水が繊維をぬらす時に，繊維間に毛細管流れが生じる。吸水量よりも，むしろ吸収速度が問題となる。

　布地は，その吸湿性や吸水性により，人体から汗を吸収して，皮膚に汗が残留しないようにし，蒸れやぬれた感じを防ぐ。

第5編　物　性

〈吸水性試験法〉

　吸水速度および吸水率の測定法として，JIS ではバイレック法，滴下法，沈降法がある。

・バイレック法

　布を長さ方向に垂直に垂らして，その下端を水中に浸漬する方法である。毛細管現象による 10 分間の水の上昇高さ(cm)として表わし，値が大きいほど吸水性が大きい。

・滴下法

　水平に置いた布面に水滴を 1 滴落下させて，水滴が特有の光の反射を示さなくなるまでの時間(秒)を測定する。この簡便法として，スポイトで滴下し，布面に拡散する距離(cm)を 3，5，10 分間と経時的に測定する。

・沈降法

　この方法は，主にタオル生地に適用する。水面に浮かべた試料片の沈降し始める時間を測る方法である。

4.1.4　湿潤限界水分率

　布地を触って，ぬれていると感じるかどうかの境目の水分率をいう。

4.1.5　乾燥性

　一般に，吸水した布地の乾燥現象は，洗濯後の乾燥性との関係が深い。一般に，吸水した布地の乾燥過程を見ると，含水率 20% 付近までは時間とともに含水率は直線的に減少し，乾燥速度は繊維の種類によらず，環境条件に支配される。以後の過程では，乾燥速度が次第に減少し，繊維の性質が強く関係する。

4.1.6　防水性

　防水性は，はっ水性，耐水性，耐漏水性などの総称であり，雨や雪を布地の中や人体側に浸入させない働きをする。

4.1.7　はっ水性

　はっ水性は，物質の表面が水を弾く性質である。はっ水性が大きいことは，水と物質との分子が引き合う付着力よりも，水分どうしの引き合う凝集力が大きいことを意味し，この場合，水は表面張力によって水滴となる。

4.1.8　耐水性

　布面に水圧が加わった場合に，布地中の空隙を通って他の面まで水が透過するのを阻止する性質である。布の種類に応じて，試験方法には，低水圧法(A 法)と高水圧法(B 法)がある。

第4章　衛生機能的特性

4.2　熱に関する性質

　衣服には，寒冷時に人体からの放熱を防いだり，強烈な太陽の熱エネルギーを遮断する機能がある。

　一般に，熱の移動は，①高温側から低温側に移動する熱伝導，②対流熱伝導，③輻射(放射)のいずれか，もしくはそれらの組み合わせによって生じる。特に被服の場合は，人体から布，布から外部環境への熱の移動は，これら3つの形式の複雑な組み合わせによって生じる。

4.2.1　保温性

　布地の保温性で最も重要なことは，熱伝導をできるだけ起こさせず熱遮断することである。

　熱伝導率の最も低い物質は空気で，対流のない場合の0℃における空気の熱伝導率は 0.0242 W/mK であるが，この空気を基準とすると，通常の布地は約2.7倍，プラスチックや木材は10倍，金属は1,000倍である。

　保温性に富む布地は，空気を多く含ませるため，分厚くなる。防寒服には毛皮，獣毛，羊毛，羽毛などの空気を多く含む構造の天然素材が使われる。また，対流が起こると保温性は低下するが，極細の繊維を使うと空気を細かく分断するため，対流を防げる。

　水の熱伝導率は空気の25倍であり，水を含むと保温性は急激に低下する。布地に汗が残留したり雨が浸入すると，保温性が低下する上に蒸発熱で体温を奪う。

4.2.2　瞬時の熱移動現象

　人体・皮膚から布地への瞬間の熱伝導現象は，接触温冷感と関係がある。布地の温度が低い(気温が低い)時ほど，布地に含まれる水分率が高いほど，また密な組織ほど冷たく感じる。布地表面に毛羽があると暖かく感じる。同じ水分量でも，羊毛は他の繊維に比べ暖かく感じる。

　接触温冷感は，加熱板(皮膚温に相当する温度に加熱)の上に布地を置いた時

〈保温性に富む素材は空気を多く含む〉
・羊毛：クリンプ…体積の60%の空気
・羽毛：水鳥ダウン…〜300倍
・空気の対流を妨げる(デッドエアー)…マイクロファイバー，マイクロフリース

263

に生じる,加熱板から布地への瞬時の熱移動量と関係が深く,数値が高いほど冷たく感じる。

4.3 空気に関する性質

布地の空気に関する性質には,含気性と通気性がある。布地の場合の含気率は,一般に50〜80%のものが多い。含気率は保温性と関係が深い。

布地の通気性は,布地の気孔を通しての空気の移動性を指しており,快適性との関係が深い。通気量は糸の太さおよび撚り,布地の密度や厚みなどに影響される。

(1)**人体からの水分蒸発**

28℃以下での水分蒸発は,自覚しないうちに皮膚表面から蒸発している水分であり,これは不感蒸散(不感蒸泄)といわれる。31℃以上での水分蒸散は,体を冷やすための温熱性発汗によるもので,汗の蒸発である。滞留した汗や流れ落ちる汗は,冷却効果は極めて少ない。図5.24に,人体からの水分蒸発と各種の布との関係を調べる試験機を示す。

図5.24 発汗シミュレーター

(2)**着衣状態での保温性,通気性**

衣料の素材,デザイン,重ね着や組み合わせ方などにより,着衣状態での保温性・通気性は変化する。着衣の熱抵抗の測定に用いられるサーマルマネキンは,その内部または表面にヒーターが取り付けられ,人体と同様の皮膚温分布をもつように制御されている。

図5.25に，12分布のサーマルマネキン試験機を示す．

4.4 静電気に関する性質

〈静電気と摩擦帯電圧〉

一般に，繊維製品は電気絶縁性が高いため，発生した静電気は移動することなく蓄積され，繊維表面に数千ボルトの帯電圧が生じる．この帯電圧によって，衣服がまつわり付く，着脱時にパチパチ音がする，空気中へ火花放電する，埃が付きやすいなどの現象が発生する．帯電圧は繊維の水分率に関係し，疎水性の合成繊維の帯電性は著しい．環境の湿度が低いと帯電しやすく，天然繊維でも低湿度の時は帯電する．毛羽のあるもの(摩擦や剥離時の接触面積が大きい)や，薄くて柔らかい布地(身体にフィットするので皮膚との接触面積が大きい)は静電気が生じやすい．また，摩擦する相手によっても帯電圧は異なる．帯電序列は，測定者により多少異なるが，たとえば，

(＋)ナイロン，羊毛，絹，レーヨン，綿，アセテート，ポリエステル，アクリル(－)

と報告されている．この序列が離れている繊維どうしを摩擦する方が，近い繊維どうしを摩擦する時より帯電圧が高くなる．

帯電を防止する方法として，2つの方法がある．1つは，発生した荷電をイオン伝導で漏洩させる方法(制電性といわれる)であり，もう1つは，電子伝導またはコロナ放電作用により除電する方法(導電性といわれる)である．後者は低湿度でも効果が得られる．

[一般社団法人 日本衣料管理協会刊行委員会(編)；繊維製品の基礎知識，第1部，p.86 d.(2004)より転記]

図5.25 サーマルマネキン試験機

第5編 物 性

4.5 微生物（細菌）に関する性質

　生活環境には多数の微生物が存在するが，布地との係わりでは抗菌性が問題になる。人体から分泌される汗，脂質そのほか老廃物が布地に付着し，これらを栄養分として微生物が増殖する。その結果，老廃物が分解されて悪臭が発生したり，皮膚が刺激されて皮膚障害になったり，ひいては疾病の原因にもなる。

　抗菌は広い意味で使われるが，繊維製品では抗菌防臭と制菌が定義されている（一般社団法人 繊維評価技術協議会）。抗菌防臭は，菌の繁殖を抑制して悪臭の発生を防ぐものであり，黄色ぶどう球菌を試験に対象としている。制菌は，菌の繁殖を抑制する（菌を殺してしまう殺菌ではない）もので，黄色ぶどう球菌のほかに，肺炎かん菌，大腸菌，緑膿菌（以上，一般用途。うち大腸菌と緑膿菌はオプション対象菌）を，特定用途（医療機関用など）ではこれらに加えてMRSA（メチシリン耐性黄色ぶどう球菌）を試験の対象としている。また，食中毒の原因となるO－157（Oナンバーの病原性大腸菌の157番目）を各社の自主管理で対象とする場合もある。

［一般社団法人 日本衣料管理協会刊行委員会（編）；繊維製品の基礎知識，第1部，p.86 e.（2004）より転記］

第5章

風合い特性

　風合いは，人間の感覚により評価される代表的な官能特性である。手触りや
肌触りの感じを言葉により表現したものをいう。「うすい，やわらかい，なめ
らか」などの表現と，「こし，ぬめり，しゃりみ」などの複合的な表現がある。
また，繊維素材別の面から，シルクライク，ウールライク，コットンライクの
ように表現する。

表 5.2　KES 風合いシステムの測定項目

ブロック	記号	特性値
1.　引張り	LT	引張り荷重 − 伸び歪み曲線の直線性
	WT	引張り仕事量
	RT	引張りレジデンス
2.　曲げ	B	曲げ剛性
	$2B$	ヒステリシス幅
3.　せん断	G	せん断剛性
	$2HG$	$\phi = 0.5°$ におけるヒステリシス幅
	$2HG5$	$\phi = 5°$ におけるヒステリシス幅
4.　圧縮	LC	圧縮荷重 − 圧縮歪み曲線の直線性
	WC	圧縮仕事量
	RC	圧縮レジリエンス
5.　表面	MIU	平均摩擦係数
	MMD	摩擦係数の平均偏差
	SMD	表面粗さ
6.　厚さ 　　重さ	T	圧力 0.5 gf/cm² における厚さ
	W	単位面積当たりの質量

267

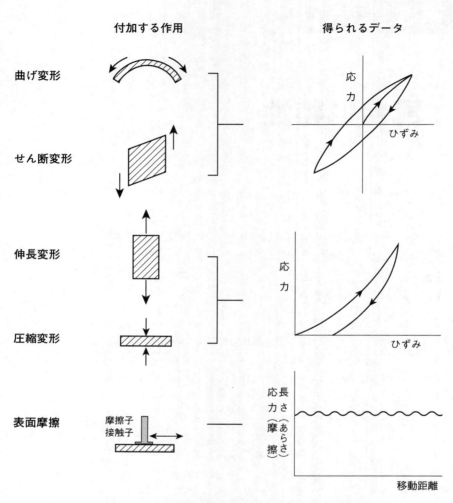

図 5.26 布の力学特性（風合いの物理的因子）

風合いの試験法は、JIS規格にはまだ規格化されていない。「KES風合い計測システム」は、実用化されているものとしては有名である。
〈ドレープ性〉
ドレープ係数は、布地の垂下の程度を示すものであり、この係数が小さいほど布地は垂下しやすい(図5.27)。

ドレープ係数 = (Ad−S1)/(S2−S1)
Ad：試料の垂直投影面積(ドレープ形状面積)
S1：試料台の面積
S2：試料の面積

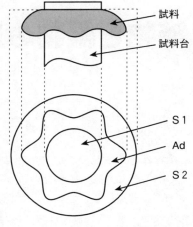

図5.27　ドレープ性の評価

〈人間の手・指は人類2000年の感性・知恵の蓄積がある〉(図5.26)
①曲げ変形(両端を持って曲げる)
　・曲げ剛性：繊維のヤング率と太さ、糸の太さ、織編物の密度が寄与する。
　・曲げ戻り性(ヒステリシス幅)：繊維の粘弾性的な性質、糸の接触圧が影響。
②せん断変形(バイアス方向に引張る)
　糸と糸の交差する点での接触圧力、染色工程中の張力、減量加工などの影響。
③伸長変形(両端を持って引張る)
　伸長率は織編物の組織・密度と糸の伸長特性の寄与。引張り回復率には伸長された後の糸が回復する力の寄与が大きい。
④圧縮変形(厚み方向に押さえる)
　糸のふくらみの寄与が大きい。
⑤表面摩擦(表面のすべりやすさ)
　布地表面の毛羽や凹凸、繊維の摩擦係数、太さや形状などが関与。

・手で布地を①〜⑤することで、官能特性を再認・再現がほぼできる。
・歴史秘話…太平洋戦争前半の最も代表的な戦闘機「ゼロ戦」は、切迫した制約時間の中、手づくりで作成し、それを堀越二郎が設計図にしたともいわれている。

第6章

織物と編物の比較

　織物はたて糸とよこ糸が直角に交錯して織られるため，直線的でタイトな構造であるのに対し，編物は糸のループの連続により編成されるので，曲線的でルーズな構造になっている。表5.3に，織物と比較したときの編物の一般的な実用性能を示す。これらは両者の長所と短所を比較したものである。

表5.3　織物と比較した編物の実用性能(1)[1]

1. ドレープ性	織物よりドレープ性が高い
2. 手触り	織物よりこし・はりがないが，柔らかく，しなやか
3. 伸縮性	織物より伸縮性が高い
4. 保形性	わずかな力で変形しやすいため，織物より形崩れしやすく，寸法安定性が低い
5. 動作適応性	織物より伸縮性に富むため，身体にフィットし，動作しやすい
6. シワ	糸間隔が比較的大きく，糸が移動しやすいため，織物よりしわが生じにくい
7. 質量	織物より隙間が多いため，見掛け比重が小さく，同じ厚さなら軽い
8. かさ高さ	織物よりかさ高い
9. 通気性	同じ厚さまたは質量では，織物より多孔性のため，通気性が高い
10. 保温性	織物より保温性は高いが，有風時には低くなる
11. 吸水性	織物より優れている
12. 引張強さ	同じ厚さまたは質量では，織物より小さい
13. 引張伸度	同じ厚さまたは質量では，織物より大きい
14. 引裂強さ	織物より引き裂けにくい，まっすぐ裂けにくい
15. 衝撃強さ	衝撃破壊仕事は織物より大きく，衝撃に耐える

第 6 章　織物と編物の比較

表 5.3　織物と比較した編物の実用性能 (2)[1]

16. 耐摩耗性	同じ厚さまたは質量では，織物より低い
17. ピル，スナッグ	織物よりピルやスナッグが生じやすい
18. ラン	ラン（編糸が切断すると編目の外れる現象）が生じやすい編物もある
19. 耳まくれ	平編では布の端がまくれやすい
20. 乾燥	同じ厚さまたは質量では，織物より乾燥しやすい
21. アイロン仕上げ	アイロン掛けの必要性が極めて小さい
22. 柄・模様	織物より，凹凸に富んだ地合いや，色彩の豊富な模様を編み出しやすい
23. 成形性	よこ編では，目の増減をすることにより成形が可能
24. 生産性	織機に比べ編機は動力消費が少なく，生産速度が大きい

― 参考文献 ―

1) 一般社団法人　日本衣料管理協会刊行委員会（編）；繊維製品の基礎知識（2004）
2) 一般社団法人　日本衣料管理協会刊行委員会（編）；繊維製品試験（第 3 版）（1999）
3) 一般財団法人　日本規格協会；JIS ハンドブック　繊維（2015）
4) 繊維総合辞典編集委員会（編著）；新・繊維総合辞典，繊研新聞社（2012）

第**6**編

染 色 加 工
Dyeing and Finishing

第1章	染色加工の目的 ········ 275
1.1	色・柄の付与
1.2	必要な特性の付与

第2章	染 色 ···················· 279
2.1	繊維と染料
2.2	染色の最適化

第3章	染色の工程 ············· 288
3.1	デザイン表現と染色方法
3.2	染色の基本工程
3.3	準備工程
3.4	先染め
3.5	後染め
3.6	捺 染

第4章	加 工 ···················· 319
4.1	仕上げ加工
4.2	特殊加工

第5章	検 査 ···················· 333
5.1	外観品位
5.2	色判定
5.3	物 性
5.4	染色堅ろう度

執　筆　者

嶋田　幸二郎（Kojiro SHIMADA）
（一般社団法人　日本繊維技術士センター　執行役員）

今田　邦彦（Kunihiko IMADA）
（一般社団法人　日本繊維技術士センター　理事）

第1章

染色加工の目的

1.1 色・柄の付与

1.1.1 色はなぜ見えるのか

　色を示す物体に太陽光を照射すると，物体はある波長域の光だけを選択的に吸収し，吸収されずに反射された波長域の光（余色）が観察される。たとえば，可視光線域の最短波長域の紫光線のみを吸収する場合には，その物体は緑黄色に見え，最長波長域の赤〜紫赤光線のみを吸収する場合には青緑〜緑色に見える。また，可視光線が全波長領域にわたって完全に吸収されると，その物体は

表 6.1　光の波長と色の関係

吸収光		観察される色
波長（nm）	吸収光の色	（余色）
380〜435	紫	緑黄
435〜480	青	黄
480〜490	緑青	橙
490〜500	青緑	赤
500〜560	緑	赤紫
560〜580	黄緑	紫
580〜595	黄	青
595〜610	橙	緑青
610〜750	赤	青緑
750〜780	紫赤	緑

黒く見え，逆に吸収されずに全波長領域にわたって均一に反射されると白く見える。吸収スペクトルと観察される色(余色)との関係を表6.1に示した。

(参考)：JIS Z 8120 光学用語の可視光線の定義は，"一般的に可視放射の波長範囲の短波長の限界は 360 nm～400 nm，長波長限界は 760 nm～830 nm にあると考えてよい"となっている。

　　照明・光学関係では，380 nm～780 nm を可視光線としているが，繊維業界では通常，紫外線域の波長範囲の上限を 400 nm までとし，紫外線波長域を 280 nm～400 nm としている)

なお，吸収光と余色との関係は，図6.1に示す色相環の対角線上の色相環の相互の関係に対応しており，この色相の関係を見れば理解しやすい。

色は，人間の視覚によって判別できるものであり，色知覚のプロセスをモデル的に示すと(図6.2)，
①物体への光の照射
②物体上の着色物質による光の選択吸収
③反射あるいは透過光の目への入射
④網膜上での色刺激の発生
⑤大脳への刺激の伝達
⑥大脳での視覚の発生による色の認識
の順序で作用し，着色物質は色知覚の入力の働きかけの役割を果たす。

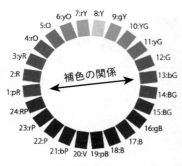

図6.1　色相環で表わされる色の関係

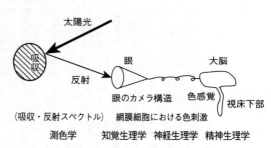

図6.2　色知覚のプロセス[1]

1.1.2 色・柄と染色方法
(1) 繊維が着色するプロセス

　赤色や青色の化合物が含まれる水溶液に白い布や糸を入れると，その布や糸は溶液の色に近い赤色や青色に着色する。水などで洗浄すると，布や糸が元の白い色に戻る場合と，そのまま着色が残る場合とがある。後者のように，布や糸が着色され洗浄しても脱色しない場合を「染色」されたという。また，着色を目的としていない場合に色が付いた場合は，布や糸に「汚染」したといい，「染色」と区別している。

　染料が繊維に染着するイメージを図 6.3 に示す。

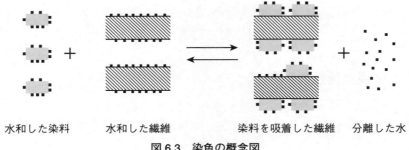

水和した染料　　水和した繊維　　　染料を吸着した繊維　分離した水
図 6.3　染色の概念図

　染色のイメージをコンピュータグラフィックスを用いて分子模型で表わした例を図 6.4 に示す。

(2) 布上に色デザインを表現する方法

　繊維は，綿，糸，布のそれぞれの段階で染色が可能であり，目的とする製品の素材・用途や求められる堅ろう度，デザインなどに応じて，どの段階でどのように染色するかが決定される。

　最も効率の良い染色方法としては，布の状態で複数の染料を混合して，目的とする色相に染色する方法が一般的であり，布上に模様などのデザインを表現して染色する方法としては捺染法が採用される。

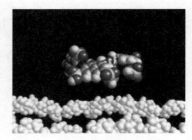

図 6.4　染色の分子模型によるイメージ
（染料分子が繊維高分子鎖に接近）

第6編　染色加工

工業的に実施されている染色方法としては，下記のような種類がある。

①**浸染**（3.4節，3.5節を参照）

　（i）わた，糸の染色…パッケージ染色/綛糸染色（ハンク染色）/チーズ染色

　（ii）織物，編物の染色…液流染色/ウインス染色/ジッガー染色

　（iii）製品の染色…ドラム染色/パドル染色

②**連続染色**（3.5節を参照）

　（i）半連続染色…パッド・ジッグ染色/パッド・バッチ染色

　（ii）連続染色…パッド・サーモフィックス（サーモゾル）染色/パッド・スチーム染色

③**捺染**（3.6節を参照）

　絵柄を印捺後に，連続染色の発色（固着）方法と同様の方法を選択して染色する。

1.2　必要な特性の付与

　染色加工では，繊維製品を染色するだけでなく，繊維製品として必要な特性を付与することが必要である。繊維製品に求められる特性を表6.2に示す。

表6.2　必要な特性の例

必要な特性	具体例
風合いおよび外観効果	柔らかさ，ふくらみ，反発性，光沢，凹凸，しわ，起毛，など
品　位	汚れがない，織物欠点がない，疵（きず）がない，むらがない，など
性　量	幅，長さ，目付け，密度，など
物　性	洗濯収縮，アイロン収縮，引裂強さ，ピリング，など
染色堅ろう度	洗濯，摩擦，日光，汗，酸化窒素ガスなどに対して変色や退色がなく，同時に処理される他の繊維製品に色が汚染しない
機能特性	帯電防止性，はっ水性，抗菌性，防縮性，防汚性，など

278

第2章

染 色

2.1 繊維と染料

2.1.1 繊維の構造と染色性
(1)繊維の微細構造

繊維は結晶性で「結晶領域」と「非結晶領域」および「中間領域(配向領域)」とからなっている(図 6.5)。結晶領域は極めて緻密な構造をしており,染料分子がその間隙に入り込むことはできないが,結晶化していない非結晶領域や配向領域では染料が拡散できる間隙があり,染色に重要な役割を果たしている。

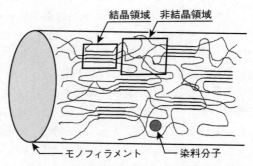

図 6.5 繊維の微細構造と染料の染着位置

(2)繊維の化学構造

繊維の化学構造は,染浴中で陰イオン性に荷電する繊維(アクリル繊維など)と陽イオン性に荷電する繊維(羊毛やナイロンなど)および非イオン性の繊維(ポリエステルなど)があり,染色にはそれぞれのイオン性に対応した染料が使用される。

　　陰イオン性繊維 ⟷ カチオン染料(塩基性染料)

　　陽イオン性繊維 ⟷ アニオン染料(酸性染料,直接染料,反応染料など)

第6編　染色加工

非イオン性繊維 ←→ 非イオン染料(分散染料)

それぞれの繊維の化学構造中には染料と結合可能な官能基を有することが多く，染料分子と結合して染着するため，それぞれの繊維と染料分子の化学構造から，それぞれの繊維の染着挙動の特長が理解できる。

2.1.2　繊維と染料の結合

染料分子が繊維内に安定して染着する理由は，染料分子と繊維との間に十分な結合力が作用しているためであり，染料分子と繊維との間の結合力としては，以下のような物理結合および化学結合がある。

〈物理結合力〉

①電気的に中性の分子間に作用する力：水素結合力，Van der Waals(ファンデルワールス)力(極性，非極性)

②疎水結合力：水の構造に影響されて成立する疎水基間の結合

〈化学結合力〉

①静電結合力(イオン結合：カチオン染料 ←→ アクリル繊維など)

②共有結合(化学反応による共有結合：反応染料 ←→ セルロース繊維など)

③配位結合力(配位結合：酸性媒染染料 ←→ 羊毛繊維など)

また，染料種属によっては，上記のような繊維－染料間の結合力で繊維に吸尽させた後，水不溶性の色素(ピグメント)の形を形成させて，水に溶け出さない堅ろうな染色とするものもある。

物理的な結合力が働いて染着する例として，直接染料が木綿に染着する染着機構のイメージを図6.6に示した。この場合には，直接染料の平面性と繊維構造の関係からVan der Waals力が働き，繊維分子中の水酸基と染料分子中の水素原子との間の水素結合が染着に寄与している。

酸性染料による羊毛の染色に際しては，イオン結合のほかに物理的な結合も寄与しており，その機構のイメージを図6.7に示した。

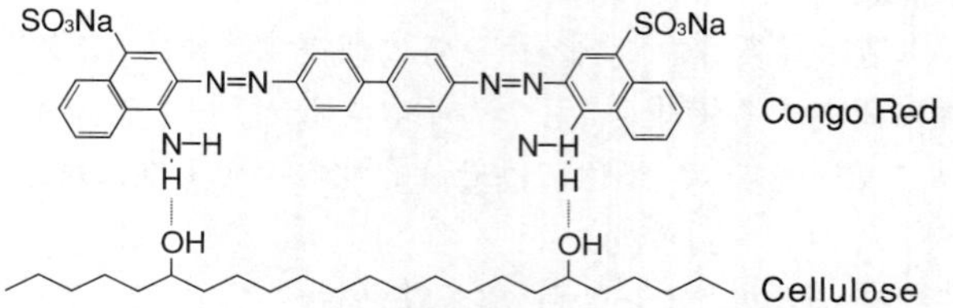

図6.6　直接染料のセルロース繊維への染着機構[2]

この例でもわかるように，実用的な染色系では繊維−染料間の結合は，各種の結合力が複雑に重なり合って作用し，堅ろうな染色となっている。

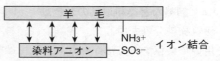

図6.7 酸性染料と羊毛の結合

2.1.3 繊維と適性染料

各種素材に対して工業的な染色に使用されている染料種属を表6.3に示した。

ナイロンやアクリルなどの合成繊維は，分散染料を用いて染色することも可能であるが，実用的な染色では染色工程での手間やコストが重視され，さらに得られる染色物の濃度や色相，実用堅ろう性も問題となるため，工業的には表に示すような繊維と染料の組み合わせが使用されている。

表6.3 各種素材と染色に使用されている染料種属

素材		直接	硫化	アゾイック	建染	反応	酸性	酸性媒染	金属錯塩	塩基性カチオン	分散	酸化
天然繊維	木綿	○	○	○	○	○						△
	麻	○	○	○	○	○						
	その他植物繊維	○	○	○	○	○						
	羊毛						○	○	○			
	絹						○	○	○	△		
	その他動物繊維						○	○	○			
	皮革	○				△	○			△		△
	毛髪	△										○
再生繊維	レーヨン	○	○	○	○	○						
	アセテート										○	
	トリアセテート										○	
合成繊維	ポリエステル			△			(△)			(△)	○	
	ナイロン						○	○	○		△	
	アクリル									○	△	
	その他						(△)			(△)	○	

○：使用される　△：まれに使用される場合がある　(△)：改質繊維の場合に使用される

第6編　染色加工

2.1.4　顔料など染料以外の着色剤

　顔料捺染分野を中心に，繊維上に顔料を接着固定させる樹脂剤（バインダー）を用いて染色する方法があり，最近では製品染めなど浸染法の分野で繊維への吸尽方法を工夫し，バインダー処理により繊維上に顔料を固定する顔料染色も開発されている。なお，顔料捺染や顔料染色は，繊維の内部に拡散する能力がないため表面染着となることや，バインダーの使用により繊維の風合が硬化するなどの欠点がある。

2.2　染色の最適化

2.2.1　染色の促進
⑴染色温度と染色性

　一般に，最終的な染着量（平衡染着量）は染色温度が低い方が大きくなるが，平衡に達するまでにかなりの長時間を要する。工業的な染色においては，効率の面から染色時間は1時間程度に設定され，この時間範囲では染色温度を高くするほど濃く染まるという傾向が見られる。

　直接染料や反応染料を用いて木綿などのセルロース繊維を染色する場合には，必ずしも高温度で染色することが高濃度の染色物を得られることにはならず，それぞれの最適染色温度で染色することが薦められる。各種素材に対して適用される染料種属と，最適染色条件（染色温度）の関係を表6.4に示した。

⑵染色促進剤の応用

　染色速度をコントロールする方法としては，染色温度の調整以外に，キャリアやpH調整剤，無機塩などの染色助剤を利用する方法もある。

①キャリアの利用

　ポリエステル繊維は，結晶性や配向性が高く繊維構造が密であり，100℃以下の染色温度では染料分子の繊維内部への拡散が困難であるため，高温（120〜130℃）で染色するが，染浴中にキャリア物質を用いれば，繊維分子間の結合力を弱めることができるので，100℃以下での染色が可能となる。キャリア物質としては，クロロベンゼンやメチルナフタレンなど，比較的低分子量の芳香族化合物が用いられる。

②pH調整による染色促進

　羊毛やナイロンを酸性染料を用いて染色する場合には，染浴のpHを低くす

第2章 染色

表6.4 各種素材/染料の組み合わせに対する最適染色条件

素　材	染　料	最適染色条件		
		染色温度(℃)	pH	助　剤
ポリエステル （PET）	分　散	120〜135	4〜7	
	分　散	100	4〜7	キャリア
カチオン可染PET	カチオン	100〜120	4〜7	
	カチオン	100	4〜7	キャリア
ナイロン	酸　性	100	3〜7	
	金属錯塩	100	4〜7	
	酸性媒染	100	3〜5	重クロム酸塩
	分　散	100	4〜7	
	反　応	80〜100	4〜11	
アクリル	カチオン	100	4〜6	
ウレタン	酸　性	60〜100	4〜7	
	分　散	60〜100	4〜7	
セルロース	直　接	60〜95	5〜8	
	反　応	40〜90	11〜13	
	建　染	45〜80	11<	ハイドロサルファイト
	アゾイック	10〜20	11<	亜硝酸ナトリウム
	硫　化	60〜95	11<	硫化ソーダ
羊　毛	酸　性	100	3〜7	
	金属錯塩	100	3〜7	
	酸性媒染	100	3〜5	重クロム酸塩
	反　応	40〜100	4〜11	
絹	酸　性	80〜100	4〜7	
	塩　基	80〜100	4〜7	
	反　応	40〜80	4〜11	
皮　革	直　接	60〜95	5〜8	
	酸　性	80〜95	4〜7	
	塩　基	80〜95	4〜7	
	酸性媒染	90〜100	3〜5	重クロム酸塩

るほど繊維側の陽イオン荷電および，染料の陰イオン荷電が強まり，染着速度が速くなる。これを利用し，均染の目的でpHを調整して染色速度をコントロールする技術が開発されている。

　反応染料を用いてセルロース系繊維を染色する場合には，反応を促進する触

283

媒としてアルカリが用いられる。染浴中へのアルカリ添加により染着が促進され，pHによって染色速度のコントロールが行われる。

③中性塩（無機塩）による染色促進

アニオン性染料を用いる場合に，染色浴への中性塩の添加によって染料の繊維に対する親和性を増大させ，染色を促進する方法が知られている。

2.2.2　染色の均一化

(1)機械的な方法（機械的撹拌，均一付与など）

染色浴の循環・撹拌を十分に行えば，繊維と染浴中の染料の接触回数が増し，均染になることは容易に理解できる。

チーズ染色機やパッケージ染色機などの液循環型の染色装置について見ると，均染と染浴の循環の間には下記のような関係が知られている。

$$F = 100/C \times D = B \times 100/A \times D \quad\cdots\cdots(1)$$

$$E = 100/D \quad\cdots\cdots(2)$$

  F：最短染色時間（分）

  E：最終染着までの循環数（回）

  A：流量（l/kg/分）

  B：浴比（l/kg）

  C：1分間当たりの循環数（回/分）

  D：1循環当たりの染着量（%/1循環）

Dは染色機の均染能力を表わす数値で，実際の染色では使用する染色装置の能力に応じたDの値が得られるようにAとBを調整することになる。なお，Dは経験的に1～10%の値が設定されている。

液流染色機のような布循環型の染色機では，上記式(1)，(2)でAとBの値をそれぞれ，

  A；布速（m/min）

  B；布のループ長（m）

とすれば同様に取り扱うことが可能である。

(2)化学的な方法（均染剤，緩染剤など）

均染を得るための化学的な手段として，均染助剤（均染剤，緩染剤など）が活用される。

被染色物の状態や染浴中での染料の状態によっては，機械的条件の調整だけでは均一に染料を繊維に分配することがむずかしいケースがあり，均染剤など

が用いられる。

この場合，助剤の作用機構としては，繊維に対して作用する助剤と，染料に対して作用する助剤の2つのタイプが開発されている。

繊維作用型均染剤は，繊維の染着座席に染料と競争する形で助剤自身が吸着され，染料の吸着速度を遅らせて均染を達成するもので，アクリル繊維用のカチオン均染剤や，ナイロンおよび羊毛用のアニオン型，あるいは両性型均染剤など，主としてイオン結合型の染着機構の染料-繊維の組み合わせの場合に利用されている。

染料作用型均染剤は，染料に影響をおよぼして染着速度を調整する形の助剤で，たとえば分散染料に対して可溶化能の高い活性剤を用いて緩染効果を得る均染剤や，カチオン染料とコンプレックスを形成するアニオン活性剤系の均染剤としての利用などがある。

2.2.3 染色布の堅ろう化

(1)堅ろう度の種類と特性

染色物は，消費者の手に渡ってから後の着用段階，洗濯などの取り扱い段階および保管段階で，種々の外的要因に影響され，変色や退色などのトラブルを生じることがあり，実用染色堅ろう度の優れた染色物が求められる。

消費者からのクレームの実態(図6.8)を見ると，素材別には綿素材が最も多いことは繊維の消費量から見ても当然といえるが，次に毛や絹や麻などの消費

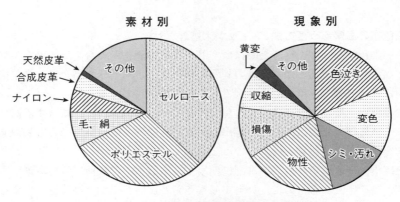

図6.8 染色堅ろう度等に関連した消費者クレーム

量の少ない素材が続いている。消費量の大きいポリエステルなどの合成繊維に関する物性のクレームも発生している。

堅ろう度項目別に見ると，色泣きや変色等の洗濯に関連した堅ろう度クレームが最も多く，汗や汗・耐光に関するもの，耐塩素処理水堅ろう度などの項目が続いている。

近年は，剥離やひび割れなど合成皮革の事故が増加している。これらの消費者クレームの実情に対応して，製品の企画段階でどのような染色堅ろう度，物性が要求される製品であるかをよく認識し，染色工場にもそのような情報を伝えて対応することが重要である。

(2) 染色堅ろう度におよぼす要因

染色堅ろう度として最も問題となるのは，衣料品が消費者の手に渡った後の着用，取り扱い，保管などの段階で，色落ちや変色・汚染などを生じることである。堅ろう度問題が生じる主な要因との関連を図6.9に示した。

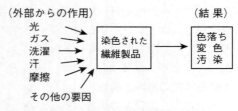

図6.9 染色堅ろう度の要因

染色堅ろう度におよぼす要因は，消費者の生活様式とも深く関連している。たとえば，洗濯堅ろう度については，全自動洗濯機の普及や合成洗剤新製品の普及，合成繊維製品の一般化などに伴い，天然繊維製品についても合成繊維と同様の取り扱いを行う消費者が増え，天然繊維の洗濯時に受ける外部要因も以前に比べ変化している。

(3) 染色布の高堅ろう度方法（フィックス処理など）

高い染色堅ろう度を得るためには，堅ろう度の優れた染料を用いて染色することが最も重要であるが，種々の制約で堅ろう度が不十分な場合に，染色後の処理によって堅ろう度の向上を図る方法も開発されている。

洗濯堅ろう度に関しては，染料（主としてアニオン系染料）と結合する高分子物質を後処理することで染料の溶出を防止し，堅ろう度向上を図る方法があり，これをフィックス処理と呼んでいる。

耐塩素処理水堅ろう度は，洗濯に使用する水道水中の殺菌用活性塩素が染料の変色の原因となるもので，染料よりも塩素と反応しやすい物質を処理することにより，塩素を消費して変色を防止する方法が有効であり，このような効果

第2章　染　色

のある物質を耐塩素向上剤と呼んでいる。

　摩擦堅ろう度については，表面染着した染料が摩擦により脱落して堅ろう度不良となるケースは極めてまれであり，多くの場合は綿などのセルロース系繊維を湿摩擦することによって着色した繊維のフィブリルが剥離されて，見掛け上，摩擦堅ろう度が不良となる場合が多い。この場合には，繊維表面の摩擦係数を低減する薬剤の処理が有効で，摩擦堅ろう度向上剤として開発されている。

　耐光堅ろう度の向上に関しては，耐光堅ろう度の変色原因は主として太陽光の紫外部の光による点であることに注目し，紫外線吸収剤を用いて耐光性の向上を図る目的で，耐光堅ろう度向上剤が開発されている。

　同じ染料を用いて同じ素材を染色した場合であっても，染色工程の差異により堅ろう度に差異を生じることがあるので，染色工程の管理も重要である。

表6.5　染色工程と堅ろう度低下

工　程	要　因	結　果
染色	拡散不十分，表面染着	耐光堅ろう度の低下，摩擦堅ろう度，湿潤堅ろう度の低下
洗浄	未固着染料の残存，洗浄剤・薬剤の残存	湿潤堅ろう度の低下，色泣き，加水分解の促進，湿潤堅ろう度の低下
フィックス処理	フィックス剤の選定不良	フィックス変色，耐光堅ろう度，耐塩素堅ろう度の低下
仕上げ加工	加工剤の選定不良，加工条件不適切	加工変色，耐光堅ろう度，湿潤堅ろう度の低下

287

第3章

染色の工程

3.1 デザイン表現と染色方法

3.1.1 織物設計と染色

　"品質は工程でつくり込まれる"といわれるが，織物については織物設計に沿って，原材料から仕上げまで正確にモノづくりを進め，最終的に設計品質に一致させることである。織物の企画設計と製造技術，それに品質管理のレベルが揃ってはじめて信頼性の高い品質が期待できる。

　織物設計は目的，用途，付加機能，コストに見合った繊維素材と混紡率を選び，番手，撚数，織物組織を決めて製織密度や仕上げ目付け，反幅，反長などの性量を算出する。また，外観や色柄，風合い，機能を付与する最適の工程と適用機種および加工条件を設定する。

　色柄を織物上に効果的かつ堅ろうに表現するために，無地・霜・色柄などのデザイン要素を，染色性・生産性・加工費など製造条件に照らして，工程のどの段階で染色するかを決める。たとえば，こなれの良い羊毛のグレー霜を得るには，トップ染め工程(3.4.2項)で，繊維束に繊維長より短い間隔で，部分的に黒をプリントしたビゴロ捺染原料を混毛すると効果的である。

3.1.2 色見本と染料処方

　工業的な染色では，登録した染料群から適正な染料種属を選び，見本の測色データをもとにコンピュータで計算色合わせを行うコンピュータカラーマッチング(CCM，図6.10)が定着している。染料の構成は赤，青，黄の3原色の染料で色出しをする方法と，目標色に近い染料に補正色を加える方法がある。

第3章 染色の工程

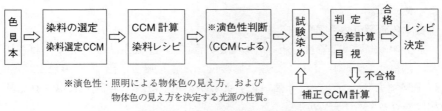

※演色性：照明による物体色の見え方，および物体色の見え方を決定する光源の性質。

図 6.10　コンピュータカラーマッチング（CCM）[3]

CCMで得た結果と肉眼判定は必ずしも一致するとは限らないので，試験染めを行い，肉眼で再現性を確認し，修正を加えて染料・薬剤処方を確定する。

　色見本と異なる染料で色合わせをした染色布は，その光源では色が合ったと感じても，光源が変わると色は違って見える。この現象を「光源の演色性」または「色彩恒常性」と呼び，このような色合わせを「メタメリックマッチ」と呼ぶ。新色の色出しや染色工場を変更する時には注意が必要である。レピート品など同一の染料で染色された染色布は，光源が異なっても分光反射率曲線は同じになり，光源の違いによる問題は生じない。このような色合わせを「アイソメリックマッチ」と呼ぶ。

　多くの場合「メタメリックマッチ」が行われるので，光源により見え方が異なるため，色合わせには標準光が使われる（図6.11）。光源は，自然光の太陽光直射Bと北窓昼光C，人工光の白熱灯Aや昼光D_{65}があり，Cは自然光で不安定なため，主にD_{65}が使われる。

3.1.3　色の表示と管理

　デザインや色彩設計では，色のイメージが把握しやすいトーン表示が使われるケースが多く，生産管理では色の方向性や色差などの数値表示ができる$L^*a^*b^*$表色系が

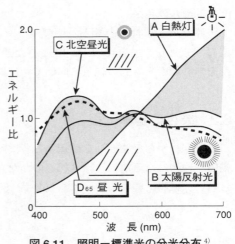

図 6.11　照明―標準光の分光分布[4]

よく使われる。

(1)日本色研配色体系図（トーン）

トーンは，明度と彩度を組み合わせた概念で，色は色相とトーンで表わされる。色相は12分割，トーン分類は無彩色5（明度段階5段階），有彩色12の計17分類である。トーンは「強い色」「柔らかい色」など形容詞で表現され，色相は異なってもトーンが同じであれば，共通のイメージ得られる。

(2)L*a*b*表色系（図6.12）

人の感覚に近い方法として，均等色空間のL*a*b*表色法が提案され，色差などに使われている。L*は0→100と明るさが増加し，a*は＋で赤味，－で緑味，b*は＋で黄味，－で青みを表わし，色差ΔEはこの均等色空間の2点間の直線距離により求められる。一般に，許容される色差はΔE＝0.5前後である。

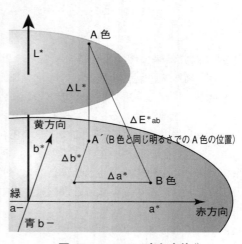

図6.12　L*a*b*表色立体[4]

(3)マンセル表色系

色感覚の3属性の色相H，明度V，彩度Cが立体的に配置されている。垂直に9分割し，黒を0，白を10とした無彩軸の周りに色相を100分割し，彩度を無彩軸から外周の純色に向けて，放射状に10前後配している。

3.2　染色の基本工程

繊維素材から繊維製品を製造する各段階で，目的に応じて染色が行われる。織物や編物になる前に，繊維状態のわた，あるいは糸で染色することを先染めといい，織物・編物あるいは縫製製品で染める場合を後染めという（図6.13）。

第3章 染色の工程

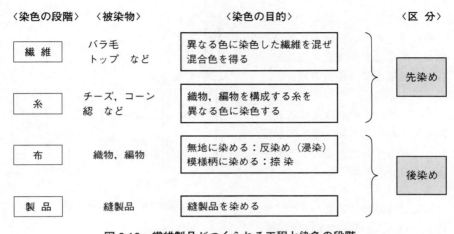

図 6.13 繊維製品がつくられる工程と染色の段階

3.3 準備工程

3.3.1 準備工程の役割

準備工程は，生機の汚れや内部歪みを取り除き，生地を均質な状態にし，また風合いの下づくりをする工程である。準備工程の良否は，染色加工の品質に影響を与えるので重要である。

前処理，染色，仕上げの全工程に共通する要素は，水分，熱および物理的な撹拌条件と処理時間である。この作用を活性化あるいは抑制する目的で，pH調整剤，無機塩，界面活性剤などが使われる。

準備工程の主な役割は次のように分類できる。
- 生地の精練：短繊維織物の毛羽の除去，糊剤や油汚れの除去，糸や織物の残留トルクの開放などによる生地の均質化。
- 熱セット：形態の安定化と後工程でのシワの発生防止。
- 風合いづくり：ポリエステル織物のしぼ立てや減量加工，羊毛の風合いづくりなど。
- 生地の増白：染色性と増白を目的とした漂白加工，綿のシルケット加工。

(1) 毛焼き (図 6.14)

短繊維織物は，工程や製品着用で毛羽が発生しやすく，ピリングの発生原因

291

にもなるので，ガス炎などで毛焼きを行う。毛焼きを行うと布の表面や糸間の毛羽が除去され，後工程や製品着用での毛羽の発生防止に有効である。

ポリエステル織物は，ガス炎で溶融毛玉が生じ，染色結果に影響を与えるおそれがあるので，染色後に毛焼きする場合が多い。

(2) 洗 絨

生機は反染めに先立ち，洗って汚れを除去し，糸や製織の歪みを緩和する。生機をロープ状で洗うバッチ式のロープ洗絨機(図6.15)と，拡布状で洗う広幅洗絨機(図6.16)がある。いずれも，上下一対のロール間に織物を通して圧搾を繰り返し，洗浄する。大ロットには連続洗絨機も使われる。

ロープ洗絨は，強い揉み作用によりしわが生じやすく織物組織も崩れやすいが，洗浄効果が大きいためソフトな風合いが出やすい。広幅洗絨機は，しわの発生が少なく織物組織も崩れないが，洗浄作用や風合いづくりの効果は小さい。

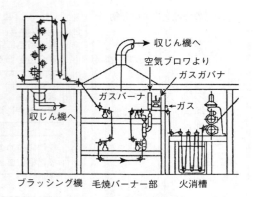

図6.14 ガス式毛焼機 [3]

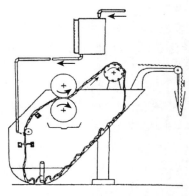

図6.15 ロープ染絨機 [3]

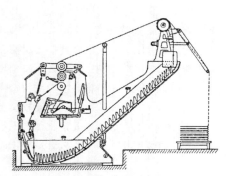

図6.16 広幅洗絨機 [3]

第3章　染色の工程

3.3.2　漂白加工

　天然繊維の増白には，色素を分解除去する漂白加工を行う。漂白は酸化漂白と還元漂白に大別され，酸化漂白は塩素系と過酸化系に分かれる。酸化漂白には，亜塩素酸ナトリウム法と過酸化水素法がよく使われ，綿には両者，羊毛には過酸化水素法が適用される。ハイドロサルファイトなどによる還元漂白は，繊維の損傷が少ないが，空気酸化で復色しやすい。

(1)亜塩素酸ナトリウムによる漂白

　糊抜きなど，前処理を終えた綿布は，亜塩素酸ナトリウムを使い酸性浴で漂白する。

(2)過酸化水素による漂白

　過酸化水素は，繊維の脆化が少ない，有毒ガスを発生しない，設備の腐蝕がないなど利点が多く，綿と羊毛の漂白に広く使われている。アルカリ浴で連続式やバッチ式で処理する。

3.3.3　綿および綿混織編物の準備工程

(1)糊抜き，精練，漂白

　毛羽が発生しやすい経糸は，製織前に経糸糊付けを行う。綿繊維は綿ろう，ペクチン成分などを含むので，比較的強い精練漂白を行う。糊抜きは，酵素や酸化剤で糊剤を分解し，除去する。精練は強アルカリの水酸化ナトリウムなど，漂白は亜塩素酸ナトリウムや過酸化水素を使って行う。大ロットや薄地織物は，連続精練漂白装置で連続的に処理される。

　連続糊抜き・精練・漂白装置の例を図6.17に示した。

　綿／ポリエステルの混紡品は，綿織物に準じて前処理する。綿部分は亜塩素酸ナトリウムを使って精練と漂白を同時に行い，ポリエステル部分はプレヒートセットにより形態を安定させる。セルロースを再生したレーヨンは光沢と白度が高いので，油汚れなどの洗浄を目的に軽度の前処理を行う。レーヨンは水中で膨潤・収縮し，強度は低下する。

(2)マーセル化加工またはシルケット加工

　精練のあと，綿糸や綿布に緊張を加え，水酸化ナトリウム液で処理すると，綿繊維の断面は繭状から円形に変化して強度と光沢が上がり，染色性も大きく改善される。図6.18内の①は原綿で，②〜⑤は水酸化ナトリウムで膨潤し，⑥は水置換によるアルカリ除去後，⑦は乾燥後の断面である。

　これをマーセル化加工またはシルケット加工という。マーセル化された綿繊維

293

第6編 染色加工

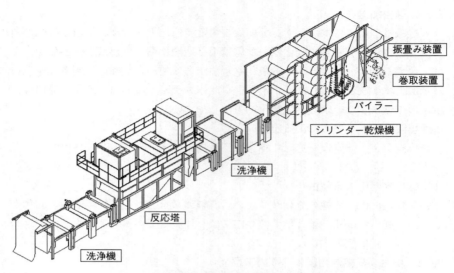

図 6.17 連続糊抜き・精練・漂白装置
[出典：㈱山東鐵工所 資料]

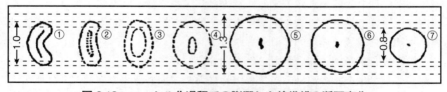

図 6.18 マーセル化過程での膨潤した綿繊維の断面変化
①～⑤：アルカリ水溶液中における膨潤
⑥：水置換によるアルカリ除去
⑦：乾燥後
[出典：学振版 染色機能加工要論，p.256，色染社(2003)]

は，それ以降の湿潤工程で膨潤が進まず，収縮が抑えられて形態が安定する。綿布の連続マーセライズ装置の例を図 6.19 に示した。

3.3.4 羊毛および羊毛混織編物の準備工程

毛織物は紡毛糸と梳毛糸があり，準備工程や仕上げ方法も異なる。紡毛糸は，

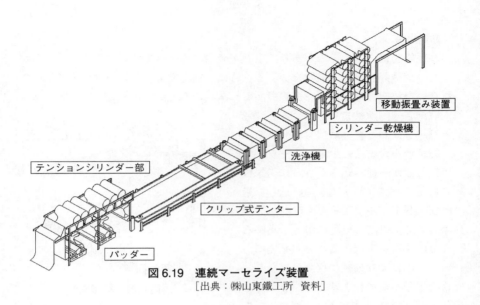

図 6.19　連続マーセライズ装置
[出典：㈱山東鐵工所　資料]

短い羊毛繊維を使ってカードウェブを分割し紡糸するので，糸は太く，繊維の配列方向もランダムである。

梳毛糸は，75 mm 前後の長い羊毛繊維を平行に引き揃えて順次細くし精紡した糸で，光沢に富む。前者で織られた織物を紡毛織物，後者の場合を梳毛織物という。

羊毛繊維は水分，熱，振動を加えると，表皮のスケールが開いて逆方向に噛み合い，絡み合って密度が上がる。この現象をフェルティングと呼び，強制的に羊毛織物を収縮させることを縮絨という。図 6.20 に示すように，pH 3 以下の強酸性域と pH 9 以上のアルカリ領域で収縮率が大きい。目的により，酸縮絨，アルカリ縮絨あるいは界面活性剤を使った軽い中性域の縮絨が

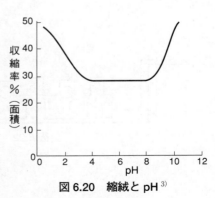

図 6.20　縮絨と pH [3)]

適用される。

・紡毛織物

　紡毛織物は，ふくらみがあり，毛羽が発生して絡みやすい。この特性を活かして，縮絨製品や起毛織物をつくる。特に，紡毛織物の前処理は最終仕上げの風合いを決定付ける重要な工程である。洗絨のあと，縮絨機（図 6.21）でフェルト収縮させ，地締まりを付ける。洗絨と縮絨を兼ねた洗縮絨機も使われる。

　縮絨液を含ませた生地をローラーで圧搾しながら揉み込み，さらに衝撃板に打ちつけて，幅・丈を追い込む。過酷な工程でミルド工程とも呼び，先染めの縮絨品はこの処理に耐える高堅ろう度の染料を選択することが必要である。目的により縮絨の程度は異なり，この工程を経て仕上げる方法をミルド仕上げと呼び，フラノタイプの梳毛織物にも適用される。

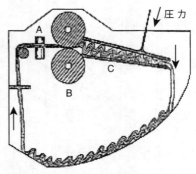

図 6.21　縮絨機[3]

・梳毛織物

　梳毛織物は糸が細く，目付も軽目である。クリア仕上げが多く，前処理として毛焼き・洗絨のあと，後工程でのしわの発生を防止する目的で，拡布の状態で湿熱セットを行う。この熱水セット処理を煮絨と呼び，連続煮絨が一般的である（図 6.22）。

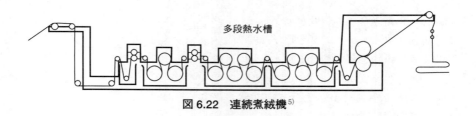

図 6.22　連続煮絨機[5]

羊毛／ポリエステル混紡織物，天然繊維の羊毛と綿の混紡製品などの前処理は，羊毛織物に準じる。羊毛の湿熱セットとポリエステルの乾熱ヒートセットの機構の相違，酸性に強くアルカリに弱い羊毛と酸性に弱くアルカリに耐える綿の同浴処理など，混紡品は構成繊維の特性に留意し，加工条件の矛盾を最小に抑えることが重要である。

3.3.5 合成繊維織編物の準備工程
(1)糊抜き，精練
生機に原糸油剤や製織糊剤，その他のものが付着していると，染色が不均一になるなどの問題を生じるので，染色の前にこれらを除去することが必要である。合成繊維の場合には，精練によりこれらの付着物を除去する。精練工程は，リラックス工程の前後または同時に行われることが多い。

(2)リラックス，しぼ立て処理
ポリエステル繊維に代表される仮撚加工糸および複合加工糸等が有する伸縮性やふくらみなど，これらのもつ本体の特性を発揮させるには，織編物を熱水中でよく揉んでやることが必要である。この工程をリラックスという。

また，しぼ効果をねらった強撚糸使いの織物に均一なしぼを立てるためには，熱水中でよく揉むことが必要である。この処理をしぼ立て処理という。

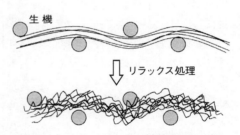

図 6.23　リラックスでの捲縮発現モデル

図 6.23 は，リラックス処理により仮撚加工糸の捲縮が発現することをモデルで示したものである。

(3)ヒートセット(熱処理)
合成繊維は，熱を与えるとセットされるという熱可塑性の性質があるので，以下のような効果を得るためにヒートセットを行う。
　①織編物の構造を固定する。
　②次の工程(主に染色)での過度の収縮を防ぐ。
　③次の工程(主に染色)で折れやロープ状しわなどが発生するのを防ぐ。
　④表面外観(平滑性，外観効果など)を固定する。
　⑤染色性を安定化させる。

(4)アルカリ減量加工

ポリエステルは，アルカリで処理すると加水分解される。ポリエステルの繊維表面をアルカリで加水分解により除去し(これを減量という)，繊維－繊維間に隙間をつくることにより，繊維間の接圧が少なくなり，織物は柔らかくドレープ性のあるものになる。アルカリ減量処理は，糸のもつ特性をリラックス工程で十分に発現させ，織物構造をプレセットにより固定した後に行うことが必要である。その後の染色および仕上げ工程では，アルカリ減量処理によって得られた織物構造をできるだけ維持するようにしなければならない。

図6.24に，アルカリ減量加工によるポリエステルの断面の変化と，織物構造の変化のようすをモデルで示した。

ポリエステルの繊度が細くなるほど，アルカリ減量の速度は速くなる(図6.25)。また，カチオン可染繊維はアルカリに弱く，減量速度が早いため注意が必要である。

アルカリ減量加工の効果は，ポリエステル繊維に添加されている無機化合物の種類と量にも影響され，繊維表面の外観が異なる(図6.26)。

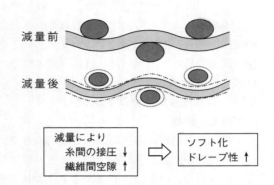

図6.24　アルカリ減量による変化

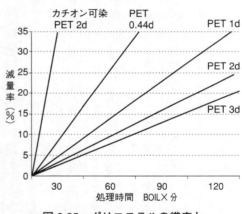

図6.25　ポリエステルの繊度とアルカリ減量速度

第 3 章　染色の工程

図 6.26　ポリエステルの繊度と減量率（セミダル糸 75d／16fil）
[出典：繊維学会編：図説　繊維の形態，朝倉書店(1982)]

3.4　先染め

"色むらがなく目標の色に染め上げる"ためには，原材料の品質，前工程の処理条件，染料，薬剤，水質，温度などの変動要因を小さく抑え，また試験染めの先行，前工程のロットに合わせた仕掛け，被染物と染液の重量比率を一定に保つなどの管理が必要である。

3.4.1　バラ染め

紡毛原料や短繊維ステープルをわた状で染色するのでバラ染めと呼ばれ，常圧または高温高圧形のパッケージ染色機が使われる（図 6.27）。染色後のステープルは，水洗・乾燥を経てカード工程で開繊される。バラ染めは，多孔同心円筒のケーシングに短繊維原料を均一に充填し，染液を内側から外側に循環するが，円筒の内側と外側で染着差

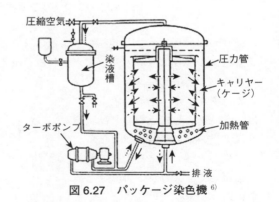

図 6.27　パッケージ染色機[6]

が生じやすいので，原料の充填密度，染液流量，染料と薬剤処方，昇温速度などに注意し，染色後は十分に水洗を行う。短い工程で先染め糸を得られる特徴があり，紡毛や化合繊の先染めに使われる。

299

3.4.2 トップ染め

梳毛やレーヨンの条を，トップ（こまの意）の形状に巻いて染色する方法をトップ染めという。トップの形状は，円筒芯に巻き重ねるボールトップと，芯と外周の間をコイル状の軌跡で積層したあと，軸方向に圧縮したバンプトップがある。

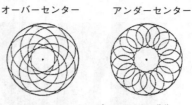

図 6.28　バンプコイリング[6]

染液が通過しやすく染めむらの少ないバンプトップ（図 6.28・図 6.29）が多く使われるようになっている。

図 6.29　バンプトップとボールトップ[3]

図 6.30 は常圧トップ染色機で，染液の流れは外から内へ流れるが，パッケージ染色機の場合は液流方向を変えられる。染色のあと，トップを巻き戻しながら再洗機で連続的に洗浄し，乾燥して色トップができる。色トップは，ミックスして色霜など高堅ろう度の先染め梳毛織物になる。トップ染めは，高堅ろう度の染料を使用して，大ロットの織物を同色にムラなく仕上げることができるので，学生服や警察官などのユニフォーム素材の製造に適している。工程が長く，また色合わせの段階や工程における色原料ロスも

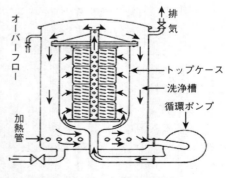

図 6.30　オープントップ染色機[3]

生じるので，少量・多品種・短納期の対応には向かない。大口径のバラ染め型の多孔ケーシングに，スライバーを直接コイル状に充填し，上蓋で圧縮したあと染色する方法も行われている。

3.4.3 糸染め

糸の形状で染色する方法はチーズ染めと，綛に巻き返して染色する綛染めに分かれる。また，整経前の経糸ビームを染めるワープビーム染色も行われる。

(1)チーズ染色（図6.31）

糸を，多孔の平行ボビンや円錐状の多孔コーンに均一に巻き取ったものを，それぞれダイチーズ，ダイコーンと呼ぶ。チーズ染色機にダイチーズやダイコーンを装填し，染液を内から外，外から内へ

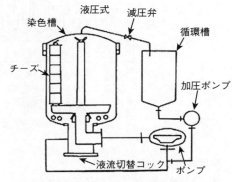

図6.31　高圧チーズ染色機[4]

循環して染色する。チーズの外周部と接芯部で色差が生じないように，巻き密度や糸張力，均染性の高い染料の選択，染液の流量や液流の方向と切り替え時間，昇温速度などを適正に制御し，均染を図る。被染物が静止しているので毛羽の発生は少なく，ジャージーなど単糸染めに向いている。また，双糸加工で色はさらに均一化され，柄織物に使われる。

(2)綛染め

綛染めは，糸をループ状に束ねて（hank）染色するのでハンク染めとも呼ばれ，双糸の染色に適している。綛は，生地糸を綛揚（かせあげ）機で所定の長さに輪状に巻き取り，隣接する糸どうしの絡みや乱れを防止するために，綿糸などで糸束を部分的に軽く束ねたものである。染色後の綛は，再びチーズ状に巻き替えて織・編工程に移る。

①回転バック綛式染め（図6.32）

綛を綛棒に通し，回転バック綛染色機に並べて吊るし，染液を2槽の仕切り板を越えて交互に流して染色する。綛は常に染浴に浸漬しているので，糸張力は小さく，染液が通過する時に適度な振動が生じ，ソフトな風合いに仕上がる。

回転バック綛染色機は構造がシンプルであるが，液流の均等性に難がある。

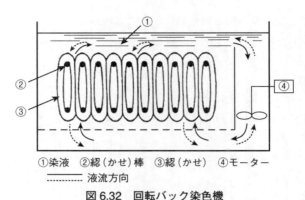

①染液　②綛(かせ)棒　③綛(かせ)　④モーター
---------- 液流方向

図 6.32　回転バック染色機

［出典：実用染色講座　三版，p.301，色染社(1997)］

②噴射式綛染め(図 6.33)

噴射式綛染色機は，上部に染液を噴射する多孔綛棒を設け，その綛棒には綛糸を間欠的にすくい上げて回転移動させる糸送り装置が付属している。染色機は常圧型と高温高圧形があり，綛糸は空中に露出し噴射された染液は綛の内部や表面を滑り落ち，循環する。回転バック綛染色機に比べて浴比が小さい。綛糸に自重と染液の重量が掛かり，糸方向の張力が増すので糸間の隙間が狭くなり，毛羽の発生が少なく均

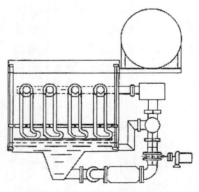

図 6.33　噴射式絨染色機[7]

染も得られやすい。フィラメント糸の染色に適するが，バルキー糸など伸びやすい糸には適さない。

(3)ワープビーム染め

インジゴデニムなど，綿や綿／ポリエステルの経糸が無地色の織物では，製織準備の過程において整経状態で経糸を染色するワープビーム染めを行うことがある。整経糸を多孔ビームに巻き取り，パッケージ染色機に装填して，染液をビームの内から外あるいは外から内に循環させて染色する。染色後に直接，サイジング(経糸糊付け)工程に入ることができるので，チーズ染色法に比較し

て，巻き返し工程による毛羽立ちも少なく，工程も短いといった利点がある。

3.5 後染め

後染めは，織編物あるいは製品になったものを染色するもので，織編物を染色する反染めと製品を染色する製品染めがある（図6.34）。

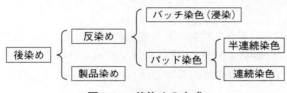

図 6.34　後染めの方式

3.5.1　反染め
(1)バッチ染色

ある数量の生地を，まとめて染色機に浸漬させて染色することをバッチ染色という。染色は，むら染めにならないように，生地か染液あるいは両者を循環させながら行う。代表的な反染め用のバッチ染色の方式とその特徴を以下に示した（表6.6）。

表 6.6　代表的な反染め用の染色方法とその特徴 [8]~[10]

	ウインス染色機 [8]	ジッガー染色機 [8]	ビーム染色機 [9]	液流染色機 [10]
染色機の概要				
布の状態	ロープ状	拡布状	拡布状	ロープ状
布の動き	循環	移動	固定	循環
染液の動き	積極循環なし	積極循環なし	循環	循環
特徴	浴比が大きい	テンションが掛かる 浴比が小さい	ビーム巻き取り工程を要する	揉み効果が大きい 風合いが良い
発生しやすい欠点	ロープ状しわ 染めむら	エンディング モアレ	ビーム型崩れによる染めむら，中稀，モアレ	毛羽発生 すれ／アタリの発生

①ウインス染色：染色槽内の生地を，リールの回転によりロープ状で移動させながら染色を行う。
②ジッガー染色：ロールに巻いた生地を液槽中に浸漬させながらもう一方のロールに巻き取り，片方のロールで巻き取りが完了すると，反転して再度元のロールに巻き取る。この操作を自動的に繰り返しながら染色を行う。
③ビーム染色：あらかじめ，小さい孔のあいたビームに生地を巻き取り，これを染色槽に装填し，ポンプで染液をビームの内外から循環させながら染色を行う。
④液流染色：ノズルから噴射された染液の推進力と，リールの回転（最近は，リールのない機種も開発されている）で生地を循環させながら染色する方法で，ポリエステル繊維織編物をはじめとして，広く応用されている。

(2) 半連続染色

パディング染色は，次の3つの工程から構成されている。
①染料を繊維上に均一に付与（パディング）
②染料の繊維への吸収（染着）
③未染着の染料の除去（洗浄）

半連続染色法は，②の染色工程をバッチ式で処理する方法であり，バッチ式染色の特長を維持しながら効率の良い染色が行える点に特徴がある。

代表的な半連続染色法としては，反応染料を用いた綿のコールド・パッド・バッチ染色法やパッドジッグ法がある。

コールド・パッド・バッチ法の工程の例を図6.35に示した。

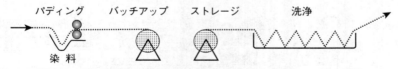

図6.35 半連続染色法の工程例（コールド・パッド・バッチ法）

(3) 連続染色法

連続染色法は上記(2)項の①染料を繊維上に均一に付与（パディング），②染料の繊維への吸収（染着），③未染着の染料の除去（洗浄）の各工程を連続的に行う方法で，生産効率の高い染色法である。主として同一の色相ロットでの加工

数量の多いワーキングウェアやユニフォームなどの用途で，ポリエステル／綿混紡品や綿の染色に適用されている。
・ポリエステル繊維側の染色
　　サーモゾル法(分散染料，サーモフィックス法，180〜210℃，30〜90秒)
・木綿(セルロース繊維)側の染色
　　スチーム法(反応染料，建染染料，アルカリ条件下，100〜103℃，30〜120秒)
　　サーモフィックス法(反応染料，アルカリ条件下，100〜180℃，1〜3分)

図 6.36 にポリエステル/綿混紡品のパッド・サーモフィックス染色の工程例を，図 6.37 には綿のパッド・スチーム工程例を示した。

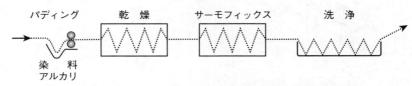

図 6.36　パッド・サーモフィックス染色の工程例(一浴法)
［出典：住友化学㈱ 資料］

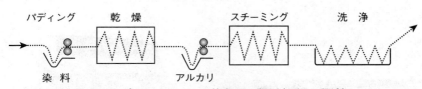

図 6.37　パッド・スチーム染色の工程例(二浴二段法)
［出典：住友化学㈱ 資料］

パッドスチーム装置の例を図 6.38 に示す。

3.5.2　製品染め

セーター，手袋，靴下などの縫製製品は，ドラム染色機(図 6.39)やパドル染色機(図 6.40)を使って染色する。

ドラム染色機は，回転ドラムの中に被染物を入れ，ドラムを染液中で回転させながら染色を行う。パドル染色機は，パドル(水かき)で染浴槽の染液と被染物をかくはんしながら染色する。必要な数量だけをバッチ単位で染色できるので，短納期・多色対応に利点がある。

第6編　染色加工

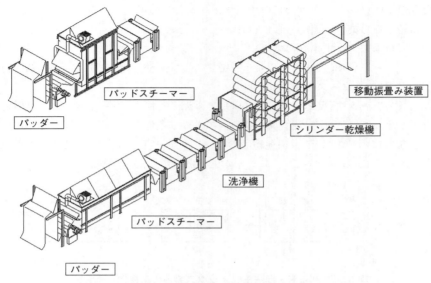

図 6.38　パッドスチーム装置の例
［出典：㈱山東鐵工所　資料］

図 6.39　ドラム染色機[11]

図 6.40　パドル染色機[11]

3.6 捺 染

　染色は織物，編物，糸などを均一に染めることに対して，捺染は文様を付けることを意味する。捺染色糊は着色剤としての染料や顔料を粘稠な元糊に溶解，分散して調液する。古くから手書き，木製ブロック，ワックスでの文様付けなど，各種の技法が工夫されてきたが，現在では生産性や再現性の観点からスクリーンを使用した機械捺染が主流になっている。日本での生産はファッション製品が中心となり，汎用品はコスト面から東南アジアに生産拠点が移行している。

3.6.1 捺染方法

　捺染方法は，生地上にスクリーン（平面，円筒状）から色糊を押し出し，次いで乾燥，発色，水洗を経て，要望される柄を再現する（図6.41）。

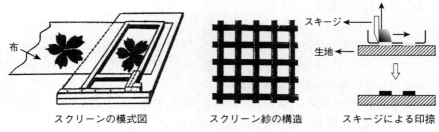

図6.41　捺染機構（スクリーン，紗，スキージングでの捺染）[12)]

　捺染機の改良は，品質・生産性向上を目的として多く提案されている。前工程では，IT技術を駆使した捺染CAD技術の開発で，原画の色分解による手書き原稿の廃止，モチーフの縮小や拡大，配置換えなどをディスプレイ上で検討できる。さらに，瞬時に各部分の配色を変えることで，より良い効果を得るように，シミュレーションする技術が進んできた。

　これらの技術開発で，旧手法での色分解，トレース，配色作りなどの熟練技術に依存する比率が少なくなり，効率的に準備を進めることができるようになった。

　捺染用の型をつくらない無製版捺染が開発されて，捺染インクを微細なノズルから吐出し，文様を作成するインクジェット・プリント法が注目されている。

インクジェット・プリント法は加工速度が遅いなどの欠点があったが，最近ではスクリーン捺染に近い速度の装置が開発されるなど，次第に改良されている。

(1)直接捺染

直接捺染法はオーバープリントと称せられ，色糊を生布上に直接印捺する方法である。

①綿布への捺染

1)生　地

捺染の再現性および品質の向上には，生地に適切な前処理を行うことが重要点として挙げられる。生地にも若干の制限があり，対応するために捺染法の検討が求められる。

2)染　料

・反応染料：中〜高級捺染では，反応染料が多く使用されている。セルロース繊維の官能基に，染料を反応・固着している。染料の固着性を上げる捺染処方，染料開発が重要である。

・ナフトール染料(アゾイック染料)：ナフトール染料は，色相が比較的鮮明で濃色捺染が可能，また加工原価も安いことから多く使用されてきた。しかし，ナフトール染料は染色操作が煩雑で，得られる色相の範囲も限定されるため，最近では反応染料に置き替わっている。

・建染染料(バット染料)：最近は，鮮明な色相と容易な染色方法から，反応染料への代替えが進み，建染染料の使用は減っている。

3)元　糊

アルギン酸系糊剤，でんぷん(加工でんぷん)系糊剤，エマルション系元糊を，加工目的および加工生地に適合した配合割合で使用される。元糊の選定と色糊粘度は，捺染の発色性，均染性，型際，先鋭性，浸透性を左右している。

4)助　剤

染料の溶解助剤，還元防止剤，染着促進剤，中和剤(染料と繊維の反応で発生する酸性物質の中和)を併用する。海外では，水のpHや硬度が原因で事故につながることがある。

5)工　程

発色・固着には，スチーマーが使用され，105℃，20分程度のスチーミングが行われる。

なお，反応染料の発色・固着には過熱蒸気を用いたHTスチーマーが用いら

第3章　染色の工程

れることもある。スチーマー内の蒸気は飽和状態であり，蒸気が凝固して露が発生し，生地に水滴が落ちるというウォータースポット事故を発生させる原因となることがある。

　水洗工程は，未固着の染料と糊剤の除去であり，堅ろう度や風合いに関係する重要な工程である。

②ポリエステル（アセテート）繊維への捺染

1）生　地

　簡単な精練で生地を捺染に使用できる。熱で繊維の微細組織が変化するため，一定な熱履歴が再現性に重要である。

2）分散染料

　ポリエステル繊維の捺染には分散染料を使用する。分散染料によるポリエステル繊維の染色には高温条件が必要であり，高圧スチーマー（HP スチーマー，加圧下で 130℃ 程度の処理），HT スチーマー（150〜170℃ 程度の過熱蒸気処理）またはサーモゾル染色（180〜200℃ 程度の乾熱処理）が行われる。

3）元　糊

　反応染料と同様に，アルギン酸系糊料，でんぷん（加工でんぷん）系糊料が使用される。

4）工　程

　初期の発色はバッチ方式（HP スチーマー）であったが，生産性が低い蒸気量のむらによる発色トラブルで，連続方式の HT スチーマーが用いられるようになった。

5）仕上げ助剤

　繊維製品の最終仕上げには，柔軟剤および帯電防止剤が使用される。

③ポリアミド繊維（ナイロン）への捺染

1）生　地

　伸縮性を出すため，複合繊維製品となっていることも多く，染料選択，発色条件，仕上げ条件に注意が必要である。

2）染料と助剤

　酸性染料が淡〜中色の鮮明色に使用され，1：2型含金染料が濃色に適している。捺染用には溶解度が良好な染料（150〜200 g/ℓ）を選定し，染料の溶解には熱湯（90〜95℃）を使用する。

309

④アクリル繊維（カチオン可染ポリエステル）への捺染

アクリル繊維は編地が多く，鮮明な色相が得られる。欠点としては，熱水中では張力の影響を受けやすい。水によく溶解する染料の使用が多く，ブリードしやすい。

⑤絹繊維への捺染

独特の風合い，鮮明色に特徴があり，多品種少量生産で手捺染が多い。日本では和服，ネクタイが特に有名で，海外ではイタリアのコモ地区の製品（女性用衣料，スカーフ，ネッカチーフなど），タイや中国の捺染品が有名である。

(2)防染，抜染捺染

防染，抜染捺染は綿，ポリエステル100％，絹100％製品への加工に使われている。文様の多様性，直接捺染に起きやすい柄と柄の重色部分の不鮮明色の解消や細線に効果がある。加工工程は，直接捺染と比べて複雑で，さらに特殊薬品が不可欠である。

①加工法と加工工程（図6.42）

1)防染法

白生地に防染糊を置き，次工程で上から捺染する染料と生地との接触を物理的に防ぎ，染着を防止する。

2)抜染法

染色機で地染めした生地に，地染めに使用した染料を分解または溶出する薬剤と，薬剤で分解しない染料を配合した色糊で，捺染・乾燥・発色する。

3)防抜法

白生地に，耐薬品性の低い染料の色糊を，表面から全面塗布・捺染・乾燥し，次いで染料を分解する薬剤と，薬剤で分解されない染料でモチーフを捺染し，乾燥・発色する。

②薬剤，染料

多くの処方が提案されている。たとえば，異なった染着機講を有する染料の組み合わせ，還元剤と難易分解性染料の組み合わせなどが挙げられる。

・元　糊：耐薬品性の良い糊剤が使用される。価格，耐薬品性，脱糊性，流動性を考慮して，糊料の選択をする。

・染　料：セルロース繊維には，反応機構の異なる反応染料を組み合わせる。ポリエステル繊維には，還元性分解染料と耐久染料，アルカリ防染用染料がある。

・防染薬剤：糊剤，ワックス，活性炭粉末，はっ水剤等を物理防染に使用する。
　　有機酸…反応染料の固着防止に使用する。
　　鉱物粉…繊維の被覆での防染に使用する。
　　酸性亜硫酸ナトリウム…ビニルスルフォン型反応染料の防染に使用する。
・カチオン系樹脂：アニオン系染料の直接染料・酸性染料を不溶化し，防染効果を発揮する。

（防染法）
防染糊印捺 ─→ 地色印捺 ─→ 固着
　　　　　　　（染料未固着）
ウェットオンウェット法またはウェットオンドライ法がある。

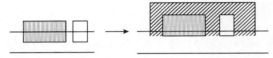
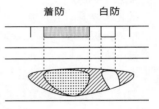

化学的防染剤と物理的防染剤（被膜増強，充填剤）による防染糊を印捺する。

（抜染法）
地色染色 ─→ 抜染糊印捺 ─→ 固着
（可抜染料固着）

可抜染料で染色後，還元剤または酸化剤を含む抜染糊を印捺する。

（防抜法）
地色印捺 ─→ 防・抜糊印捺 ─→ 固着
（染料未固着状態）

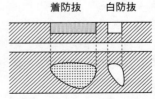

可抜性染料をパッドまたはブロッチプリントして乾燥し，未固着状態にある生地上に防・抜染糊を印捺する。

図 6.42　防染，抜染，防・抜染の模式図 [13]

・抜染剤：還元剤を使用する。

(3)顔料捺染

　顔料を生地上に印捺し，バインダーを用いて生地上に固定する染色法である。染色操作が単純で，対象繊維は限定されず，各種混紡品の染色にも対応可能な点に特徴がある。顔料捺染は，バインダーの影響で風合いが硬くなるという欠点があり，日本では衣料捺染には染料捺染が採用され，顔料捺染は，寝装品，子供用品，食堂雑品，Ｔシャツ，宣伝旗などの用途に限定されているが，海外では中低級品への捺染を中心に，顔料捺染法が多く採用されている。

①捺染剤用薬剤

1)着色剤(顔料)

　酸化チタン(白)，カーボンブラック(黒)以外は有機系顔料が使用される。顔料の選択には，アミン規制に注意する必要がある。

2)元　糊

　水と石油系溶剤を，乳化／増粘剤で元糊を作成する。石油系溶剤の主な使用目的は，増粘，乾燥を早める，風合い改良である。ポリアクリル酸系高分子を増粘剤とした全・低溶剤系元糊も多くなっている。

3)固着剤

　主には，自己架橋型アクリル系樹脂で，固形分45%以上の製品も市場に出ている。ウレタン系樹脂は価格は高いが，高堅ろう度，良好な風合いである。ラテックス系樹脂は価格が安く，風合いが良好で，米国など海外で多く使用されているが，黄変と耐光性が低い。

4)添加剤

　白色捺染には酸化チタン，光物加工には銅粉，アルミ粉，マイカ，グリッターを混合して捺染する。発泡捺染には，有機溶剤をマイクロカプセル化した発泡剤を併用して，熱で有機溶剤をガス化で発泡させ，凹凸のある加工をする。

②工　程

　工程は，印捺→乾燥→熱処理で完了する。東南アジアの手捺染工場では，未だに風乾のみで製品を完成させている工場もある。

③特徴と欠点

　〈特　徴〉

　　・工程が簡単である。

　　・耐光・耐候堅ろう度，耐薬品性の堅ろう度が良い。

〈欠　点〉
・風合いが硬くなりやすい。
・摩擦堅ろう度(特に湿堅ろう度)が低い。

3.6.2　捺染に使用する装置
(1)柄作成機器，配色

　入手した柄は，スキャナーで柄を読み取り，ディスプレイ上で色分解と柄の編集を行う。モチーフの大きさや配置を組み合わせ，配色をシミュレーションできる。

(2)彫刻機

　感光剤をコーティングしたスクリーンに，色分解したネガフィルムを重ね，高エネルギーの光線を照射するか，レーザー光線で感光樹脂を不溶化する。柄部分(捺染部分)の未感光樹脂を水洗で除去する。

(3)測色機

　要求されるデザインの色を測色し，要求品質に合った染料配合を決定する。

(4)カラーキッチン

　捺染用色糊は元糊調製機，色糊調合機で効率的に再現性良く作成される。自動秤量，自動混合装置を利用し，再現性を向上する提案がある。

3.6.3　捺染機各論
(1)フラットスクリーン捺染機(図 6.43)

　フラットスクリーン捺染は，手捺染と機械捺染に分類される。手捺染は広範の要望に対応でき，多量の色糊を塗布できるなどの利点がある。生産性はロータリースクリーン捺染に比べ劣るが，汎用性に特徴があり，多くの素材の捺染に利用されている。

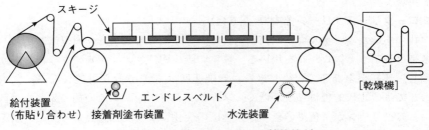

図 6.43　フラットスクリーン捺染機[14]

柄のレピート幅を調整できる点に特徴があるが，柄は連続でなく，ある部分で柄が重なる(ジョイント)ことが欠点となる。捺染速度はロータリースクリーン捺染に比べ遅く，25 m/分程度である。

①紗

高張力のポリエステル紗を使用する。孔数は 40～250 個/インチ(メッシュ)で，開口率(糸の太さで変わる)は 50% 以上になる。捺染柄により紗のメッシュを使い分け，細線には高メッシュ，地型捺染には低メッシュを使用する。

②ベルトと生地固定

完全な柄を再現するために型合わせを行う。型合わせには，生地をゴム製ベルトに仮接着し，捺染を行う。捺染後，乾燥機の前で生地をベルトから剥ぎ取り乾燥する。生地の仮接着には綿布に PVA 系地張り剤，ポリエステル系長繊維には感熱系地張り剤を使用する。

③スクリーンの位置決め

型枠順は型合わせがしやすく，捺染事故の少なくなるように設定する。

④スキージの種類

スクリーンの柄部分から色糊を押し出す器具で，ゴム板あるいは鉄製ロールを使用する。

⑤型合わせ

繊細で美しい柄を再現するためには，完全な型を作成する。彫刻が不完全だと，柄と柄が完全に重ならない型不合事故，またオーバーラップが大きくなる事故となる。

⑥色　糊

フラットスクリーン捺染では，紗の開口率が高く，高粘度の色糊を使用できる。色糊の粘度が高いと色糊のブリードが少なく，薄地の捺染で細く美しい柄を再現できる。

(2)ロータリースクリーン捺染機(図 6.44)

孔のあいたニッケル製の円筒状スクリーンに柄を彫刻，スキージはステンレス製ブレード，鉄ロールを用いる。捺染の際，円筒状ニッケルスクリーンを回転し，連続柄を高速で捺染できる。捺染速度は 100 m/分が可能になる。欠点としては，比較的色糊粘度が低く，スキージング圧が高いため柄の先鋭性が低い。スクリーンが，色糊の量や捺染速度の変化によって捺染点が移動し，型際が不鮮明になることもある。

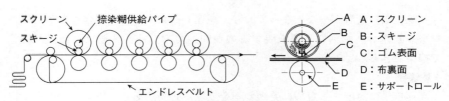

図 6.44　ロータリースクリーン捺染機[14]

① **スクリーンの種類**

スクリーンにはパーフォレイテッド・スクリーン，ガルバノスクリーンがあり，柄の再現方法で使い分ける。スクリーンは複数の外径スクリーン径が提供されているが，約 641 mm が一般的である。

② **ベルトと生地固定**

捺染できる色数も 12 色程度で，フラットスクリーンに比べると色数は少なく，ベルト長は短くなる。地張り剤は，綿に PVA 系，ポリエステルに感熱系樹脂を使用する。

③ **スキージの種類**

薄い金属ブレードと鉄製ロールの 2 種があり，柄の捺染面積によって金属ブレードの場合はブレードの厚さと幅を，また鉄製ロールの場合はロール径を選定する。

④ **乾燥機**

高速で捺染するので，乾燥効率の高い乾燥機が要求される。乾燥機中での捺染布のスレ汚れは，十分注意をしなければならない。

(3) ローラー捺染機（図 6.45）

機械捺染装置として歴史の長い装置であることから，染工場の機械保有リストに掲載されている例は多いが，実際に稼働している例は少ない。ローラー捺染ロールは耐薬品性が高く，特殊な捺染に使用されている。

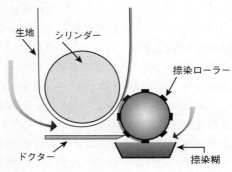

図 6.45　ローラー捺染機[15]

第6編　染色加工

熟練捺染技術者が少なくなっており，高速で捺染するので型合わせが困難，ロールが重い，彫刻に時間を要するのが問題点である。高速（100 m/分以上）で捺染できる。

・乾燥機

高速捺染に対応するために乾燥効率を上げる必要があり，熱シリンダーで乾燥する。乾燥前に捺染布が熱シリンダーに接触すると，未乾燥の色糊は熱シリンダーに付着しやすいため，フッ素樹脂でコーティングした熱シリンダーを使用する。

⑷ インクジェット・プリント（無製版捺染）

デジタルプリントと称せられている。IT 技術を利用し，生地上に液状インクを細かいノズルから吐出し，柄を表現する。スクリーン型などの捺染型を作成する必要はない。

〈特　徴〉

インクジェット・プリントの特徴をスクリーン捺染法と比較し，図 6.46 に示した。

インクジェット・プリント法では，捺染 CAD を使用し色分解することで，コンピュータ上に柄を作成し，ノズルヘッドを搭載したプリンターで印捺する。短納期で少量多品種の捺染布が作成できる。

特徴は，細線，先鋭な柄が作成できる点にあり，コンピュータ上の柄を忠実に再現できる。加工する生地を機台に準備すれば，即座にプリントが可能になり，オペレーターは熟練である必要がなく，短時間の教育で直ちに現場で作業ができる。

インクジェット・プリント装置の印捺速度は，インチ当たりのインクの吐出点数，吐出モードと吐出回数により決まる。初期のインクジェット装置は加工速度が極端に遅く，スクリーン捺染などの機械捺染のような能力は得られないとされていたが，最近ではインクノズルの改善と信頼性の向上などの技術的進歩により，ロータリースクリーン捺染に近い捺染速度の装置も開発されている。

捺染は，細いノズルからインクを吐出するので，インクに添加できる薬剤および使用濃度に制限がある。乾燥しやすい薬剤を使用すると，ノズル詰まりなどの事故が発生することがある。生地表面からインクを吹き付けて捺染するので，生地へのインクの浸透は少なく，表面染着が多くなる。生地へのインクの浸透促進，あるいは浸透防止のため前処理が必要になる。

第3章 染色の工程

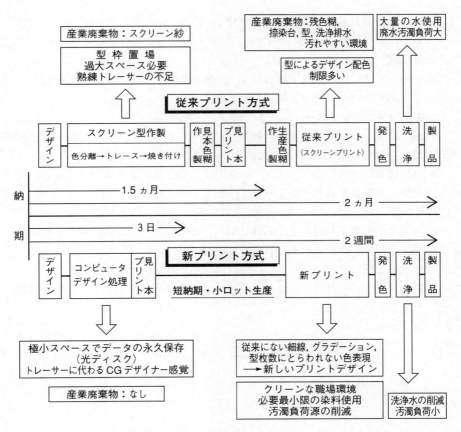

図 6.46 従来捺染方式とインクジェット・プリント方式の対比 [16]

3.6.4 後処理工程

捺染後,繊維と染料に最適の発色工程を適用する。連続で安定な品質が得られることが,特に必要である。

(1)発色工程

印捺,乾燥したものの発色・固着に使用されるスチーマーとして,素材や加工量に応じて種々の装置が開発されている。

・常圧,バッチ式:箱蒸し,スタースチーマーなど。
・常圧,連続式:ループスチーマー,タワー式スチーマーなど。高温過熱蒸

317

気による HT スチーマー，URS(ウルトララピッドスチーマー)

・高圧，バッチ式：HP スチーマー，スチームマスターなど。

(2)洗浄工程

スチーミングによる発色・固着後は，未固着染料，糊剤，助剤などを完全に除去する必要があり，通常連続式で行われる。

①拡布状(オープンソーパー)

水洗，湯洗，ソーピングなどの機能別に仕切られた 6〜14 槽に，生地を連続的に浸漬，脱液することにより洗浄する。洗浄効率を上げるために，生地にジェット流を吹き付けたり，サクションドラム内に洗浄液を吸引するなどにより，洗浄液が生地を貫通するような工夫がなされている。

②ロープ状

ウインス染色機を利用して，非連続的に，あるいはそれを数台並べて連続的に洗浄するが，洗浄効果はあまり良くない。

(3)後仕上げ工程

捺染工程で生じた熱と張力による生地の歪みを除去するとともに，新たに風合いと機能を付与する。

第4章

加　工

　加工には化学加工，物理加工，熱加工などがあり，通常はこれらの相乗効果を利用して目的の機能を付与する。染色と漂白も化学加工の一種であるが，別項として扱っている。

4.1　仕上げ加工

　織物は長さ方向に張力が掛かると幅が縮まり，オーバーフィードで圧縮すると厚み方向にふくらむ。また，幅出しすれば長さ方向に縮むなど，布は工程間で常に形態を変化させながら目的の性量と風合いにつくり込まれる。前処理，染色，仕上げを通じて全般的に長さ方向に引張られる工程が多いため，丈方向が伸ばされやすい。乾燥工程ではオーバーフィードや幅出しを行い，幅と長さ方向の糸密度や伸縮性などを安定させる。

　仕上げ加工は，染色以降の整理および仕上げ工程の総称で，設計値への性量合わせ，風合いづくり，織物組織の安定化および適正伸度の付与，プレスによる表面仕上げなどの役割を果たす。

4.1.1　風合いづくり
⑴梳毛クリア仕上げのモデル工程

　梳毛クリア仕上げのモデル工程を以下に示す。

反染め→連続煮絨→乾燥→中間検査→剪毛→ブラシ→蒸絨→緩和→
最終検反→巻取

クリア仕上げ品は，前処理工程で毛焼きのあと，仕上げの剪毛工機でさらに表面毛羽を除いて平滑な表面効果を得る（図6.47）。煮絨は，バッチや連続で行う湿熱セットで，蒸絨は最終工程で行う強いスチームセットである。蒸絨はデカタイジングとも呼び，多孔シリンダーに反物を巻き取り，真空吸引，蒸気の吹き込み，吸引冷却を経て，表面を平滑にし，寸法安定性を付与する。蒸絨には，常圧型のセミデカタイジング（図6.48），さらに強いセットの高圧型フルデカタイジング（釜蒸絨機）が使われる。（図6.49）

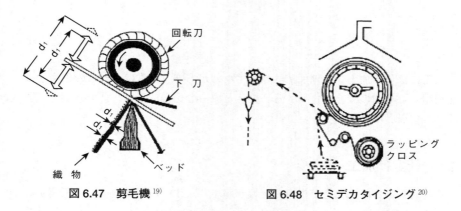

図6.47 剪毛機[19]　　　図6.48 セミデカタイジング[20]

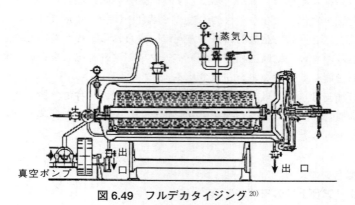

図6.49 フルデカタイジング[20]

(2)紡毛ミルド仕上げのモデル工程

紡毛ミルド仕上げのモデル工程を以下に示す。

先染め→洗絨→縮絨→洗絨→連続煮絨→乾燥→中間検査→起毛→
　　　　　　　　　　　　　　↑　　　　　　　　→剪毛→ブラシ→蒸絨
生機→洗絨→縮絨→洗絨→反染め

　ミルド仕上げは洗絨，縮絨，起毛，剪毛を経て，布表面に均一で細かい毛羽をつくり，ソフトで温かい感触を与える仕上げ方法である。梳毛織物では，縮絨の程度を変えたセミミルドなどがある。起毛工程では，織物表面をワイヤー針布などによって繊維を引き出し，細かい毛羽を発生させる（図6.50）。紡毛織物は毛羽を引き出しやすく，寝装の毛布などが代表的である。衣料のメルトン仕上げでは布表面を毛羽で覆い，ビーバー仕上げでは長い毛羽を一方向に揃え，光沢を与える。過度の起毛は織糸の強力低下を招くので，注意を要する。

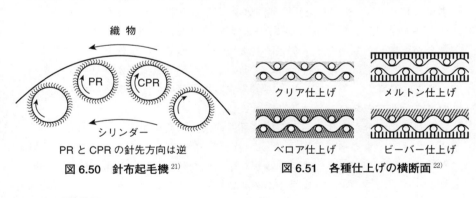

PRとCPRの針先方向は逆
図6.50　針布起毛機 [21)]

図6.51　各種仕上げの横断面 [22)]

4.1.2　柔軟加工

　柔軟加工は，繊維間や織物の糸間の摩擦抵抗を小さくし，曲げ抵抗を下げてしなやかさを付与する加工である。柔軟加工には，①減量加工により織物組織の経糸・緯糸間の摩擦抵抗を下げる，②界面活性剤や平滑性樹脂などで平滑性を与え柔軟化する，③繊維特性を活かして膨潤や揉み作用により織物に柔軟性を付与する方法がある。薬剤加工では，カチオンやアニオン系柔軟剤，シロキサン系樹脂などが使われる。

4.1.3 寸法安定加工

一般に，形態安定加工は洗濯後にしわがなく，縮まず，アイロン掛けが不要な加工を指す。形態の安定化には，綿織物は液体アンモニア加工と樹脂加工の併用，毛織物は防縮加工と樹脂加工などの併用，熱可塑性のポリエステル織物はヒートセットが有効である。

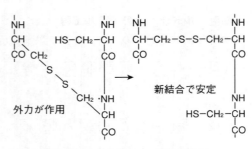

図 6.52 SH／SS の交換反応[22]

(1) 羊毛の湿熱処理（セット）

羊毛は，水分を含んでいるため，熱と圧力が加わるとセットされる。一次セットと永久セットがあり，一次セットは蒸気アイロン掛けなどで繊維内の分子が水素結合することにより一時的にセットされるが，水分を与えると元に戻る。

沸水処理や 60℃ 以上の還元性雰囲気で，羊毛繊維の分子鎖のジスルフィド結合（-S-S-）に開裂が生じ，圧力が加わると，ずれた配列の位置でジスルフィド結合が再生し，強いセットが完了する（図 6.52）。羊毛の永久セットで知られるシロセット加工は，還元性のセット剤の水溶液を羊毛織物のプリーツやギャザーなどに噴霧し，蒸気プレスして耐久性の高いセットを得る処理法である。

(2) ハイグラルエキスパンション（HE）

羊毛繊維の水分が変化すると織物に可逆的な寸法変化が起こる現象を，ハイグラルエキスパンション（HE）と呼ぶ。膨潤しやすいセルロース繊維にも近似した現象は起こるが，主に羊毛織物が雨にぬれた時などに，布地が伸びてパッカリングやしぼ感が生じる場合がある。乾くと元に戻るが，織物構造や接着芯地，縫製条件も影響して外観が損なわれ，問題になることがある。羊毛のセットが強いとハイグラルエキスパンションが生じやすいため，染色工程でアンチセット剤による酸化処理や pH 調整を行い，セットを制御すると効果的である。

(3) ポリエステルのヒートセット

ポリエステル繊維は，ヒートセットで繊維内部の結晶構造が変化し，180～190℃ で最も緻密になり，染着率は最小になり，その前後の温度領域では染着率は上がる。セット温度は減量加工の減量速度にも影響を与え，またセット時に生じた斜行やしわは，仕上げ工程では修正が困難なため，ヒートセットは均

一に行う。130～135℃で染色し，170℃前後で仕上げる。

(4) 綿のサンフォライズ加工

綿織物で，長さ方向の洗濯収縮に相当する強制収縮を与え，寸法を安定させる。織物は，図 6.53 の A 点で加圧ローラーと主ドラムで圧縮され伸長するが，B 点でラバーベルトの収縮に沿って長さ方向に追い込まれ，収縮する。

(5) 羊毛の防縮加工

羊毛製品の大半はドライクリーニングされるが，フロン系や塩素系などの有機溶剤による環境汚染対策および親水性の汚れを除去する目的で，商業ウエットクリーニングや家庭洗濯機による水系洗濯の研究が進んでいる。羊毛繊維のフェルト収縮を止める方法として，原料段階で羊毛繊維の表皮スケールをモノ過硫酸などの酸化剤や酵素で除去する，あるいは

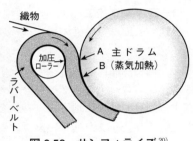

図 6.53　サンフォライズ[20]

塩素で前処理のあと，ポリアミド系樹脂でスケールの凹部を被覆するなどの防縮処理法がある。羊毛織物にイージーケア性を付与するには，防縮加工，あるいは仕上工程でのウレタン系樹脂との併用，疎水性繊維のポリエステル繊維との混紡などが効果的である。

4.2　特殊加工

生地のみでは，解決できない特性を付与する加工である。

4.2.1　特殊外観の付与

(1) カレンダー加工

織物に光沢を与えるには，カレンダー加工がある。カレンダーロールで，温度と圧力により光沢を付与する物理的な加工装置である。カレンダーの種類を変えることで，生地に合った光沢を付与できる。カレンダー効果の出しやすい薬剤を生地に前処理して，効果を高めることができる。

(2) エンボス加工

生地に凹凸を付与する加工である。凹凸のあるロールで加工する。また，気泡を含むペーストをコーティング乾燥するか，発泡剤を含むペーストを表面に

コーティング後,熱発泡し,凹凸のある熱ロールで加工する。

(3)しわ加工

衣類の表面上に鋭角な凹凸を付ける加工である。ポリエステルなどの熱可塑性繊維を押し込んでしわを付け,熱で固定する。綿布に反応性の樹脂加工剤を付与し,乾燥後にしわ付け,熱処理でセルロース鎖と樹脂を固着することで,しわを固定する。

(4)コーティング加工

生地の表面に,粘性のあるペーストをナイフコーター,ロールコーターで付与する。低粘度品は,スプレーでの塗布や,スラッシュコーティング法でコーティングする。目的は,生地表面に特殊な機能や光沢を与え,また通気性をコントロールすることにある。

ナイフコーターは,ナイフの前部に樹脂などの塗物を供給し,布の移動によりコーティングを行う方式である(図6.54)。布の表面に樹脂層を形成させる場合もあるが,通常は裏面に塗布される場合が多い[23]。

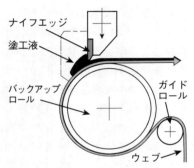

図6.54　ナイフコーティングの例

(5)洗い加工

ジーンズや顔料染色品の表面状態を変えて,柔らかい風合いを発現するために使用する。使用する薬剤は,繊維表面を剥離させるために,石や繊維の溶解剤,酵素を使用する。

(6)オパール加工

最も典型的な加工としては,ポリエステル長繊維を糸の中心部分にし,周囲を綿糸で巻き付けた糸(コアヤーン)の織物に加工する。酸性液(または,熱処理で酸を発生する液)を捺染し,乾燥後,熱処理で綿部分を炭化して分解,十分な洗浄で炭化した部分を水洗除去し,柄を発現する。重要なことは,綿部分の脱落でバランスの良いシースルー効果を示し,加工布が衣料としての強力を保持すること,また水洗での脱落性の良い炭化をする酸性物質の配合である。

(7)リップル加工

綿布が高アルカリ液で収縮することを利用して,凹凸のある製品にする加工

である。綿布を糊剤，はっ水剤とワックスを配合した捺染糊で捺染し，次いで高濃度のアルカリ液に浸漬して，部分的に綿布の収縮を発現させて凹凸を与える。生地のみでは，解決できない特性を付与する加工である。

4.2.2 特殊機能加工
(1) 透湿防水加工

外部からの雨や水の浸入を防ぎ，体より出る汗の蒸気を外部に発散させて蒸れにくくする機能を透湿防水機能といい，スキーやゴルフなどのスポーツ用衣料として広く用いられている。このような一見，相反する機能が発現するのは，図6.55に示すような原理による[24]。

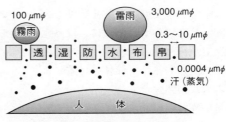

図6.55　透湿防水のメカニズム

透湿防水素材は，大別して図6.56に示す3種があり，それぞれの特徴は以下のとおりである[21]。

①ラミネートによる透湿防水素材

はっ水性の多孔質フィルムを，織物または編物にラミネート加工により貼り合わせたものである。概して他の方式の透湿防水素材に比べて，耐水圧のレベルは高いが，風合いは硬くなる傾向にある。

②コーティングによる透湿防水素材

織物または編物に，ポリウレタンなどの樹脂をコーティングしたものである。ラミネートしたものに比べると，耐水圧のレベルはやや低いが，風合いは良好である。

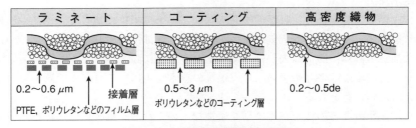

図6.56　代表的な透湿防水素材

③高密度織物

極細繊維を用いて、高密度に製織した織物にはっ水加工したものである。ラミネートやコーティングによるものに比べて、耐水圧のレベルは低いが、透湿性のレベルは高く、風合いはソフトの傾向にある。

(2)はっ水・はつ油加工

雨などの水滴をはじく特性を繊維製品に付与するために、はっ水加工が行われる。また、いろいろな生活の場には、液体の付着による汚れの問題がある。

繊維表面が、水滴あるいは水性および油性の汚れ成分をはじき、生地内部に浸入するのを防ぐためには、繊維表面の表面張力が水および油の表面張力より小さいことが必要である（図6.57）。一般に、繊維自体はそのような特性を有していないので、水あるいは油よりも表面張力の低い加工剤で処理して、繊維表面に水あるいは油よりも表面張力の低い皮膜を形成させる。このような加工を、はっ水・はつ油加工という。

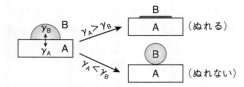

γ_A：固体の表面張力
γ_B：液体の表面張力

図6.57 液体／固体の表面張力とぬれの関係[25]

(3)防水加工

はっ水加工をしていても、雨などの水滴が繊維の表面に強く当たると、水は繊維の中に浸入する。これを防ぐには、水が浸入しないように生地の隙間を樹脂コーティングなどにより覆うことが必要である。防水加工すると、運動した時に生じた汗が衣服内にこもり、蒸れを感じる。したがって最近は、透湿性のある透湿防水加工が主流となっている。

(4)親水加工

合成繊維は疎水性で、吸湿性のある綿などの天然繊維に比べて、①汗や汗の蒸気を吸いにくい、②静電気が発生しやすい、③油性の汚れが付きやすく、付いた油性汚れは洗濯で除去しにくく、また洗濯時に除去された汚れが再汚染するなどの問題が起こりやすい。合成繊維の親水加工は、これらの問題の発生を抑えるために行われる。

特に、肌着などの汗をかくような用途で用いられる織編物には、汗を積極的に吸いやすくさせるために親水加工が行われており、これは吸水加工あるいは

吸汗加工ともいわれる。最近は，肌側で汗を吸い，汗の水分を織編物内でトランスポートさせて表面から蒸発させる吸汗速乾素材が多く提案されている。

(5) 帯電防止加工（制電加工）

疎水性の合成繊維は静電気が帯電しやすく，着衣のまとわりつき，ほこりの付着，放電などが発生する。仕上げ加工で行われるのは，ほとんどが親水性の化合物の付与である。

ポリエステル繊維の織編物では，通常，一時帯電防止加工が行われる。洗濯耐久性が求められる用途では，親水性のモノマーを繊維表面へグラフト加工するなどの加工が行われる。

(6) 防汚加工

繊維製品が着用または使用され，洗濯され，保管される環境では，いろいろな場面において繊維製品に汚れが発生する要因がある。

汚れの発生する要因を図 6.58 に，汚れの成分を図 6.59 に挙げた。これらか

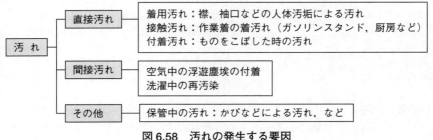

図 6.58　汚れの発生する要因

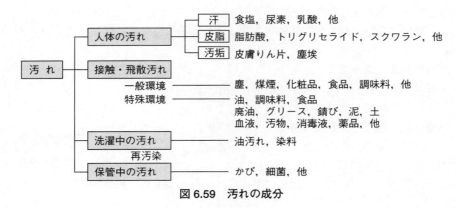

図 6.59　汚れの成分

らわかるように,汚れの発生する要因,汚れの成分はさまざまである。したがって,繊維製品の防汚を考える場合には,どのような汚れを防ぐのかを明確にして対応することが必要である。

防汚加工には,大別して次の3区分がある。
①汚れが付着しにくい(SG:Soil Guard)。
②付着した汚れが除去しやすい(SR:Soil Release)。
③洗濯中に汚れが再汚染しにくい。

これらの防汚加工に対する具体例,そのための必要特性および具体的手段を,表6.7に示した。

表6.7 防汚加工の目的と必要な特性および具体的手段

目的	汚れが付着しにくい	付着した汚れが除去しやすい	洗濯中に汚れが再汚染しにくい
具体例	塵・ほこりなどの固形汚れが付着しにくい 液体汚れが付着しにくい	付着した油汚れが洗濯しても除去しやすい	洗濯中に,除去された汚れが再汚染しにくい
必要特性	表面張力が小さい 制電性がある	繊維表面の親水化	繊維表面の親水化
具体的手段	はっ水・はつ油加工 帯電防止加工	親水加工	親水加工

(7)蓄熱保温加工

太陽光を吸収して熱に変換し,人体が発する熱の放散を防ぐ機能をもったセラミックなどを合成繊維の製造中に練り込んで,繊維自体に蓄熱保温機能を付与したものがある。蓄熱保温加工は,そのような機能を有する材料を,コーティング樹脂に分散させて生地に塗布するなどの方法で,生地に付与するものである。

(8)難燃加工,防炎加工

繊維製品の燃焼は,図6.60にあるように,火源によって加熱された繊維が熱分解し,可燃性ガスを発生させ,これが空気中の酸素と混ざることによって燃焼し,燃焼により繊維の熱分解をさらに促進させること

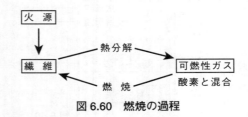

図6.60 燃焼の過程

による。

　従来，臭素系化合物が多く使用されてきたが，発ガン性等の問題で加工剤の生産や販売が制約され，現在はりん系の防炎剤に切り替わりつつある。

　繊維の燃焼を防ぐため，以下のような考え方のもとに，難燃加工あるいは防炎加工が行われる。

　①熱による繊維の炭化を促進させて，可燃性ガスの発生を制御する。

　②着火部分の溶融分離を促進させて火源から遠ざけることにより，燃え広がるのを防ぐ。

　③繊維の耐熱性を高める。

(9)形態安定加工

　綿およびポリエステル／綿混織物に，洗濯での収縮や外観変化がなく，アイロン掛けが不要な形態安定性を付与する加工である。

　液体アンモニア加工による綿の強度向上効果と，樹脂加工または気相でのホルムアルデヒド加工によるセルロース分子の架橋化により，綿の形態安定加工が可能となった。アパレル製品品質性能対策協議会で，形態安定加工に対する品質性能基準が定められている。

(10)抗菌防臭加工

　繊維製品を着用，あるいは使用すると，身体から出た汗・皮脂および垢などが繊維製品に付着する。これらの付着物を栄養源として細菌が増殖するとともに，付着物は分解されて不快な臭気が発生する。

　細菌の増殖を防ぎ，においの発生を防止するのが抗菌防臭加工であり，"繊維上の細菌の増殖を抑制し，防臭効果を示す加工"と定義されている。

　抗菌防臭加工には，抗菌防臭性を有する薬剤の繊維への練り込みと，後加工で付与する方法がある。(一社)繊維評価技術協議会(JTETC)により，抗菌防臭性能およびその洗濯耐久性，安全性などに認証基準が定められており，合格品には認証番号が与えられ，SEKマーク「青色」(図6.61)の表示が許諾される。

(11)制菌加工

　制菌加工とは，"繊維上の細菌の増殖を抑制する加工"と定義されている。一般家庭で使用される製品を対象とした一般用途と，医療機関ならびにそれに準じる施設にて使用される製品を対象とした特定用途がある。

　制菌加工には，制菌性を有する薬剤の繊維への練り込みと，後加工で付与する方法がある。(一社)繊維評価技術協議会(JTETC)により，制菌性能および

表 6.8 抗菌防臭加工および制菌加工の試験対象菌種[26]

		抗菌防臭加工	制菌加工 一般用途	制菌加工 特定用途
マークカラー		青(DIC66)	橙(DIC121)	赤(DIC156)
試験対象菌種	黄色ぶどう球菌	●	●	●
	肺炎かん菌	—	●	●
	MRSA	—	—	●
	大腸菌	—	○	○
	緑膿菌	—	○	○
	モラクセラ菌	—	○	○
申請受付開始		1989年から継続受付中	1998年6月から継続受付中	1998年9月から継続受付中

※ 試験対象菌種の●印は必須菌,○印はオプション菌。
モラクセラ菌は2013年4月から申請受付開始。

図 6.61 抗菌防臭加工および制菌加工のSEKマーク[26]

その洗濯耐久性,安全性などに認証基準が定められており,合格品には認証番号が与えられ,一般用途ではSEKマーク「橙色」,特定用途ではSEKマーク「赤色」(図6.61)の表示が許諾される。

表6.8に,抗菌防臭加工および制菌加工の試験対象菌種を示す。

⑿ **消臭加工**

不快なにおいには,生ごみ臭,糞尿臭,汗臭,体臭,タバコ臭などさまざまなにおいがある。においの成分は多種多様である。

消臭加工とは,"繊維が臭気成分と触れることにより,不快臭を減少させる

表 6.9　消臭加工の対象となる不快臭の臭気カテゴリーとその成分[26]

臭気カテゴリー	臭　気　成　分
汗　　　臭	アンモニア，酢酸，イソ吉草酸
加　齢　臭	アンモニア，酢酸，イソ吉草酸，ノネナール
排 せ つ 臭	アンモニア，酢酸，メチルメルカプタン，硫化水素，インドール
タ バ コ 臭	アンモニア，酢酸，アセトアルデヒド，ピリジン，硫化水素
生 ご み 臭	アンモニア，硫化水素，メチルメルカプタン，トリメチルアミン
アンモニア臭	アンモニア

効果を示す加工"と定義されており，この不快臭には，汗臭，加齢臭，排泄臭，タバコ臭，生ごみ臭，アンモニア臭が特定されている（表6.9）。消臭効果を有する薬剤を繊維に練り込み，あるいは後加工で付与する。(一社)繊維評価技術協議会（JTETC）により，これらの不快臭に対する官能評価と機器評価による認定基準が定められており，合格品には消臭加工マークの使用が許可される（図6.62）。

図 6.62　消臭加工マーク[26]

(13) **紫外線遮蔽（UVカット）加工**

人間が太陽光線に含まれる紫外線を受けると，肌の老化，シミやソバカスの発生，あるいは日焼けなどが起こる。地球上では，成層圏のオゾン層が紫外線をある程度吸収するが，オゾン層の破壊により地球上に到達する紫外線が増し，紫外線によるさまざまな障害が問題になって

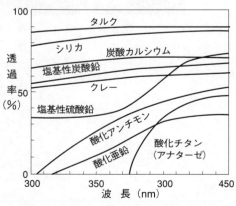

図 6.63　無機化合物の分光透過率曲線[27]

331

いる。紫外線遮蔽加工は，紫外線を吸収する化合物を繊維に付与し，紫外線の皮膚への到達を低下させるものである（図6.63）。

⑭ラミネート加工

防寒性，保温性，耐衝撃性，あるいは特殊なフィルムの透湿防水性など，単独では得られない特性を得るために，布または不織布にフィルム，布，不織布，ウレタンフォームなどを貼り合わせる加工をラミネート加工という。中でも，布地と布あるいは布とウレタンフォームを貼り合わせる加工をボンディングともいう。

貼り合わせの手段には，接着剤により貼り合わせる方法と，熱溶融性ウレタンフォームに火炎を当ててウレタンフォームを融かし，接着させる火炎融着法がある。

接着剤は，以前は溶剤を使用するのが主流であったが，近年はVOC規制のため水系溶剤が使用されることが多くなっている。

図6.64　ラミネート機（㈱ヒラノテクシード）

第5章

検 査

　検査は，①生機受け入れ検査，②染色のあとの乾燥上がりで行う中間検査，③最終の仕上げ検査に分かれる。

　生機検査は，染色以降の工程では修正ができない糸や製織欠点を点検する。中間検査では，中間の風合いや染色欠点の有無を検査し，仕上工程に欠点を持ち込まないように処置し，仕上げ検査では，幅，有効反長，外観風合い，色相などの総合評価と合否の判定を行う。検反機で，水平，傾斜，裏表，透過光などの条件下で検査する。幅，反長，厚さ，柄ピッチ，斜行，色，風合い，しわ，疵，欠点，汚れなどの総合評価を行い，管理基準や納入基準に照合して欠点表示と等級付けを行う。併せて，物性，染色堅ろう度，色差，風合いなど計測管理を行う。

5.1　外観品位

　品位は，商品コンセプト，配色デザイン，織物設計の意図，材料品質などの支配要因が大きいが，仕上がり検査での外観品位とは，設計に対して性量の振れが少なく，しわ，汚れなどの欠点がなく，表面感や風合いがていねいに仕上がり，良質でむらのない染め上がりなどを意味する。織物や製品の品位は，的確な設計およびデザインと，優れた製造技術，高い品質管理の

図 6.65　検反機

333

第6編　染色加工

総合力から得られる。反幅，反長，柄ピッチ，布目曲がりなどは縫製工程の延反，マーキング，裁断などに大きく影響するので，ばらつきを最小に抑える。

5.2　色判定

見本色と仕上がりの色を，目視や測色結果で合否の判定を行う。測色による色差は肉眼と必ずしも一致しないが，一般には色差 ΔE の許容幅は 0.5 前後である。染色以降の洗絨や乾燥，湿熱処理における熱，あるいは織物の表面効果などが影響して，色相が微妙に変化することも多い。染色時の色合わせや最終検査では熟練技術者による目視判定が欠かせない。

5.3　物　性

物性は，強伸度，形態安定性，染色堅ろう度などの基本物性を中心に，目的に応じて吸湿性，風合いなどの着心地の特性，また帯電性や防炎性などの付加機能を測定する。

5.3.1　物性に影響をおよぼす要因

幅，長さ，厚み，目付などの性量は，織物設計の依存度が高く，染色や仕上げ加工の操作で修正できる部分は少ない。熱セットによる無理な修正は，製品段階で歪みが発現するなど新たな問題の発生につながりやすい。適正な加工条件下で設計値と合わない場合には，織物設計の改定を再検討する。設計が適正であっても，なお強力や伸びなどの物性や染色堅ろう度などに異常が認められる場合には，原材料の品質や紡績，製織条件，染料の選択，仕上げ加工の適否など，多岐にわたる誘因を分析し，対策に当たる必要がある。

5.3.2　物性項目と概要

⑴**基本物性：布の基本特性を評価する**

厚さ(JIS L 1096)，引張強さ及び伸び率(JIS L 1096)，引裂強さ(JIS L 1096)，破裂強さ(JIS L 1096)，摩耗強さ及び摩擦変色性(JIS L 1096)，滑脱抵抗力(JIS L 1096)，寸法変化(JIS L 1096)，ピリング性(JIS L 1076)など。

⑵**着心地物性：快適性に関する評価を行う**

帯電性(JIS L 1094)，通気性(JIS L 1096)，吸水性(JIS L 1907)，透湿性(JIS L 1099)，防水性(JIS L 1092)など。

第5章　検査

⑶その他の特性：目的と用途に応じて適正な試験法を選択する

燃焼性(JIS L 1091)，バギング性(JIS L 1061)，風合い(KES)など。

5.4　染色堅ろう度

5.4.1　生活環境と染色堅ろう度

染色製品が受ける障害要因は，日光の紫外線，大気中のガス，水道水中の塩素，洗剤，汗，摩擦，保管中の温度と湿度，かびの影響など多岐にわたる。また，外衣などの重衣料と下着あるいはスポーツウェアなどのように用途によっても状況は変わるので，繊維製品の使われ方や目的に応じて堅ろう度の水準と染色条件を設定し，管理する。

5.4.2　設計・製造過程と染色堅ろう度

ポリエステル繊維に染着する染料は分散染料に限定されるが，一般に繊維は複数の染料種属で染色が可能であり，染色コストも異なる。また，同属の染料も個々に特性が異なるため，染料と染色法の選択は，製品の発色や染色堅ろう度を左右する重要な因子となる。企画段階から，目的と用途，原材料，製造工程，縫製や製品の使用環境などを勘案し，適切な染色条件を選択することが必要である。海外生産など製造過程の把握や管理が容易でない製品の場合は，受け入れシステムや技術指導を徹底し，リスクを小さくする。

5.4.3　染色堅ろう度の項目

日光堅ろう度(JIS L 0841)，紫外線カーボンアーク灯光(JIS L 0842)，キセノンアーク灯光(JIS L 0843)，水染色堅ろう度(JIS L 0846)，塩素処理水染色堅ろう度(JIS L 0884)，洗濯染色堅ろう度(JIS L 0844)，汗染色堅ろう度(JIS L 0848)，光及び汗堅ろう度(JIS L 0888)ドライクリーニング染色堅ろう度(JIS L 0860)，摩擦染色堅ろう度(JIS L 0849)などがある。

5.4.4　その他

環境保全の一環として，水系洗濯が見直し推奨される方向にある。水系洗濯は，クリーニング店が洗濯後に立体プレスやアイロンで仕上げる商業ウエットクリーニングと，手洗いまたは家庭洗濯機によるベリーマイルドコースに分かれており，加工技術ならびに洗濯機や洗濯方法の開発研究が進められている。試験片による実験室での物性評価や染色堅ろう度の試験結果は，製品上がりの実着用特性と必ずしも一致するとは限らないので，相関性に注意を払い，目的

335

に沿った適切な試験法を選択する必要がある。

── 参考文献 ──

1) 飛田；染料と薬品，**18**，345(1973)
2) 黒木；解説 染色の化学，p 90，槙書店(1987)
3) 梳毛紡績技術マニュアル，p 200，235，237，238，日本羊毛紡績会(1995)
4) 大井義雄，川崎秀昭，色彩，日本色彩研究所(2007)
5) 日本紡績協会(編)；テキスタイル・エンジニアリング[1]，p 77，繊維工業構造改善事後協会(1991)
6) 日本紡績協会(編)；テキスタイル・エンジニアリング[2]，p 200，繊維工業構造改善事後協会(1991)
7) 田阪雅計，改森道信；"漂白技術 14"，加工技術，**38**(5)，57(2003)
8) 日本学術振興会染色加工第 120 委員会(編)；新染色加工講座 浸染Ⅲ，p.128，共立出版(1972)
9) 星野；ナイロン繊維の染色，p.301，日本染色新聞社(1967)
10) ㈱日阪製作所の資料
11) 伊藤博，他；実用染色講座(三訂版)，染色(4)，p.207，色染社(1997)
12) 色染化学Ⅲ，p.162，実教出版(1975)
13) 富原健之；加工技術，**30**(7)，4494(1995)
14) 蟹井，他；色彩科学Ⅲ，p.235，実教出版(1975)
15) 武部猛；捺染技術のすべて，p.127，繊維社(1975)
16) 柏原徹；染色加工，**33**(10)，620(1998)
17) 杉尾，他；実用染色講座，p.184，色染社(1980)
18) 新・繊維総合辞典，繊研新聞社(2012)
19) 梳毛紡績技術マニュアル，p.239，日本羊毛紡績会(1995)
20) 日本紡績協会(編)；テキスタイル・エンジニアリング[2]，p.242，228，繊維工業構造改善事業協会(1991)
21) 梳毛紡績技術マニュアル，p.240，日本羊毛紡績会(1995)
22) 繊維ベーシック講座テキスト，p.19，34，日本繊維技術士センター(2010)
23) 原崎勇次；コーティング方式，p.59，槙書店(1979)
24) 小林重信；ペテロテック，13，p.917(1990)
25) 繊維の百科事典，p.825，丸善(2002)
26) 繊維評価技術協議会「さわやか繊維」パンフレット (2016.7.10)
27) 機能性・食品包装技術ハンドブック，p.61，サイエンスフォーラム社(1989)

第7編

アパレル製品の基礎知識
Basic Knowledge of Apparel

第1章	アパレルの製造 ……… 339

1.1 アパレルとは
1.2 アパレル生産工程の概要
1.3 アパレルの企画・設計
1.4 アパレル縫製工場の
　　工程概要と生産設備

第2章	アパレルの品質 ……… 373

2.1 衣料品に対する消費者苦情
2.2 衣服の使用と性能変化
2.3 苦情事故を発生させないために

執　筆　者

相馬　成男（Shigeo SOHMA）
［相馬技術士事務所（繊維部門）］

上田　良行（Yoshiyuki UEDA）
［上田繊維技術士事務所］

第1章

アパレルの製造

1.1 アパレルとは

　繊維，繊維製品の区分を図7.1[1]に示したが，アパレルは繊維製品の衣料用に属している。

　アパレル(apparel)は衣服，衣装，服装のこと。主としてコート，スーツ，ジャケットなどの外衣を指したが，次第にセーター，シャツ，ブラウスなどの中着や，インナーなどの下着，さらにスカーフ，ハンカチ，ネクタイ，靴下類などの洋品も含めるようになっている。

　アパレル製品，アパレル産業(ファッション性の強い衣服を企画，製造，販売する既製服産業のことを日本でこういう)，アパレルメーカーのように複合語として用いられることが多い。

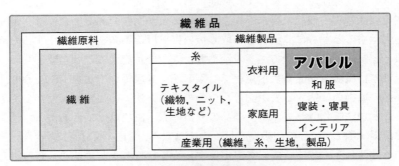

図 7.1　繊維・繊維製品関連用語の区分[1]

第7編　アパレル製品の基礎知識

1.2　アパレル生産工程の概要

　アパレル産業の生産工程を図7.2[2]に示したが，一般的に，アパレル製品の企画・設計機能は，アパレルメーカーまたは小売店である百貨店，量販店，専門店あるいは商社（卸商）の商品企画部門が担当し，製造機能は，アパレルメーカー直営または下請け加工専業の縫製工場が分担している。

1.3　アパレルの企画・設計

1.3.1　商品化計画

　アパレルの商品化は，図7.3に示した流れに沿って具体的に計画し，業務が進められる。

1.3.2　企画構想（コンセプト）

　コンセプト（概念）は，どんな人を対象として，どんな場面の着用を想定した衣服であるのかという，その商品のもつ性格を表現するものである。アピールするポイントを明確にし，性格を明らかにすることによって，他社の競合商品との差別化を図る。

　対象とする人たちに認められなければファッションとして価値はないから，今どんなことに関心をもっているか，そして何を求めているか，情報を集めて分析し，適正なタイミングで提案していくことが重要である。

　衣服の機能には，文化機能（感性）と実用機能（消費性能）があり，両者のバランスが衣服購入の意思決定に影響をおよぼすことから，その衣服がよく売れるためには，実用機能だけでなく文化機能においても優れていることが必要である。

　文化機能と実用機能の要求を両立させることが困難である場合には，優先機能を明示するとともに，消費者の取り扱いにおける不満を未然防止するための情報として，製品に取扱い注意表示や警告表示を付記することが望ましい。また，日本は繊維製品品質表示規程で，家庭洗濯等取扱い方法をJIS L 0001「繊維製品の取扱いに関する表示記号及びその表示方法」の規定にしたがって表示することが法制化されている。製品の取扱い表示決めは，できあがったサンプルを洗濯試験して，その結果から行うのではなく，企画・設計時に"水洗い表示にするか，ドライクリーニング表示にするか"をあらかじめ決め，その決定にしたがって表地・副資材や縫製仕様の選定を行うものづくりをしなければなら

340

第1章 アパレルの製造

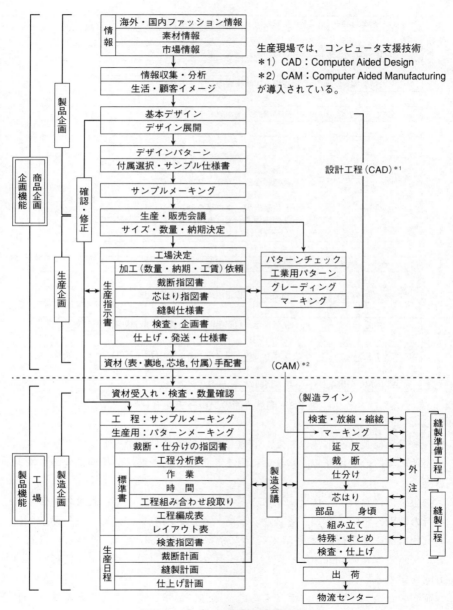

図7.2 アパレル産業の生産工程[2]

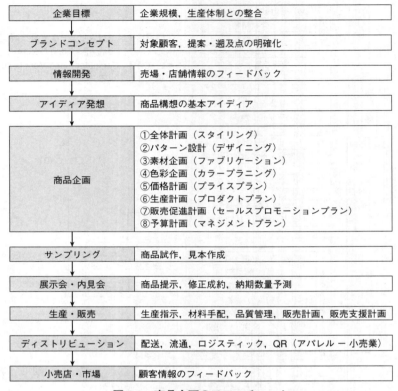

図 7.3　商品企画のフローチャート

ない。できた製品を水洗いして，収縮したり型崩れしたからドライクリーニング表示にするのではなく，水洗いに耐えるデザインや素材，仕様に変えて検討し直す。

　衣服製作において全体計画することをスタイリングという。衣服の種類，着用者の性別・年齢・体型，着装する場所・季節・環境などによって，要求される文化機能や実用機能は表 7.1 のようにそれぞれ異なるため，それらの目的にしたがって個々の商品イメージ，コーディネーション，デザイン，色彩などの方向を定める。

　確立されたアイデンティティをもち，顧客に信頼と安心感を与えるブランド商品群は，周到な全体計画によって生み出される。ファッション商品の企画に

第1章　アパレルの製造

表7.1　服種・着装環境による要求機能の相違の例

紳 士 服	婦 人 服
・成人男性が社会生活を営む場で着用 ・社会通念に適合し，違和感を生じない 　範囲のファッション性 ・耐久性（着用期間は比較的長い）	・成人女性が社会生活を営む場で着用 ・着用者の個性に合ったファッション性 ・総合的な審美性と場に適した実用性 ・着用頻度は低い（変化が求められる）
コート類	ジャンパー・ブルゾン類
・外的環境への対応（付加的に着用） ・社交的，社会的な着用感覚 ・耐久性（着用頻度はさほど高くない）	・外的環境への対応（主体的） ・活動的，行動的な着用性能 ・ファッション感覚（着用期間は短い）
制服・ユニフォーム	スポーツ用衣料
・所属集団の象徴としての一体感 ・着用時の行動に必要な性能の具備 ・耐久性（着用時間が長い）	・当該スポーツに関する要求の具備 ・性能向上による競技成績の達成 ・一般アマチュア向けファッション性
礼装・フォーマルウェア	日常社会生活・シティウェア
・公式の場における着装慣習の厳守 ・耐久性（一般人の着用頻度は低い）	・社会規範の制約内で自由に選択 ・活動的で疲れない（着用時間は長い）
余暇・カジュアルウェア	くつろぎ・ホームウェア
・自由時間は個人の好みを主張 ・ファッションセンスが求められる ・変遷が早く耐久性の要求は低い	・身内や親しい人だけの環境 ・他人の目を気にしなくてよい

は，適正素材，流行の予測および市場把握が必要であり，デザイナーをはじめ，素材特性，衣服形成，色彩企画などの専門技術・技能者集団を統括して，商品イメージを具象化するスーパーコーディネーター（モデリスト）の養成が，日本のアパレルにとって急務であるといわれ続けている。

1.3.3　衣服に対する消費者要求品質

　製品の品質とは，消費者のその製品に対する期待の満足度を示す尺度である。企画・設計では，対象となる消費者層および衣服の着用や取り扱い状況を想定して，素材，加工，縫製などの仕様を決定する時，用途に対応した消費者要求品質を得るために，素材や製品の品質設計を行うことが必要である。

　消費者要求品質には表7.2に示すような項目があり，このような資料を参考にして，対象製品に関する具体的要求性能と管理項目を決定する。

　ただし，表7.2の範囲に含まれていない要因に，価格や納期がある。類似した商品が同一の価格で販売されている場合には，消費者は自分の好む方を選択するが，隣接した店舗で，全く同一の商品が異なる価格で販売されていれば，

343

第7編　アパレル製品の基礎知識

表7.2　消費者要求品質(1)

買う時	審美性 ・見た目の美しさ ・ファッション性	生地から選ぶ…目的に適しているか	着用のTPOに相応しいか，手触りや風合いは優れているか，光沢やドレープは美しいか
		色や柄を選ぶ…見た目が重要である	色・柄は好みに合っているか，似合い・引き立てられるか，ファッション性に優れているか，他人に認めさせられるか
		仕立ての良さを選ぶ…デザインは着る人を引き立てる	デザインは好ましいか，シルエットは美しいか，仕立てはていねいか
着る時	着用性 ・着心地 ・自己表現性	着た時の感じ…試着して着用感を確認する	サイズは合っているか，身体にフィットしているか，締め付けず，動きを妨げないか
		清潔に保つ…いつまでも新鮮な状態で使えるか	汚れは付きにくいか，洗濯やクリーニングはできるか，アイロン仕上げはしやすいか，収縮や変形は起こらないか
		肌触りが良い…着ている時の感じはどうか	暖かく・涼しく感じられるか，肌を刺激することはないか，身体にまとわりつかないか
		動きやすく疲れない…長時間快適に着用できるか	重く感じられないか，着ていて蒸れないか，風通しは良いか
取り扱い・特殊な性能	耐用性 ・安定性 ・耐久性	ずっと使えるか…長期間繰り返し使えるために	使用に十分な強さがあるか，形や寸法は変わらないか，色や光沢は維持されているか，外観は変化しないか
		破れや擦り切れ…使っている間の損傷	引張強さ，引裂強さ，摩耗強さ，破裂強さ，縫い目の強さ，など
		縮みや変形…いろいろな原因で寸法が変化する	緩和収縮，膨潤収縮，熱収縮，フェルト化収縮，ハイグラルエキスパンション
		外観の変化…表面の形状が変わる	ピル，スナッグ，アタリ，テカリ
		色相の変化…6つに大別される	変色，退色，汚染・色泣き，黄変，白化，しみ

344

第1章　アパレルの製造

表7.2　消費者要求品質(2)

	特定性能 ・用途に対応	用途に適しているか…目的によって要求性能が変わる	耐熱・不燃性，断熱性，制電性，電気絶縁性，耐水性，耐化学薬品性，など
取り扱い・特殊な性能		使用中に危険はないか…日常生活にも危険は潜んでいる	防炎性，非引火性，皮膚無刺激性，抗アレルギー性，紫外線遮断性，など
		外部環境に耐えるか…外界の刺激を遮断し衣服内を快適に保つ	温度の変化に対する対応，湿度の変化に対する対応，紫外線や放射線への対応
	現状維持性 ・保存・保管	リフレッシュできるか…新品に近い状態を保持する	外衣：汚れが付きにくい 肌着：皮膚の老廃物を吸収排出，洗濯によって除去される
		洗濯できるか…水洗いの可否	水が効果的な洗濯媒体，水が使えないものはドライクリーニング
		洗剤・溶剤	適正な洗剤・洗濯条件の選択，クリーニング溶剤の選択
		保管中の変化…環境，微生物，虫害	高温多湿，紫外線，酸化性ガス，汚れの分解，害虫，かび

価格の安い店舗で購入するであろうし，また商品や価格が同一であっても，一方ではすぐに入手できるが，他方ではサイズ切れなどの理由によって数日先でなければ入手できないとすれば，すぐ入手できる店のほうが有利であることは想像に難くないため，消費者の期待に満足を与えるものが品質であるとすれば，価格や納期も消費者要求品質の1つであると考えることができる。

　工業の目的は，同一のものを大量に安価に生産することであり，生産者にとって品質とは目的とする製品に設定された管理基準であるが，消費者にとっては購入した商品の期待満足度を意味している。したがって，商品を企画する時には，つくる時の品質(生産者品質)と使うための品質(消費者要求品質)の相違点を把握し，認識しておくことが重要である。

1.3.4　衣服の設計(デザイニング)

　衣服を設計するためには，着用対象となる人体の各部の寸法を計測し，その結果にもとづいて，衣服材料である生地を立体化するために必要ないくつかの部分に分解し，デザイナーの作成したイラストからそれぞれの寸法に合わせた原図を作成することが必要である。

　人体は立体であるから，衣服の設計では，まず着用対象となる人体の所要各

345

部の寸法を計測し，その結果にもとづいて，衣服材料である生地を立体化するために必要ないくつかの部分に分解し，衣服の原図となる平面図形を作成する。

計測値から原図を作成する手法(パターンメーキング)は，平面製図法(ドラフティング法)と立体裁断法(ドレーピング法)に大別される。

①平面製図法は，身体の主要部分の計測寸法をもとに体型の特徴を推測し，各部分の図形を作成するもので，一般衣服の設計に広く用いられている。

②立体裁断法は，人台(ダミー)に薄い布を被せ掛け，布を人台に沿わせてその衣服デザインの形に合わせるようにピン止めし，そのデザインイメージに適合するような形状のパーツにカットして，各パーツの型紙をつくる方法である。生地の造形性を確認しながら，デザイナーが求めるシルエットやバランスなど微妙な曲線(カット)をクリエイトし得る利点をもつが，個人の技術レベルに左右され，均質性や再現性に問題がある。

また，昨今はアパレルCAD(Apparel Computer aided design)システムを用いたパターン設計法が多く採用されており，デジタイザーやスキャナーで座標入力してパターンを作図している。CADソフト機能の進化が進んでおり，今後さらに発展するであろう(設計でCADが使用されている工程を，図7.2に示している)。

既製服の基準寸法を設定する場合には，対象層の測定データを統計処理してその分布を求める。人体計測の方法には，主要部分を各種の計器で実測する方法(マルチン法)，接触棒を使って人体の断面形状を算出する方法(スライディングゲージ法)，正面と側面の写真から情報を得る方法(シルエッタ法)，光の干渉を利用して杢目で等高線を表わす方法(モアレ等高線法)，レーザースリット光の反射をCCDカメラで撮影する方法(3次元光計測法)などがあり，人体に接触せず迅速に計測する方式が実施されている。

人体寸法データは，生活環境を取り巻くあらゆる工業製品の形状や施設設計の最も基本となるデータである。この観点から，(一社)人間生活工学研究センター(HQL)は，経済産業省からの委託事業"人間特性基盤整備事業"として，人体計測事業が2004〜2006年に実施(愛称：size-JPN 2004-06)されているので，人間特性基盤整備事業報告書を参照してほしい。

また，科学研究費助成事業として「アパレルの質と国際競争力向上の基盤となる日本人の人体計測の構築と多角的分析」実施のため，2014〜2016年にかけて全国規模の人体計測が実施され，現在，分析が続けられている。

第1章　アパレルの製造

　JIS に定める衣料サイズ規格は，国が定期的に実施している体格調査の結果から得られた国民標準体型と体型分布にもとづいて，乳幼児用衣料，少年用衣料，少女用衣料，成人男子用衣料，成人女子用衣料，ファンデーション，靴下類の 7 種類があるが，ここでは消費者が衣服の種類やデザイン，メーカーなどに関係なく，同じ表示のサイズで買うことができるように，衣服を着用する者の身体寸法（ヌードサイズ）で決められるのが原則である。

　しかし，実際の衣料の寸法は着用者の身体寸法よりいくらか大きい。これは，衣服の着脱や着用時の動きのためにはある程度のゆとりを必要とするためであるが，衣服の設計において，ゆとりの量をどの程度に設定するかが大切である。ゆとりが大きいほど着脱は容易になるが，そのため生じる生地の余りは，着用時のスタイルやシルエットを損なう。

　一方，ゆとりを少なくすれば，衣服は身体にフィットし，シルエットはシャープになるが，動きはそれだけ阻害され，着用感が損なわれることになる。

　表示されているサイズが同一であっても，メーカーやブランドによって着用感が異なる原因はこの点にある。衣服はターゲット（着用対象者の範囲）を想定して設計されるので，シルエットが気に入ったからといってヤング向きのファッション商品をミセスが着用すると，思わぬトラブルが発生することがある。

1.3.5　素材企画（ファブリケーション）

　衣服設計では主素材（表地）が最も重要であるから，選択した素材の特徴や実用上での問題点を把握し，対策することが必要である。素材企画に必要な要素には，表 7.3 に示すようなものがある。

　市場性，特に素材供給力は重要な要素の 1 つである。サンプル生産での成績が良くても，実際に供給できなければ本番生産することができない。衣服の生

表 7.3　素材企画の要素例

使用特性	機能性：運動機能，快適性（気候適合性，生理衛生機能），保護機能など
	経済性：価格の適正さ，取り扱いの容易さ，耐久性など
	官能性：外観審美性，ファッション性，着心地など
デザイン性	造形性，色彩，柄・模様，表情，風合い，ドレープなど
製服性（テーラビリティ）	可縫性，立体成形性，プリーツ性など
市場性（マーチャンダイジング）	素材供給力，発注ロット数量，価格，専有の可否，品質保証など

第7編　アパレル製品の基礎知識

産計画に合わせて，必要な素材が適時に供給できることは必須の条件である。もし，追加生産が必要となった時に対応できるか，自社だけに独占的に供給できるか，競合他社の状況などを調査し，必要な量が確保できることを確認する。

また，予定どおり素材が供給されても，縫製工程に支障があれば生産計画を達成することは困難である。縫製工程における加工生産性を総称して製服性（テーラビリティ）といい，地の目の状態（斜行や曲がりの有無），裁断阻害要因（ずれ，すべり，カーリング，融着，静電気など），生地送りや針通りの良否，ほつれやすさなど，縫製効率に関係するあらゆる条件について検討し，適正な縫製条件を設定する。

1.3.6　製服性（テーラビリティ）

日本の伝統的衣装である和服は，平面的に仕立てて立体的に着装するもので，着装には経験を必要とし，着付師など熟達した人の助けを借りる場合もあった。平面にたたむことのできる和服は収納には便利であるが，激しい運動には適していないので，日常生活で一般的に着用する衣服は，人体に合わせて立体的に成形され，活動的な現在の形態に変化した。

本編の対象とする現在の衣服は，かつては古来の和服に対比して洋服と呼ばれており，欧州で発達し，安土桃山時代に日本に渡来した記録があるが，国内で普及したのは西欧の文化を積極的に採用して近代化を図った明治時代以降である。

衣服は，平面状で生産された生地を用いて立体化する。また，生地は静止しているが，衣服を着用した人間は活動するから，衣服には人体の動きに対応する特性を与えることが必要である。この二次元から三次元へ，静から動への2つの変換が，実用的な衣服を生産するために留意しなければならない要点である。

成形には形を与えることと，与えた形を安定させることが必要である。与えられた形を静止した状態で保つことは比較的やさしいが，衣服には着用や洗濯などの取り扱いなどによって動きが加えられるので，着用や取り扱いによる型崩れを防止するには，服種や使用形態に適した安定性を与えることが必要である。

生地に微少な力を加えた時の挙動（変形量・回復量）は，生地を立体化して衣服の形にするための重要な性質であり，この特性の評価に KES 風合い計測機が利用される。KES は，風合いの客観的評価を目的に開発された手法である

348

が，生地の引張り，曲げ，せん断，表面，圧縮特性などを知ることができ，縫製に対する生地の造形性能・可縫性能を知るために有効であることが認められている。

伸びやすいものは変形しやすいが，力が加えられる方向や変形の大きさでその効果は異なってくる。たとえば，紙のようにどの方向にも伸びの小さい材料は球面に沿わせることがむずかしく，紙風船のように小さい部分に分けて成形することが必要であるが，織物は組織方向の伸びは限定されるがバイアス方向には組織が変形して伸びを生じるため球面に沿いやすく，またニットでは組織を構成するループが変形して球面に沿うことが可能となる。

弾性回復力(ストレッチ性)は衣服をフィットさせる時には有用であるが，成形性を阻害することと，回復力が大きすぎると身体を緊迫して着心地に悪影響を与え，運動機能を低下させるので，伸縮性は用途に応じた適当なレベルであることが望ましい。

衣服を立体的に成形するために，次のような手法が用いられる。

(1)縫いによる立体化

①布地の一端をくさび形に切り取って，縫いつめることによって円錐面とする(ダーツ)

②布地を押し込み，縫いつめることによってふくらみをもたせる(いせ，いせこみ)

③布地を伸ばし，縫いとめることによって曲面に沿わせる(伸ばし)〈いせと対照的に〉

④縫いによって与えた曲面を，アイロンやプレスを使って安定させる(くせとり)

(2)折りたたみを利用した立体化

①布地の端を折ってつまみ縫いすることによって，寸法をつめる(タック)

②布地の端を縫い縮めることによって，ランダムなひだを付ける(ギャザー)

③適当な間隔で平行に布地を縫い縮めて，ひだによるふくらみを与える(シャーリング)

④布地を細かく折りたたみ，繊維のセット性を利用して折り目を安定させる(プリーツ)

1.3.7　副資材と付属品

衣服の生産では，主素材(表地)のほかにいろいろな材料が使用され，副資材

と付属品とに大別される。衣服は平面の材料を立体化し，着用や取り扱いに対する使用性能を与えることが必要であるが，表地のもつ性能だけではこれらの要求を満たすことは困難である。表地以外に衣服に使用される各種材料のうち，衣服としての必要性能を満たすために表地の性能を補填する役割を求められるものを副資材（代表的なものとして裏地と芯地），装飾用などそれ以外の目的をもつものを付属品としているが，厳密な区別ではない。

①裏地は，表地のみで縫製した衣服の欠点を補うために用いられ，その目的は着用快適性，形態安定性，外観改善などの機能を付与することにある。裏地の役割を表7.4に示す。

②芯地は，衣服を立体に成形するために表地に不足している性能や風合い，外観性を補う目的で使用される。芯地に要求される機能を表7.5に示す。表地の性能補填を必要とする部分に重ねて縫いとめるタイプ（非接着芯

表7.4　裏地の役割

着心地を改善	すべりを良くして着脱しやすくする。肌触りをやさしくする静電気の発生を抑えて，まつわりつきやパチパチ音を防止する
形態安定性を改善	表地の形態安定性を補い，型崩れを防ぐ。シルエットを整える
外観を改善	裏側の外観を整える。表地の透けを防ぐ。裏地にストライプやジャカード柄などを用い，デザイン効果を高め，付加価値を与える
保温性を改善	通気性の小さい裏地選定で保温効果をもたせる
吸湿性を改善	吸湿性を有する裏地選定で，夏の高温多湿に対し，蒸れやべたつきを防ぐ
保健・衛生の改善	表地に付着する汗や垢による汚れを減少させ，清潔に保つ

表7.5　芯地に要求される機能

成形性	適度なコシ・ハリを付与して立体感を出し，フィット性とゆとりのバランス調整を行い，着用感の良い服をつくり上げる
保形性	着用中の体の動きや洗濯，また保管中の外力や自重による変形を防ぐ
寸法安定性	アームホール，フロントエッジ，ラペル返り線など，伸び縮みが発生することにより，着用感不良や外観不良のおそれがある部分の寸法を安定させる
可縫性	縫いやすくする。パッカリングを防止する
補　強	ポケット口やボタンホールなど，縫製時の加工性向上や着用時の変形を防止する
風合い	必要な部分に，硬さやハリをもたせる

第1章　アパレルの製造

地)と，接着剤を用いて表地の所要部に接着一体化させるタイプ(接着芯地)がある。

　非接着芯地(ふらし芯地)は，高級紳士服の前身頃芯地や胸増芯地に使用される毛芯地が代表的なものであり，芯据えや八刺し工程など熟練した技術が必要であるが，表地の風合いを活かしたソフトな仕上がりが得られる。一方，接着芯地は既製服の普及と大量生産方式の導入によって定着し，現在では婦人服，子供服，ユニフォームなどは，ほぼ100%接着芯地を使用して作られている。接着芯地採用によるメリットを表7.6に示す。

表7.6　接着芯地採用によるメリット

生産技術の平易化	芯据えや八刺しなど高度技術の工程がなくなり，熟練度の低い作業者でも加工できるようになる
品質レベルの向上	工程が簡素化され，要求技術レベルも低くなるため，作業者間の仕事のばらつきが少なくなり，品質レベルが向上する
可縫性の向上	ソフトな風合いで不安定な表地が，芯地を接着することにより，取り扱いが容易になる。また，素材が安定化することで，パッカリングなどの問題点も解消される
生産工程の合理化とコストダウン	生産技術と工程簡素化および可縫性の向上などによって生産スピードが速くなり，コストダウンが可能となる
消費性能の向上	表地が接着芯地との接合によって安定な素材となるため，洗濯やドライクリーニングに対する耐久性，また着用時の外力による変形などに対する消費性能が向上する

　接着芯地に要求される性能は，表地の種類，対象服種，使用部位，要求風合い，取扱い方法などによって個々に異なるので，衣服設計時に適正な接着芯地を選定し，接着条件を工場で使用する接着機器に適合させることが求められる。

③その他の副資材には，肩パッド，中入れわた，インサイドベルト，伸び止めテープなどがあり，衣服成形の上でそれぞれ重要な役割を有している。また，ボタン，フック，スナップ，ファスナーなどには，衣服着脱のための開きの開閉機能が求められ，繰り返しての使用と取り扱いに対する耐久性が必要である。

　アップリケ，ビーズ，スパングルなど装飾を目的とする付属品にも，使用中や保管環境および，洗濯やドライクリーニングなどの取り扱いに対す

351

第7編　アパレル製品の基礎知識

る耐久性が要求される。

社内生産の場合には，企画時点の品質設計内容を縫製仕様書(生産指図書)に明記し，適正な副資材，付属品などを受け入れて使用することにより管理することができる。しかし，社外で生産する場合には，表地は基準を設けて経過・実績の報告を求めることが可能であるが，副資材や付属品などの管理は発注の様式(純工，属工など)によって異なるため，契約または発注時に生産工場の責任を明確にしておくことが必要である。

1.3.8　パターン展開

個人向けのオーダー衣服は対象顧客に合わせて設計されるが，一般の既製服についてはターゲットとする標準体型の基本設計を行い，得られた基本パターンを生産計画にしたがって所要の各サイズに展開する。

(1)原型(ベーシックパターン)

人体を採寸し，その寸法を平面に置き換えたものに，衣服としての適度なゆとりを加えて平面製図したものである。

(2)スローパー(sloper)

アパレル各社が自社ブランドのアイテム，デザイン別に応用する基本となるパターン。原型から独自の寸法と体型を組み入れて作成した型紙で，ブランド原型とも呼ばれる。

(3)デザインパターン

デザイン画に示されたシルエット，構造線，ゆとり量を読み取り，スローパーからダーツ，伸ばし，いせ込みによる立体化や，タック，ギャザー等による変化を付けたパターン。パターン展開量は，素材特性，布厚さ，ドレープ性，せん断性などに留意する必要がある。

(4)工業用パターン

パーツを縫合するためには，縫合のための縫い代，縫合位置を指定して合致させるための合い印(ノッチ)など，立体化に必要な各種の補正が必要である。また，縫製工程で間違いがないようにパターンに記号を付け，各パーツに地の目の方向を記して，生産現場でそのまま裁断・縫製が進行できるようにしたものを工業用パターンという。

(5)グレーディング

パターンは，まず標準体格体型者のサイズをベースとしてつくり，既製服はそれと同じスタイル，デザインで長身，短軀，肥満，痩身などいろいろな体型

第1章　アパレルの製造

をもつ不特定多数の消費者に適合する複数サイズの衣料を生産して販売する。このためのサイズ展開をグレーディングといい，重要な販売戦略である。グレーディングによるサイズ展開は，JISサイズにしたがう場合が多い。サイズ表示内容は品目，着用者区分，フィット性の有無などによって大きく変わるが，変わり方には規則性があるとともに，ある程度の融通性(着用機能性：その企業，パタンナーに一任される)をもつ。

縮小，拡大する差寸(ピッチ)をどのように振り分けるかは，

①経験値から求める

②各身体寸法の詳細なデータとの相関関係から求める

③美学的・心理学的アプローチから求める

④長年の販売実績から推測して求める

などの手法がある。

企業のモノづくりにおける衣服サイズ展開は，融通性とともに最大の努力をもって多くの顧客の意向(着用感)に応えなければならない。となると，グレーディング手法はパターン設計内容(企業が所有する理論的ノウハウ)まで遡って検討しなければならず，「サイズ展開」は技術的にも企業の力量が問われるところである。

⑹マーキング

マーキングは型入れ，型置きともいわれ，工業用パターンにつくられた衣服の組み立てに必要なすべてのパーツ(表地，裏地，芯地など)を，ロス率(裁断屑)が最も少なくなるように，効率良く生地幅内にレイアウトすることである。地の目，柄合わせ，パーツ方向，サイズの組み合わせ，裁断のしやすさなどに留意して，マーカーエンドを揃え，コンパクトにレイアウトすることが肝要である。

1.3.9　縫製仕様書

設計が完了したら，生産(縫製)に必要な基本的な考え方や管理項目，指示事項について，デザイナーやパタンナーおよび生産管理者が，縫製仕様書を作成して生産工場に指示(発注)する。記載項目は生産品種や発注形式などによって異なるが，チェックリストの役割も果たせるように一覧形式にする。メンズジャケットの縫製仕様書の例を図7.4に示す。

仕様書の指示が適切でないと，不良品の発生などで工場とのトラブルが発生し，著しく生産が阻害され，納期遅れの原因となる。

縫製仕様書に記載する主な項目には，次のようなものがある。

353

第7編 アパレル製品の基礎知識

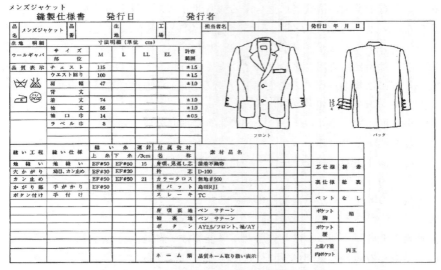

図7.4 メンズジャケットの縫製仕様書の例

(1) **受発注契約に関する項目**
発注の年月日，発注者，受注者の社名・責任者名，担当者の氏名・部署，生産担当工場名・所在地，担当者の氏名・部署。

(2) **生産対象に関する項目**
服種，製品番号，パターン番号，デザイン画，使用生地（主素材）のサンプル貼付，生地品番，色番，組成，生地組織，染色加工内容，生産するサイズの明細。

(3) **生産工程での必要事項**
工程上の注意事項，使用パターンの一覧，裁断の仕様および注意事項，仕立て仕様，使用機器（機種，資材，アタッチメントなど）。

(4) **その他，特に指示する事項**
副資材，付属品，ネーム，表示タグなど。

(5) **品質管理に関する項目**
目視による重点検査項目（縫製欠点，生地欠点，しみ，変色など），品質基準に対する試験項目（寸法，形態，風合い，染色堅ろう度，強さなど），その他の項目（表示の内容，表示の方法など）。

第1章　アパレルの製造

1.4　アパレル縫製工場の工程概要と生産設備

1.4.1　縫製準備工程

①**受入検反**：縫製工場は生地メーカーや商社から納入した原反の性量(幅，長さ，規格など)・外観(キズ，汚れ，地の目曲がり，色むらなど)検査を行い，品質について格付けを行う。

②**解反と放反**：納入した原反は巻反作業時に引張られて内部歪みを生じているため，巻反を振り落としながら解き(解反)，軽くたたんだ状態で一昼夜放置(放反)して，生地の緊張をゆるめ，歪みを取る。特に，伸縮性のある生地やニット生地には必要である。

③**スポンジング**：羊毛などの毛織物は，適当な熱と水分(スチーム)を与え，軽い刺激(振動)を加えて生地の歪みを取り除き，寸法を安定化させる操作をいう。

④**延反**：裁断するため生地を平面に広げ，生産ロットの所要数量に合わせて積み重ねることをいう。その方法には，折り返し延反，一方向延反，対向延反などがある。

⑤**マーキング(型入れ)**：できるだけロスが少なくなるように，パターンを配列して裁断位置を決める。

⑥**裁断**：マーカーシート(型入れ図を描いた紙)にしたがって，裁断機でパーツごとに切り離す。この時，ノッチ(切り込み)やダーツ位置を示すドリルホールなどの印付け作業も行う。裁断をコンピュータ制御された自動機で行う場合，CADシステムで作成されたマーキングデータを裁断データに変換し，裁断機を制御するCAMシステムに取り込み，正確な位置を自動的に高速裁断する。

⑦**仕分け**：積層されて裁断したパーツはバンドリング(適当な枚数単位に束ねる)作業後，ナンバリング(ソーバリング：1着となるべき各パーツに同一の番号のラベルを貼る)作業を行う。

⑧**芯貼り**：芯地接着を必要とするパーツには，所定の芯地を接着する(1.3.7項②参照)。

1.4.2　縫製工程

①**パーツ縫製**：組立縫製前の準備作業として，生地端の縁かがり縫い(サージング)や，襟，袖，見返し，ポケットなど衣服のパーツを縫い上げる。

355

第7編　アパレル製品の基礎知識

②**組立縫製**：衣服のシルエットにもとづいて，袖付けや襟付けなど各パーツを組み合わせて立体的に衣服をつくり上げていく。この時，アイロンや中間プレス作業も行われる。

　注：以上のパーツ縫製と組立縫製は，その縫製工場が採用した縫製システムにもとづいて，合理的に進めなければならない。

③**仕上げ**：アイロンや仕上げプレス機を用いて，前身頃，後身頃，肩，襟，袖など部分的成形，さらに全体的整形を行う。

④**検査・検品**：仕上がった製品は検査基準書にしたがって，外観および品質を検査する。外観検査(検品)は目視によって，原則として全品を対象として行われ，不合格品を排除する。

　注：検査・検品は "不合格品は出荷しない" ということで重要であるが， "品質は工程内でつくり込みを行うものであって，検査でつくるものではない" は品質管理の基本である。

1.4.3　縫製システム

縫製工程での作業分担は，生産ロットの大きさ，納期，作業のむずかしさ，設備能力と必要な経験の度合い，機台の生産能力，工程の数などによって，最も無駄が少なくなるように設定される。これを集約した縫製システムには，次のようなものがある。

(1)丸縫い方式(個別生産方式・工程別レイアウト・多品種少量短サイクル生産用)

裁断から縫製・仕上げまでを1人の作業者が担当する方式で，能率が悪く，見本縫いや1点だけの特注品など特殊な場合を除いて工場規模では採用されない。

(2)分業方式

①**シンクロシステム(ライン生産方式，工程別レイアウト，少品種・単品大量生産用)**：作業を細分化して，1つの作業から次の作業へ1枚ずつ送っていく流れ作業の基本形である。仕掛りが少なく生産期間を短くすることができるが，工程間のピッチタイム(1人当たりの平均受持時間)を同調させるために，細分化の方法や，縫製仕様切り替え時の処置が困難となる場合があり，採用している工場は少ない。

②**バンドルシステム(ロット生産方式，部品工程・組立工程別，機種別レイアウト)**：裁断した同一ロットのパーツを束ね，この束(バンドル)を単位として作業分担する。ロットの完了を待って次工程に送るので仕掛り量が多く，生産期間

第1章　アパレルの製造

も長くなるが，同一の作業を反復するので作業効率は向上する。複数ロット
を同時に進行させると混乱を招くので，切り替えの管理が大切である。

③**バンドルシンクロシステム（ロット生産方式・ライン生産方式，工程別，機種別レ
イアウト）**：バンドル単位でのシンクロシステムであり，作業時間の少々の
変動はバンドル単位の中で吸収することもでき，バンドルシステム，シンク
ロシステムの両社の特徴を併せもつ。

④**グループシステム（工程別レイアウト，多品種少量短サイクル生産用）**：1人の熟
練者を中心に，4〜5人のグループで分業しながら製品化する。少人数の工
場で多品種少量生産に適応される。

⑤**セル生産方式（工程別レイアウト，多品種少量短サイクル生産用）**：1人あるいは
数人が多能工として有機的に機能し，仕掛品を最低レベル（1点）で能率良く
生産する方式で，新しい生産方式といわれている。

1.4.4　縫い合わせる

衣服は複数の裁断されたパーツをつなぎ合わせ，組み立てながらつくられる。
つなぎ合わせる手法には，

①縫い糸と針を用いて縫い合わせる

②接着剤を用いて接合する

③高周波や超音波を用いて，繊維内部から発熱させて融着・溶着する（自己
接合）

などがあるが，特殊ケースを除いて衣服の場合は①である。衣服は，多くの縫
製機器を駆使して，生地を「ステッチの形式」で縫い合わせ，「シームの種類」
で組み立てられたものといえる

(1)ステッチ：ひと針，ひと縫い，ひと編み，ひとかがり

糸または糸のループが，自糸ルーピング，他糸ルーピング，他糸レーシング
し，または布の中に入り，もしくは布を通り抜けてできる形態の一単位である
（図7.5 参照）。

(2)ステッチ形式

布に対して，ステッチが方向性をもって繰り返される集合であり，6つに大
別される。代表的な例を図7.6 に示す（JIS L 0120：ステッチ形式の分類と表
示記号を参照）。

①**101，401**：環縫いは縫い糸ループを次々に連結（ルーピング）させて縫い目
を形成する。針糸だけで縫い目を形成させる単環縫いと，下糸をルーパー

第7編　アパレル製品の基礎知識

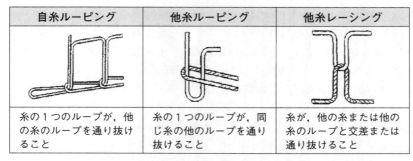

図 7.5　自糸ルーピング，他糸ルーピング，他糸レーシング

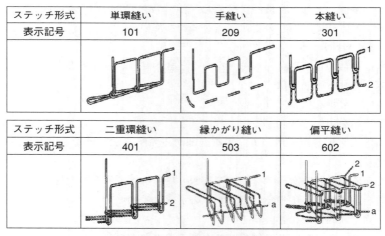

図 7.6　主なステッチ形式と表示記号

で絡ませる二重環縫いがあり，単環縫いは縫い目がほどけやすい。
② 209：手縫いは1本の縫い糸が布地を貫通して縫い目を形成する。糸が布地から抜けやすい。しつけ縫い，ぐし縫い，まつり縫い(奥まつり，たてまつり)，星縫いなどがある。
③ 301：本縫いは針糸と下糸を交錯(レーシング)させて縫い目を形成する。縫い目が強く，ほどけにくいので，最も多く用いられるが，伸びには乏しい。
④ 503：縁かがり縫いは，布地の裁ち端を移動するルーパーによって布地端をかがる。

⑤602：扁平縫いは，縫い代をカバーして裁ち端のほつれを防ぎ，縫い目を補強する。

(3) シーム

1枚または数枚の布にステッチを連続に施したもので，縫い目ともいう。

JIS L 0122縫製用語 3.分類 d)シームでは4つに分けられており，縫い合わせの種類には約70種類の形式がある。

① 縫い合わせを目的にした場合の縫い（番号 4101〜4150）：例を図 7.7[3]に示す。
② 裁ち目と縫い代の始末を目的にした場合の縫い（番号4201〜4220）：例を図7.8[4]に示す。

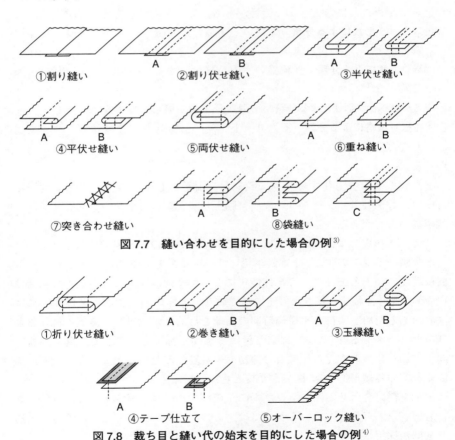

図 7.7　縫い合わせを目的にした場合の例[3]

図 7.8　裁ち目と縫い代の始末を目的にした場合の例[4]

第7編　アパレル製品の基礎知識

③まつり・刺しなど(番号 4301〜4316)：まつり縫い，刺し縫い，星縫い，八刺しなど。

④その他(番号 4401〜4451：4451 は融着縫製)：ダーツ，ギャザー，しつけ，とじなど。

1.4.5　工業用ミシン

ミシン(sewing machine)は1850年頃に発明され，手回し式から足踏み式へと進歩し，工業用ミシンが急速に発達したのは，ファッションの大衆化によって既製服が普及し始めた第二次世界大戦以後のことである。工業用ミシンは，縫製システムの発展に伴って，高性能・高能率でそれぞれの役割を果たす単能化が進み，工程ごとにさまざまな機種がある。ミシンの種類を4つに分類すると，

①**ステッチ形式による分類**…環縫い，手縫い，本縫い，縁かがり縫い，偏平縫いなど

②**縫い方式による分類**…直線縫い，千鳥縫い，すくい縫い，ボタン付け，飾り縫いなど

③**ミシンヘッド形状による分類**…平形，長平形，筒形，柱形など

④**布送り機構による分類**…下送り，上下送り，針送り，差動送り，カップ送りなど

がある。

また，人手を省力化する特殊ミシン(自動機)として，エッジコントロールシーマ，数値制御パターンシーマ，自動玉縁ミシン，自動サージングミシン，刺繍縫いなどがある。

ステッチ形式および縫い方式による工業用ミシンの例を図7.9[5]に示す。

多種類のミシンの中で，1本針本縫いミシンは最も基本的で多用されている。機械精度の向上とモーターの高性能化により生産性は向上したが，衣服生産は1操作で縫い合わせる長さは限定されており，操作短縮による生産性向上には限界があるため，手待ちや準備時間の短縮を目的とする新しい機能の付与およびアタッチメント類(ミシンに取り付ける部品や付属品のことで，縫い品質の向上・均一化，能率化，作業者の補助や半自動化のための大型のものまで，幅広く多くの種類がある)の開発が重要となっている。

生地を縫い合わせる際のトラブルに，縫いずれや縫い縮みがある。特に，素材対応が求められる本縫いミシンでは，このトラブルを防ぐために多くの布送り機構が採用されており，その主なものを図7.10[6]に示す。

第1章 アパレルの製造

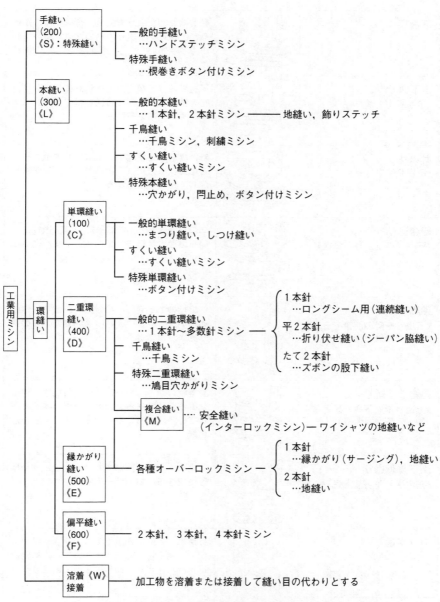

図 7.9　ステッチ形式および縫い方式による工業用ミシンの例[5]

第 7 編　アパレル製品の基礎知識

下送り	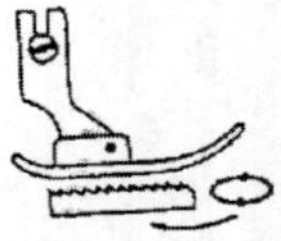	最も標準的な送り方式で，布操作性に優れるが，送りが下送りのみのため，縫いずれが生じやすい
上下送り （下送り＋上送り）	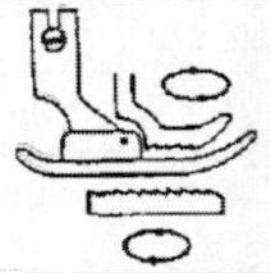	下送りだけでなく，上送りも有しており，布を挟むような形で布送りにする方式である。ずれやすい布に使う
針送り （下送り＋針送り）	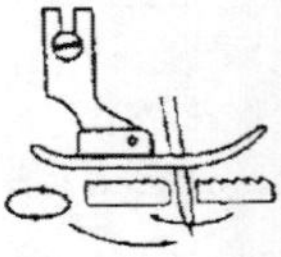	針が貫通した状態で，下送りと連動させて布地を送る方式（下送りがなく，針が布を刺して送る場合もある）
総合送り （下送り＋上送り＋針送り）	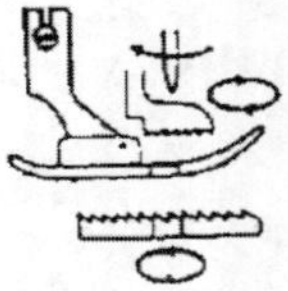	ユニゾン送りとも呼ばれている。送りにくい布地を，目詰まりさせることなく送ることができる
差動送り （下送りが針の前後で分かれ，送り量が変えられる）		伸縮性のある素材への対応力がある。伸ばし縫い（Bの送り量大），縮み縫い（Aの送り量大）ができる
差動上下送り （上送り量を下送り量とは独立に変えられる）		異素材の組み合わせにおける縫いずれ防止効果が顕著である。いせ込み縫い機能も有している。上布にギャザーを入れることが可能
上下差動送り （差動送り＋可変上送り）	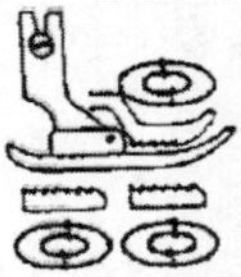	布地の上側でも下側でも，いせ込みや伸ばしができる。コンサート送りともいう
カップ送り	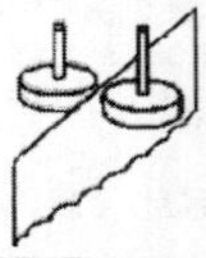	針が水平方向に作動するカップシーマの機構で，水平に相対する1組のロールに垂直に挟み，ロールの回転によって前進させる

図 7.10　主なミシン布送り機構[6]

第1章　アパレルの製造

1.4.6　縫い糸

　衣料用ミシン糸はポリエステル，ナイロン，綿，絹などで，70％がポリエステル糸であり，強さ，美しさ，縫いやすさと染色堅ろう度など，取り扱いに対する消費性能が要求される。

　工業用ミシン糸はミシン工程で繰り返し緊張され，縫製後に収縮するとパッカリングなどの外観不良の原因となるので，伸びが少なく，太さの均一性と表面のすべりが外観や作業性に影響するため，均整度の高い三子撚りの糸が主に用いられる。糸の太さを表わす呼称（呼び）は，紡績糸の番手から派生した「番」が用いられ，細くなるほど数値は大きくなる。

　紡績糸の番手基準は繊維によって異なる。ミシン糸は全く同一ではないが，呼びの同じ糸の太さはできるだけ近似するように定めている（表7.7参照）。

　ミシン糸のほか衣料品に使用される糸には，手縫い糸（主に和装用で，かつては絹糸が主体），しつけ糸（変形を防ぐ目的で，工程中や製品を使用する前に仮止めに用いるため，目的を達成したあと取り除くことから，撚りが甘く切りやすい糸），ボタン糸（衣服の着脱や着用中に切断しないように，すべりが良く，引張りや摩耗に強い糸）などがある。

1.4.7　工業用ミシン針

　ミシン針は呼び名，寸法，材料，硬度，曲げ歪み，外観，表示などがJISに規格化されている。針の太さは針幹部の直径をもとに数字記号（針番手）で表示され，糸番手と違って太い針ほど数値は大きくなる。設定方法は国によって相違し，一般的には厚地には太目の針が，薄地には細めの針が選択される。工業用ミシン針の構造を図7.11[7]に示す。

表7.7　同番手ミシン糸（絹を除く）の比較

糸　　種	呼び	原糸繊度 dtex(d)	合糸数	糸の太さ (mm)	引張強さ N(gf)
綿　糸	60	100	3	0.21	5.9(600)
ポリエステルスパン糸	60	100	3	0.20	8.9(900)
綿ポリエステル混紡スパン糸	60	100	3		6.3(640)
ポリエステルフィラメント糸	60	56(50)	1×3	0.15	7.1(720)
ナイロンフィラメント糸	60	56(50)	1×3	0.17	6.2(630)
絹　糸	50	23(21中)	4×3		7.9(800)

出典：JIS L 2101，JIS L 2310，JIS L 2510，JIS L 2511

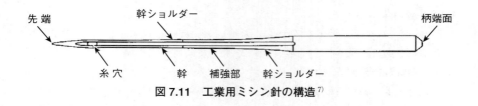

図 7.11　工業用ミシン針の構造[7]

ミシン針は，布地を貫通して縫い糸を供給することが必要であるから，貫通が容易で抵抗が少なく，貫通時に布地組織を傷つけないよう，針の尖頭には対象布地の特性に対応したいろいろな形状のものがある。用途別ミシン針例を図 7.12[7] に示す。

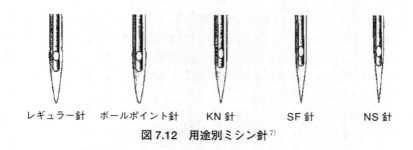

図 7.12　用途別ミシン針[7]

　一般の針は，レギュラー針のように先端が鋭利であるが，ニット製品は地糸切れ防止のために先端の丸いボールポイント針が用いられる。ニット専用のKN針は幹部も先端も細く，尖頭はJボールポイントが用いられる。超ファインゲージニットはKN針より1番手細いSF針が，高密度細番手合繊は針幹サイズが細長く，尖頭が極めて細いシャープポイントのNS針が用いられ，針貫通時の生地との抵抗を最小限に抑えている[8]。

　ミシン糸とミシン針は，針溝に糸がぴたりと付き，針が布を貫通後，針のえぐり部にループができやすくし，目飛びや糸切れなどの縫製欠点が生じないように適合したものを選定する必要がある。ミシン針とミシン糸と布地（主要用途）との関係を表 7.8[8] に示す。

1.4.8　無縫製技術

　衣服製造は，長年にわたって多種のミシンを用いて生地どうしを縫い合わせてきたが，近年「ミシンを使用しない製造方法」が登場し，美しいシルエット，

第1章　アパレルの製造

表7.8　ミシン針とミシン糸と布地の関係 [8]

ミシン針番号 ドイツ	ミシン針番号 日本	毛・綿糸番手	絹糸番手	合繊糸番手	布　地
50	5	100～130	160～200	200	羽二重
60	7 8	100～130	140～160	150～200	ナイロンなど極薄地，アセテート
65 70	9 10	70～80	100～120	130～150	ポリエステル，薄地絹，デシン，サテン，ジョーゼット，ボイル，オーガンジー，ローン，トリコット，普通絹，綿サテン，レース一般
(75) 80	11 12	50～60	80～100	100～130	厚手絹一般，薄手キャラコ，ポプリン，ウール一般，一般木綿物，別珍，コール天，ケミカルレース
90	13 14	36～40	60～70	80～100	キャラコなど一般木綿物，厚手ウール，シール，防水布
100	16	30～	50～60	60～80	厚物キャラコ類
110	18	24～30	45～50	50～60	ふとん地，外套類
120	19	20～24	40～45	40～50	袋類など厚物裁縫用
130	21	12	30～400	30～40	

新規性や新機能などの理由で，多方面から関心が寄せられている。無縫製技術を2種類挙げる。

(1)編機関係

糸から直接編機で編成されて製品になるため，縫い目がなく，自然なフィット感や着心地の良さが実現できる。

①**ガーメントレングス丸編機**：製品1着分の身丈の長さに編まれた円筒ニット編地に，止め編みをしてホツレを防止する(ヘム縫いが不要)。コンピュータ制御技術の発展で，完全にシームレスではないが，カット・ソー製品に比べて縫製箇所は1/4～1/5程度にできる。

②**無縫製横編機**：㈱島精機製作所が開発した無縫製ニット横編機。全く縫製をしない無縫製ニットウェアができる。

③**無縫製衣料用経編機**：カールマイヤー社のピエゾジャカードシステム経編機。このシステムを搭載したダブルラッシェル機は，胴部・袖部などが同時に編成でき，広範囲のシームレス製品が生産できる可能性がある。

365

第7編　アパレル製品の基礎知識

⑵溶着縫製機関係

　熱板溶着機，熱風溶着機，高周波溶着機，超音波溶着機などがあり，溶着する方法には次の2つがある。

①生地と生地を重ね合わせて接合する方法：生地と生地の間にホットメルト樹脂（ウレタン系フィルムなど）テープを挿入し，そのテープを溶融して接着する。

②生地と生地を突き合わせて接合する方法：生地の端面が薄い場合は，超音波で溶断溶着してから補強のためにテープを溶着する。

　熱接着テープを使用することにより，従来の糸を使った縫製に比べて以下のような点が挙げられ，インナー，スポーツウェア（水着，スキーなど），アウトドアジャケットなどで無縫製システムが採用されている（素材は合成繊維に限定される）。

ⓐ縫製部分を薄くできる（ヘム段差が極力薄く抑えられる）。インナーを例にとると，外から下着のラインが見えにくい。

ⓑ地糸切れなど，針による縫製の欠点を解消でき，不良率の低減につながる。

ⓒ縫製を施さないため，伸縮性を損なうことなくニット本来のストレッチ性を最大限に活かすことができる。

ⓓミシン糸を使用しないため，ソフトな肌触りが得られる（皮膚障害低減に効果）。

ⓔ縫い代をなくす，あるいは少なくすることで生地の要尺を減らせられるため，軽量化できる。

ⓕ針穴がないため，防水効果がある。

1.4.9　検査・検品・試験・検針

　縫製された製品は，仕上がり状態を検査して合否を決定する。検査は，目視による検品と装置を用いた試験とがある。

⑴検　品

　原則として，全品を対象として行われ，不合格品を排除して合格品を出荷する。

　検品は，外見上の欠点の有無を対象として合否の基準が設定され，生地欠点（糸，織編），染色加工欠点や縫製欠点（縫製中のしみ，汚れを含む）がある。

①生地欠点や染色加工欠点は裁断前から存在するもので，かつ修整不可能（毛織物は修整を行う）であることが多いから，裁断前の検反で発見して，欠点を避けて型入れするか，欠点箇所にマーキングし，裁断後に不良パーツ

第1章　アパレルの製造

を摘出して排除することが望ましい。

②縫製欠点は，縫製工程で使用した機器(ミシン，アイロン・プレス機)の設定条件の不適正や，作業者のミスおよび習熟不足などによって発生することが多いため，同種欠点の発生状況を早期に把握して対策をとることが必要である。縫製完了後では対策が後手に回り，損失が大きくなるため，各工程を担当する作業者が次工程に移送する時点で仕掛品を観察し，異常を発見したら監督者に報告し，即時に対策をとって再発を防止することが肝要である。

(2)試　験

生地の物性や寸法安定性，染色堅ろう度など主要な試験項目について実施されているが，衣服の場合はいろいろな材料が複合しているので，予想外の事象を生じることがある。ファッション性や風合いなど感性的要求を重視することも必要であるため，表示内容の検討を含めて試験結果を総合的に判断する(特に，新たに企画した製品は，生地試験だけでなく，製品での試験も実施する)ことが望ましい。

また，衣服の安全性に関する項目では，縫製時の針の残留による傷害，モノフィラメントによる皮膚障害(物理的刺激)，染料や加工剤などによる皮膚障害(化学的刺激)，布地表面の毛羽に引火して炎が走る表面フラッシュなどの事例が報告されている。生死に係わるような大きい問題は，衣服では予測されないが，過去の事故情報を収集して安全確保に努めることが必要である。

(3)検　針

肌に直接触れる繊維製品は，縫製工程で発生した折れ針や待ち針の取り忘れなど金属片の残留有無を調べるため，縫製工程の中間および最終検査や製品納入前検査で，連続タイプやポータブルタイプ検針機を用いて随時行われる。最近は，金属探知機やX線検査機を併用する場合もある。

1.4.10　縫製欠点の種類

縫製加工では，縫い目の外観が美しく，また実用上の性能を十分に備えるよう配慮されなければならない。素材の選定，パターン設計，縫製仕様などになんらかの不適正があった場合，縫製欠点として表面化することがある。

縫製欠点は，主素材である表生地と，裏地，芯地，縫い糸など副素材との関係もあって，非常に多岐にわたる。

これらを大別すると，①直視的な外観に関する欠点と，②着用・洗濯後にわ

第7編 アパレル製品の基礎知識

かる実用性能に関する欠点の2グループに分けられる。

①**直視的な外観に関する欠点**：生産者の検査で発見されるため，不良品は消費者に渡らないはずであるが，検査漏れがあったり，その不良について生産者と消費者との間に見解の相違があった場合にクレームとなる（例：縫い外れ，縫い目とび，縫い目曲がり，縫いずれ，織糸引け，糸返り，針跡残り，ダーツえくぼ，送り歯きず，縫い代始末不良，パイピングのねじれ，すくい不良，ボタン付けやファスナー付けの不良）。

②**着用・洗濯後にわかる実用性能に関する欠点**：生地特性と縫製加工方法のミスマッチ，製品の取り扱い方のミスなどから発生するが，生地のどの特性をどのように計測してミスマッチとするか，製品の取り扱い方をどのように客観化して消費性能不適と判断するかは，意見の分かれることが多い（例：シームパッカリング，縫い目スリップ，縫い目パンク，地糸切れ，縫い目伸度不足，縫製仕様不適による生地破れ）。

1.4.11 縫製欠点の発生原因と処置・対策

多くの縫製欠点のなかで，製品品質上，比較的重要と考えられるものを選択し，その内容と原因および対策を表7.9に示す。一般的に，縫製欠点はいくつかの原因が複合することが多く，原因究明は是正処置・予防処置に不可欠で，重要な課題である。

第1章　アパレルの製造

表 7.9　代表的縫製欠点と原因，対策(1)

(1)織糸引け

　ミシン針が貫通する際に，その衝撃により地糸がその長さ方向にずれて，捺染織物であれば柄の乱れ，無地織物であっても光沢変化などでずれた痕が目立つ欠点をいう。延反後のパーツ裁断やメス付きミシンによるメスによっても，刃の切れ味が悪いと発生する

原　因	対　策
①ミシン針の衝撃力による場合	①適正な針を選定する 　・できるだけ細い針を選定する 　・針先に潰れがあれば，交換する 　・針先がナイフ形状の専用針を使用する
②縫い糸の選定不良の場合	②細番手の縫い糸を用いる
③針板穴径がミシン針に対して大の場合	③針板穴径の小さい針板を用いる
④目打ちドリルの衝撃力による場合	④可能な限り細い針を用い，ゆっくりとドリルを差し込む。また，針の先端は常に研磨する
⑤裁断刃の切れ味が悪い場合	⑤刃の研磨を絶えず行い，切れ味を良くする

(2)糸返り

　捺染織物などにミシン針が貫通する際，その衝撃力で織糸が反転してしまい，染色されていない面が表面に出て，柄が乱れる現象をいう

原　因	対　策
①ミシン針の衝撃力による場合	①適正な針を選定する 　・できるだけ細い針を選定する 　・針先に潰れがあれば交換する 　・針先がナイフ形状の専用針を使用する
②縫い糸の選定不良の場合	②細番手の縫い糸を用いる
③生地要因 　・織糸の屈曲が少ない 　・たて糸，よこ糸の太さがアンバランス 　・過度の減量(撚糸ものに発生しやすい)	③接着芯やテープ等を貼って，糸の動きを止める

第7編　アパレル製品の基礎知識

表7.9　代表的縫製欠点と原因，対策(2)

(3)シームパッカリング
縫い縮み，縫いずれにより縫い目周辺に発生する縫いつれ，縫いじわ。ビリとも呼ばれる

原　因	対　策
①縫い糸の選定が不適正な場合	①適正な縫い糸を選定する 　（細番手のもの，伸度の低いもの，収縮の 　小さいもの，弾性回復のしにくいものなど）
②ミシン針が不適正な場合	②針番手を細くする。先端形状を選定する
③ミシンの送り機構が不適正な場合	③縫いずれ防止に針送り，上下送り，総合送 　りなどの送り機構を選定する
④ミシン調整が不適正な場合	④適正なミシン調整を行う 　・ミシンの回転数を下げる 　・押さえ金の圧力を下げる 　・送り歯高さを下げ，歯数を細かくする 　・針板穴径を小さくする 　・縫い糸張力を下げる
⑤生地の重ね方が不良な場合	⑤正しく生地を重ねる（一般的には滑りやす 　いもの，または伸びにくいものを上にする）
⑥ハンドリング不良の場合	⑥やや伸ばし縫いをする

(4)縫い目スリップ
縫い目に力が加わった時に，縫い目のパンクを起こすほどではないが，地糸が滑動して隙
間を生じること。地糸間の摩擦力の小さいフィラメント織物で発生しやすい

原　因	対　策
①生地が不適正な場合	①(a)素材を改良する 　　・織密度を多くする。減量加工率を小さ 　　くする 　(b)縫製仕様を改良する 　　・縫い代を片倒しし，押さえステッチを 　　掛ける 　　・縫い代を割って，コバステッチを両側 　　に掛ける 　　・縫い代に接着テープを貼る
②タイトなデザインの場合	②ゆとり量を多くする。また，ストレッチ性 　のある生地を用いる
③縫い代が不足している場合	③縫い代を十分にとる

370

第1章　アパレルの製造

表7.9　代表的縫製欠点と原因，対策(3)

(5)縫い目パンク

縫い目に対する引張り力によって，簡単に縫い目がはずれる現象をいう

原　因	対　策
①縫い糸が切れた場合	①生地に適合したミシン糸を選定する
②縫い代が不足している場合	②縫い代を十分にとる
③縫い目とびが発生している場合	③ミシンを調整する(本縫いの場合は針と釜の剣先のタイミング，環縫いの場合はルーパーが縫い糸捕捉するタイミングを調整)
④縫い代の裁ち端から構成糸がほつれている場合	④裁ち端を縁かがり縫いする。またはピンキングを入れる

(6)地糸切れ

縫製時のミシン針によって，生地の構成糸が切断されること。ニットに発生しやすく，着用や繰り返し洗濯により次第に傷が拡大する(ランなど)性質がある。織物にも発生し，切れた糸端が表面に突出することがあるが，傷が拡大しないためニットほど問題にはならない

原　因	対　策
①生地の編密度が細かすぎる場合	①生地に平滑剤(シリコーン油など)を塗布する
②ミシン針が不適正な場合	②針番手を細くする，ボールポイント針を用いる
③ミシン針先が損傷している場合	③針先に潰れがあれば交換する
④縫い糸が不適正な場合	④平滑性のある細い縫い糸を用いる
⑤針板穴径がミシン針に不適正な場合	⑤針板穴径が大きいものを用いる
⑥ミシン回転速度が大きい場合	⑥ミシン回転速度を小さくする
⑦縫製場の湿度が低い場合	⑦縫製場の湿度をコントロールして乾燥を防ぐ

(7)縫い目伸度不足

伸縮性のある生地は，縫い目にもそれに応じた伸縮性をもたせることが必要である。縫い目の伸縮性が不足すると，縫い糸が切断して縫い目破損(縫い目パンク)を引き起こす

原　因	対　策
①ステッチ形式が不適正な場合	①生地に適合したステッチ形式を選定する縁かがり縫い，安全縫い，二重環縫い，千鳥縫いミシンなど
②送り方式が不適正な場合	②差動送りミシンを選定する
③縫い糸が不適正な場合	③伸度の大きいミシン糸を選定する

371

第7編　アパレル製品の基礎知識

表 7.9　代表的縫製欠点と原因，対策(4)

(8)接着芯地の剥離

芯地の接着には，温度・圧力・時間を3要素として，表地に合わせた接着条件を設定する必要があるが，これらの要素が不足していると接着不良，部分剥離などが発生する

原　因	対　策
①接着剤の種類が不適正な場合 ②表地と芯地の寸法変化差が大きい場合	①表地の組成に適正な接着剤を選定する ②表地との寸法変化差が小さい芯地を選定する

第2章

アパレルの品質

2.1 衣料品に対する消費者苦情

2.1.1 苦情は商品改善のための情報である

　衣・食・住は人類の生活を形成する文化であるが，特に衣生活はほかの生物には存在しない人類特有の文化である。文明の発達に伴って仕事の分業化が進み，衣生活においても日常使用する衣服のほとんどは自分でつくったものではなく，専門業者が生産した製品を購入したものである。

　商品を購入する時，消費者はその商品についてなんらかの期待を抱いており，購入した商品を使用して，その期待が満足されれば，その経験が記憶されて，次の機会にも同じ商品を購入することになる。また，期待が満足されなかった時には，期待が大きい場合ほど大きい不満が生じ，それが苦情となって販売者を経由して生産者に伝えられる。

　商品を企画し，設計する時，生産者は消費者の要求を予測して，期待に対する満足が得られるよう配慮しているが，消費者の使用実態は多様であるので，時には想定の範囲を超える事態が発生することがある。したがって消費者苦情は，その商品の消費者期待に対する満足度を高めるための改善点を示唆する，生産者にとって貴重な情報である。

　マズローは，"消費者の生活水準が変化すると，その欲求内容に変化が生じる"と，表7.10[9]に示す5段階欲求説を唱えた。

　衣服を着用する第一の目的は，生活環境における気温変化に対して，新陳代謝によって生成される体熱の放散を防ぎ，あるいは促進して体温を一定に維持

373

第 7 編　アパレル製品の基礎知識

表7.10　マズローの5段階欲求説[9]

欲求の次元	欲　求	内　　容	生活水準
低　次	生理的欲求	食欲や睡眠を満たしたい	低い
↓	安全欲求	健康や身の安全を守りたい	↓
↓	帰属欲求	所属する集団と同一でありたい	↓
↓	差別欲求	他人との違いを示したい	↓
高　次	自己実現欲求	個性や特徴を表現したい	高い

し，生命を保つことである。

　しかし，人類の文化が発達して集団生活を営むようになると，社会の中において同居者との関係を良好に保つことが，生命を保つために大きい要素を占めるようになり，衣服は集団への帰属を示し，あるいは集団の中において自分の存在を主張するなど，個性を表現する手段としての役割をもつようになる。

　文化が発達し，分業化が進むにつれて，生活必需品は自給自足する時代から，生産者と消費者に立場が二分され，流通を仲介として市場から入手する時代に変化した。さらに，工業の飛躍的進展によって製品の供給は潤沢となり，消費者は自分の欲する製品を自由に選択できるようになってきたが，その選択基準にも消費者欲求の順位が大きい要素を占めている。また，個々の衣服に対して消費者が抱く要求内容の順位は，衣服の種類や用途，対象者の生活水準などによって相違するばかりでなく，戦乱や災害など生活環境の変化によって変動を生じることがある。

2.1.2　消費者は衣服にどんな性能を要求しているか

　消費者は，購入した製品を自ら使用するので，使用や取り扱いについていろいろな要求をもっている。消費者が期待し，要求する項目を分類・整理したものが，表7.2消費者要求品質（p.344，345）に示されている。

　表7.2から，消費者の要求は，その時の状況によって内容が変化していることがわかる。購入する時には外見的な要素が重要視され，使用上の特性については，考慮の範囲外であることが多い。着用感については，試着などの手段によって購入時に検討されることが多いが，着用特性に対する評価は，実際に着用してみて初めて判明するから，着用機会がすぐに訪れない場合には，かなりの期間を経過して評価を受ける場合もある。取り扱いに対する特性は，商品の企画設計において重要視される項目であるが，それらの特性に対する消費者の評価は，かなり長期の実用期間を経てからようやく明確になることが多い。

374

第2章　アパレルの品質

2.1.3　生産者にとっての品質と消費者にとっての品質

　衣服には，その使用目的を達成するためにいろいろな特性が必要である。商品を企画する時には，その商品に必要な特性を調査して，必要な性能基準を定める。これを品質設計といい，生産現場では，定められた基準（設計品質）に適合した製品が得られるよう，工程を設計し，工程管理を行って，製造品質の管理を行う。

　一方，消費者にとっての品質は，生産者の品質と同じではない。消費者に必要なのは，その商品が期待を満足できるかどうかであるが，先に述べたように，消費者の期待の内容や評価の基準は極めて流動的であるから，正しい設計と管理にもとづいて生産された商品が必ずしも消費者の満足が得られるとは限らず，予知できなかった原因や，使用環境の変化などによって消費者の満足が得られない事態を生じることがある。

　消費科学では，その製品が具有すべき性質を「第一次品質（当たり前の品質）」，その製品に消費者が期待している性質を「第二次品質（望ましい品質）」という。衣服では，購入商品を選定する上で，第一次品質よりも第二次品質の方が強い影響力を有しており，購入時点で第一次品質が論じられることは多くはない。しかし，消費者にとって第一次品質は決して不要なものではなく，当然あるべきものと考え，暗黙の期待をもっているのであるから，もし消費の時点で不都合を生じた場合には，苦情となることを避けることはできない。

　消費者の期待の対象は，要求品質項目ばかりではない。1.3.3項でも述べたが，類似した商品から選択する場合には要求品質が優先されるが，異なる価格で全く同じ商品が存在すれば価格の安い方を選択し，ほかに相違がなければ何かほかの基準を頼って信頼のおける商品を選択し，また品質よりも納期を優先される場合もある。このように消費者の品質には，製造品質のほかに，価格，納期，信頼性などの要素が加わっているが，これらを含めても期待の大きさや順位は，それぞれの状態によって変動することは免れない。

2.1.4　品質を評価するための試験と品質基準

　品質評価は試験の目的によって，品質管理のための試験と，品質を改善し新商品を開発するための試験に大別することができる。

　衣服の商品企画では，着用対象者の範囲を想定し，その衣服の着用の状態や頻度，保管や取り扱いの状況などを考慮して必要性能を設定し，そのために必要な材料およびその品質基準や，縫製仕様などを設計する。製品が設計どおり

375

第7編　アパレル製品の基礎知識

の性能を発揮し，維持するためには，材料手配の段階から，製品を出荷し消費者の手に渡るまでの主要なポイントで性能評価を実施し，不適合品を排除することが必要である。

　この目的を完全に達成するためには，多くの試験項目と試験用試料を必要とし，また評価のための時間と費用が必要である。新商品開発の場合には，消費段階での取り扱いの予測を含めた広汎な試験を必要とするが，経験を重ね，データが蓄積された商品の場合には，試験項目や実施要領は重点的な項目に絞って実施されるのが一般である。

　この目的の試験に必要なものは，試験結果の信頼度と再現性である。試験方法は，JIS などの公的試験方法のほか，必要に応じて試験目的に適合する試験方法が採用される。また，合格基準を明確に指示するとともに，不合格品の処置についても定めておくことが品質保証のために望ましい。

　品質を改善し新商品を開発するための試験は，使用実態を把握し，対応する試験方法を探索することから出発する。品質管理を目的とする試験方法は，再現性を高めるために試験条件が詳細に規定されているが，実際の使用状態と同一ではなく，試験と全く同じ環境で使用されることの方が稀である。試験方法の選択を誤れば，基準を設けて厳重な管理を実施しても，その結果は使用実態に反映されないということになる。

　消費者苦情の原因を特定して再発防止のための対策を実施する場合にも，これと同様な試験方法の探索が必要となる。品質管理が不十分である場合は，規定の方法による再試験で原因を発見することが可能であるが，品質設計時の想定外の苦情では，事故の現象を再現することができなければ，原因を特定して対策を実施し，再発防止の効果を確認することはできない。

(1)品質評価の目的

　繊維製品の品質評価は，事前に的確に，客観的にそして，迅速にしなければならない。これらを怠れば，消費者苦情が多発し商品回収などになりかねない。すなわち，消費者・販売店には多大な迷惑をかけることとなり，メーカーでは大きな損害となる。これらのトラブルを防ぐために，たとえば，染色加工場，アパレルそして販売店(量販店や百貨店)などは，品質規格や基準をつくり，管理運営がなされている。

(2)品質評価試験の項目

　素材や製品の各種試験には以下のような項目があり，試験・評価後，品質の

確認がなされ，市場に送り出されている。

①染色堅ろう度試験…染色物の色落ちなどを見る
②物性試験…素材の強度などの物理的な性質を見る
③安全性試験…ホルムアルデヒドなど有害物質の含有量を見る
④機能性試験…機能性素材などの性能を見る
⑤繊維鑑別・混用率試験…素材の組成やその割合を見る
⑥縫製試験…可縫性（地糸切れ，針穴）や縫い目強度を見る

(3)試験方法の種類

繊維製品には，素材から製品までそれぞれの場面で試験が必要である。一般的には①〜④の試験が実施され，製品化がなされている。

①実験室の試験…素材の試験
②実着用試験…実際に着用・洗濯を行う試験
③着用感（試着）試験…着用して肌触りや着用感を見る試験
④製品試験…製品を洗濯し，外観，寸法変化や色落ちを見る試験

(4)試験法の根拠

アパレルおよび流通各社は，一般的には JIS を基本として規格化しているが，JIS にないものは，独自の試験方法を設定・運用しており，その規格や基準はそれぞれの立場によって微妙に異なっているのが現状である。

① JIS（日本工業標準規格）
② ISO（国際標準規格）
③業界規格（アパレル各社，ザ・ウールマーク・カンパニー等）
④百貨店・量販店規格
⑤その他（検査団体，海外各国）

2.2　衣服の使用と性能変化

衣服は着用の後，洗濯などの取り扱いを繰り返すことによってリフレッシュし，ある程度の期間にわたって使用する消費財であるが，生産時の性能をいつまでも維持することは困難で，使用あるいは保管の間に次第に変化して，ついには実用に耐えなくなってしまう。また，使用や取り扱いの条件が適切でないか，あるいは設計時に予測しなかった使用状況によって性能が著しく変化し，実用に適さなくなることがある。

第7編　アパレル製品の基礎知識

2.2.1　強さの変化と破れや擦り切れ

　衣服のある部分に大きい力が掛かると破損を生じる。この力に耐え得る限度は，その部分の材料に固有のものであるが，摩擦や伸縮など同じところに繰り返し力が掛かると，限度の値は次第に低下して破損しやすくなってくる。したがって，衣服を長持ちさせるには，生産した時の強さだけでなく，使用する材料の耐久性が大きい要素となる。

　また，長期間の使用や保管では，空気中の酸素あるいはその他の酸化性ガスによる酸化，染料，加工剤や使用中に外部から付着した物質の化学的作用，かび，細菌などの微生物の発生や虫による食害など，いろいろな条件によって固有の強さも変化するため，適正な手入れや保管も重要な要素である。

　抵抗力は，力の掛かる部分と掛かり方によって相違するから，強さを評価するには，その状況に対応する試験方法が必要である。いろいろな破損の現象について，その原因となった力と対応する強さとの関係を表7.11に示す。製品をつくる時には，通常どのような使い方をするかを予測し，その際に，どの程度の強さが必要であるかを考えて，品質を設計することが必要である。

表7.11　破損の現象と対応する強さ

破損の現象	力の掛かり方	対応する強さ
引きちぎれ	全体に均等に	引張強さ
かぎ裂き	部分に集中して	引裂強さ
擦り切れ	表面に平行して	摩耗強さ
突き破れ	部分的に垂直に	破裂強さ
縫い目破損	縫い目部分に	縫い目強さ

(1)引張強さ

　引張強さは，繊維や糸は長さの方向，織物ではたて・よこ組織（地の目）の方向に一定の条件で力を加えた時，試料の切断に要する力を測定する。しかし，日常の生活では衣服がちぎれるほど強く引張られることはほとんどなく，力は均等には掛からないので，破損はほかの要因が働いて，もっと小さい力で発生することが多い。

(2)引裂強さ

　布地の破れは，特定の部分に瞬間的に力が集中した時に発生する。ガーゼのように組織がルーズで，加えた力が伸びや変形によって分散する生地は破れに

くく，ブロードのように組織が緻密で伸びの少ない生地は破れやすい。

　日常の生活では，引掛けなどによる破損はかなり多く見られる現象で，生地の柔軟性や伸びなどの材料特性，適当なゆとりをもつ衣服設計など，特定部分に力を集中させないことが事故防止に有効である。

(3)摩耗強さ

　布地の表面を強く擦ると次第に擦り切れ，糸が切断して穴があく。摩擦抵抗が大きくてすべりにくい生地は，摩擦による損傷を受けやすい。引張強さが同じ糸でつくった生地を比較すると，糸を構成する繊維が細い場合，摩擦に対する強さが低くなる。これは，繊維が細いと摩擦によって切断されやすいことが原因と考えられる。

　摩擦される状態によって糸や繊維に掛かる力が異なるので，強さの試験には，使用状況に近い状態での強さが評価できるよう，いろいろな試験方法があり，強さの評価法には，破損するまでの摩擦の繰り返し回数で示す方法と，一定条件での摩擦による重量の減少率で表わす方法がある。

(4)破裂強さ

　ニットのようにどの方向にも伸びやすい布地は，引裂きにくいが，圧力を加えていくとふくらんでいき，最終的には破裂する。ストレッチ性が大きいと，かなりふくらませても破裂せず，圧力を除くと元の状態に回復するが，伸びが少ない場合には圧力に耐えられず，少しの力でパンクする。破裂に対する強さは，ゴム膜に一定面積の試料を被せて圧力を加え，ふくらませて破裂させる方法と，球状の先端をもつ棒状の冶具で試料を突き破る方法がある。

(5)縫い目強さ（滑脱抵抗力含む）

　衣服は縫い目に関する事故が多い。縫い目の損傷や破壊は，材料特性のほかに縫製の仕様や縫合状態による部分が大きい。縫い糸や縫い目の形状は，一般には生地特性や製品の用途によって選択され，縫い目の強さは，その部分の生地の強さよりも低く，力が掛かった時には生地より先に縫い目が破壊するが，縫い目の部分に掛かる力によって生地の組織糸がスリップするなどの事故を生じることがある。

2.2.2　寸法と外観の変化

　繊維は金属やプラスチックと異なり，フレキシブルで力を加えることによって寸法変化を生じるが，成形しやすく，その特性が衣服の成形に利用されている。着用中の動きや洗濯などの取り扱いによって衣服にはいろいろな力が加わ

第7編　アパレル製品の基礎知識

表7.12　布地に寸法を生じさせる現象

緩和収縮	外力による繊維の内部歪みが解放され，寸法が安定な状態に変化する
膨潤収縮	繊維の直径が水などを吸収して太くなり，布地の組織を圧縮する
フェルト化収縮	毛の繊維を湿潤状態で揉むと，表面のスケールが開いて絡み合う
熱収縮	熱可塑性の合成繊維を熱セット温度以上に昇温すると発生する
ハイグラルエキスパンション	毛の繊維は湿気を吸収すると伸び，湿気を放出すると収縮する

り，そのために衣服の寸法や外観はいろいろな変化を生じる。この変化には，力が除かれると回復するものと，回復しないものがあり，生地を構成する繊維や糸の特性によって異なる。寸法変化の要因には表7.12のようなものがある。

(1)緩和収縮

生産工程や着用時に加えられた変形のエネルギーが衣服に残っていると，洗濯などの操作によってエネルギーが解放され，より安定な状態になろうとするため，寸法や形状が変化する。

繊維，糸，織編，染色，縫製など生産工程では，長さ方向に張力が加えられることが多いので，伸び変形の解放による収縮が起こることが多い。これを緩和収縮といい，程度の相違はあるが，すべての素材に共通する現象である。したがって，縫製までの工程でできるだけ安定な状態に回復させるよう，いろいろな緩和処理が行われる。

(2)膨潤収縮

親水性の繊維は水を吸収すると体積が増加し，糸の太さも増大する。糸が太くなると織物を構成する糸の間隔が狭められ，生地は収縮するが，そのあと乾燥してもこの変形は回復しない。スパンレーヨンなどに多く見られる現象で，防縮のため，吸水性を低下させて膨潤の程度を少なくするなどの加工が行われる。

(3)フェルト収縮

羊毛など動物の体毛繊維には，表面にうろこ状のスケールがあり，乾燥時には閉じ，湿潤時には開いて，繊維が含有している水分を調整している。羊毛製品をアルカリの存在下でぬらして揉むと，開いているスケールが絡み合って繊維が圧縮され，乾燥後は回復しなくなる。この現象をフェルト収縮またはフェルト化といい，この性質を利用して製品化したものが羊毛フェルトである。

一般のウール製品は水洗いをできるだけ避けるが，洗濯が必要な場合は，フェルト化防止のために，中性洗剤を用いて静かに手洗い（押し洗い）を行う。一方，水洗いを必要とする用途には，化学薬品によってスケールを除く，ある

いは樹脂処理によってスケールの開閉を抑止するなどの方法で防縮加工を行う。

(4)熱収縮

熱可塑性の合成繊維は熱によって分子の運動が活発になり，ある温度以上になると収縮する。繊維の形態は熱によって固定（セット）されるので，このような繊維の製品は，繊維の種類や形態に適した条件で熱セットして収縮の発生を防止する。セットした製品は，セット条件より低い温度では安定で，収縮は発生しない。

衣服をアイロンやタンブル乾燥など熱を用いて取り扱う場合は，繊維が熱セット温度より高温になると熱収縮を起こすので注意が必要である。

(5)ハイグラルエキスパンション

羊毛は，湿度によって寸法が可逆的に変化し，乾燥すると収縮し，吸湿すると伸びる性質がある。この性質をハイグラルエキスパンションという。

細番手の梳毛糸を使用した夏物用製品は，天候の影響（高温多湿）を受けてハイグラルエキスパンションによる寸法変化（伸び）が大きく生じ，生地表面が凹凸になるなどの外観変化を起こすことがある。

(6)ねじれ

織物はたて・よこ組織方向の伸びは比較的少ないが，斜め（バイアス）の方向に引張ると，組織糸の交差角度が傾いて寸法が変化する。生地を衣服に成形する時には，この性質を利用して立体化するが，成形後のセット処理が不十分で歪みが残っていると，衣服の着用や取り扱いによる型崩れ（形態変化）が発生する原因になる。

裁断前の生地に組織の斜行がある，あるいは裁断・縫合の時に歪みが生じると，生地組織を傾けさせる力が働き，衣服にねじれが生じる原因となる。また，綾織物など左右のアンバランスな生地組織によっても生じることがある。

ニットは伸び縮みしやすく，立体化が比較的容易であるが，糸の撚り方向や編成時の張力によって，ねじれが発生することがある。

(7)ピル，スナッグ

生地表面の毛羽は，衣服の着用や洗濯などの取り扱いによって繊維が引き出され，絡まり合ってピル（毛玉）を生じる。綿は繊維が短いのでピルは生じにくく，毛は繊維が強くないのでピルが生じても脱落しやすい。一方，ポリエステルなどの合成繊維では，強くて伸びが大きいので，短繊維の場合はピルを生じやすく，ふくらみのある加工糸は繊維が長いまま途中から引き出されて，ス

第7編　アパレル製品の基礎知識

ナッグを生じやすい。

(8)アタリ，テカリ

生地表面の一部分に高い温度や強い圧力が加わると，繊維が倒れて圧縮され，光沢の変化や風合いの硬化が生じ，外観が損なわれる。耐熱性の低い繊維や弾性回復性の乏しい繊維では，修復することが不可能なことがあるので，取り扱いには注意が必要である。

2.2.3　色の変化と色泣きおよび汚染

衣服の色には，繊維自身のもつ色，染色によって与えられた色および加工剤など，後から付加した物質の色がある。

色は衣服の審美性を高める要素であるから，染色された色相は衣服の実用期間中には変化しないことが望ましいが，繊維と染料の親和性や染色に必要な条件の制約などのために，すべての衣服を最高の状態に染色することが常に可能であるとは限らない。

その衣服について予測される取扱い方法に対しては，適正な染色堅ろう度が得られるよう染料と染色方法を選定することが必要であるが，消費者の要求は色や柄の好ましさの方が優先されるので，色相を重視すると要求水準を満たす堅ろう度が得られないことがある。

したがって，このような場合には予測されるデメリットおよび取り扱いでの注意について，的確な情報の伝達に努め，事故の発生を未然に防ぐことが必要である。

繊維や加工剤の変色は，長期に使用する場合には避けられない場合もあるが，短期の使用で変色が発生すると，消費者の期待を裏切ることになるので，あらかじめ注意が必要である。

色に関する事故は次のように分類される。

(1)変色および退色

色相が変わることを変色，色相が淡くなることを退色というが，配合した染料の一部が脱落することによって色相が変化するなど原因が関連している場合も多いので，両方を合わせて変退色ということが多い。染色については，繊維上の染料の一部が脱落あるいは消失する場合と，染料自身の色が変化している場合がある。

脱落は，染料の繊維への染着が不十分である場合と，いったん染着した染料が繊維から離れる場合があり，変色は酸化剤，還元剤，酸，アルカリなどの化

第 2 章　アパレルの品質

学作用，染料と金属との結合あるいは脱落などがある。

　また，繊維や加工剤の変色（着色）が原因で，染料には無関係であることもある。

(2)色泣きおよび汚染

　色泣きと汚染は，染料が繊維から離れて，ほかの部分に移動することによって発生する。元の場所と隣り合う部分への移動を色泣き，離れた部分への移動を汚染という。移動の状況が違うため，別個の試験方法を必要とするが，実際には両方の現象が同時に発生することは珍しくない。

　繊維と結合していない染料が原因であるが，着用や洗濯，保管などによって，結合していた染料が分離して発生することがある。

表7.13　日本工業規格（JIS）に定める染色堅ろう度の試験方法

光に対する染色堅ろう度	光源3種（日光，カーボンアーク灯，キセノンアーク灯）ブルースケールの退色程度と比較判定する（8～1級）
その他の染色堅ろう度	試験片の変退色程度と試験用添付白布の汚染程度をそれぞれのグレースケールと比較判定する（5～1級）
洗濯に対する染色堅ろう度	石けんを用いる方法，合成洗剤を用いる方法
熱湯に対する染色堅ろう度	複合試験片をガラス棒に巻き付け，判定する
水に対する染色堅ろう度	汗試験機を用い，加圧して37±2℃，4時間処理
海水に対する染色堅ろう度	汗試験機を用い，加圧して37±2℃，4時間処理
汗に対する染色堅ろう度	人工汗液の成分：酸性，アルカリ性がある
摩擦に対する染色堅ろう度	摩擦試験機の形式Ⅰ，Ⅱ形，乾湿を行う
ホットプレッシングに対する染色堅ろう度	温度3，使用機器・圧力2，乾湿条件3
ドライクリーニングに対する染色堅ろう度	溶剤2種（条件：浴中添加物有無，鋼球有無）
水滴下に対する染色堅ろう度	ほかに酸滴下，アルカリ滴下がある
昇華に対する染色堅ろう度	汗試験機を用い，加圧して，120±2℃，80分処理
窒素酸化物に対する染色堅ろう度	弱試験，強試験がある
塩素処理水に対する染色堅ろう度	有効塩素量4種，温度，pH，時間は2種ある
光及び汗に対する染色堅ろう度	試験容器またはホルダーに取り付ける
塩素漂白に対する染色堅ろう度	弱試験，強試験がある
酸素系漂白剤を用いる洗濯に対する染色堅ろう度	過炭酸ナトリウムを含む酸素系漂白剤を用いる方法（家庭における浸け置き漂白洗濯試験方法は附属書JC）
オゾンに対する染色堅ろう度	低湿と高湿の2条件がある

＊その他，多くの染色堅ろう度試験方法が設定されている

色泣きは，繊維をぬらした水や溶剤などに染料が溶け出し，一緒に滲み出すことによって発生する。

汚染は，染料が繊維から離れて媒体中に移動し，次に接触した別の部分に移動するもので，水や溶剤などの液体による場合と，空気を媒体とする昇華とがある。

染色堅ろう度の試験方法は，それぞれの現象を再現することが必要であるため，日本工業規格には多くの試験方法が定められている（表7.13参照）が，これら以外にも国際法，各国の国内法，業界法，社内法など多くの試験方法がある。

2.2.4　脱色および白化

衣服の全体またはある部分が白くなる現象のうち，染料の分解によって色が消失したものを脱色，繊維が部分的に染まり，着色部分が脱落して白い部分が残ったものを白化という。

脱色は，塩素などの漂白剤による染料の分解が主なもので，白化は藍染めなど表面だけが染まって内部が白い繊維の表面の摩耗，絹などの細繊維（フィブリル）化による表面反射の変化，綿片染めポリエステル混紡における綿繊維脱落などの例がある。

2.2.5　黄　変

長期の使用や保管によって黄色く変色する現象で，特に白いものや淡色染めしたものに目立ちやすい。プラスチックなどの酸化防止剤（BHT：ブチルヒドロトルエン）の酸化窒素ガスによる黄変が注目されているが，絹やナイロンなどの繊維，透明なコーティング樹脂，柔軟仕上げ剤など，紫外線や空気中の酸素などの作用によって黄変するものもあり，またメラミン系樹脂加工剤は漂白剤の塩素と結合して黄変する性質を有している。

2.2.6　汚れの付着

衣服には，外部から種々の汚れが付着する。汚れは外観を損なうだけでなく，それを媒体とする微生物の繁殖や，分解による化学的な作用などによる損傷，異臭の発生などの原因にもなるため，使用後はできるだけ汚れを除去して清潔に保つことが必要である。

2.2.7　機能性試験と基準例

商品を差別化するために，化学的処理によって繊維に本来備わっていない機能を付与するさまざまな機能性加工（抗菌防臭加工，消臭加工，遠赤外線加工，帯電防止加工，吸汗加工，吸湿発熱加工，保湿加工，冷感加工など）が開発されている。これら機能性には，それぞれ機能性試験方法と基準があり，表7.14

第 2 章　アパレルの品質

表7.14　機能性試験の試験概略と基準例

機　能	試験概略および基準例
抗菌防臭性	(一社)繊維評価技術協議会の基準に準ずる 抗菌性・安全性・表示
消臭性	(一社)繊維評価技術協議会の基準に準ずる 例：汗臭の場合，アンモニア，酢酸，イソ吉草酸を用いる
遠赤外線	(一社)遠赤外線協会の基準に準ずる ①放射特性 　・分光反射率：対照試料と 10% 以上，上回ること 　・再放射特性：信頼限界 95% でプラスの優位差 ②温度特性 　・サーモグラフィ：平均皮膚温度で＋0.5℃ 以上 　・モニターテスト：過半数または 95% の優位差
帯電性	JIS L 1094　帯電性試験 ・表地：2,000 V 以下(摩擦帯電圧法)かつ 30 秒以下(半減期法) ・裏地：1,000 V 以下(摩擦帯電圧法)
吸汗速乾性	①吸水性 　・滴下法：12 秒未満(ニット) 　・バイレック法： 6 cm 以上(ニット) ②速乾性 　・拡散性残留水分率：65 分以下 10% に至る時間(分)
吸湿発熱性	20℃×40% RH 環境下から 20℃×90% RH に急激に変化させた時，加工品と未加工品の温度差が 0.5℃ 以上差が認められること
はっ水性	JIS L 1092　スプレー法 洗濯前：3 級以上，洗濯後：2 級以上
保湿性	40℃×90% RH→20℃×65% RH で吸湿量を測定し，未加工品と優位差があること
涼感性	サーモラボⅡを用いて，接触冷温感 Q-max(J/cm²・sec)を測定する ΔT=20℃(室温の ＋20℃)の時，Q-max が 0.2 以上あること

に主な試験概略と基準例を示す。

2.2.8　安全性試験

　安全性に関する消費者苦情には，皮膚障害，異物混入による障害，燃焼性や静電気などの衣料障害がある。また，中国製製品のホルムアルデヒドの問題が新聞紙面で問題になっているが，繊維製品の安全衛生に関する法律や行政指導にも注意が必要である。

(1)有害物質を含有する家庭用品の規制に関する法律(昭和 48 年 10 月 12 日法律第 112 号)

　2016 年 4 月 1 日より，新たにアゾ染料に由来する特定芳香族アミンが規制

第7編　アパレル製品の基礎知識

対象となり，施行された。当該法律（表 7.15）は，10 有害物質が規制されているが，現状は，ホルムアルデヒドのみ重要視されて，他の 9 物質はあまり認知されていない。特に輸入品については，これら 9 物質も再確認をして，法令遵守を図ることが肝要である。

　表 7.15 と同様に注意しなければならない行政指導を表 7.16 に示す。これらについても，再度，確認をして法令遵守を図ることが肝要である。

表7.15　繊維製品の特定有害物質を含有する規制基準

有害物質	用　途	対象用品	基　準
有機水銀化合物	防菌 防かび剤	下着，靴下，オシメカバー，衛生パンツなど	検出せず
ホルムアルデヒド	樹脂加工剤 防腐剤	下着，靴下，オシメカバー，衛生パンツなど（24ヵ月以下）	検出せず
		靴下，寝衣など	75 ppm 以下
ディルドリン	防虫加工剤	オシメカバー，下着，寝衣，手袋，靴下，中衣，外衣など	30 ppm 以下
APO（トリスホスフィンオキシド）	防炎加工剤	寝衣，寝具，カーテンなど	検出せず
TDBPP（トリスホスフェイト）	防炎加工剤	寝衣，寝具，カーテンなど	検出せず
トリフェニル錫化合物	防菌 防かび剤	下着，靴下，オシメカバー，手袋など	検出せず
トリブチル錫化合物	防菌 防かび剤	下着，靴下，オシメカバー，手袋など	検出せず
DTTB（ミッチン LA）	防虫加工剤	オシメカバー，下着，寝衣，手袋，靴下，中衣，外衣など	300 ppm 以下
BDBPP（ビスホスフェイト化合物）	防炎加工剤	寝衣，寝具，カーテンおよび敷物	検出せず
特定芳香族アミンを生成するアゾ化合物	染料	オシメ，オシメカバー，下着，寝衣，手袋，靴下，中衣，外衣，寝具，床敷物，テーブル掛け，えり飾り，ハンカチーフならびにタオル，バスマットおよび関連商品等	30 ppm 以下

386

第2章　アパレルの品質

表7.16　繊維加工剤に関する行政指導

薬　剤	対象商品と基準
ホルムアルデヒド	中衣：300 ppm 以下，外衣：1,000 ppm 以下
蛍光増白剤・難燃加工剤	一般品：過剰に使用しない
柔軟加工剤	乳幼児製品：できる限り使用しない。一般品：過剰に使用しない
衛生加工剤	一般品：人体の安全性に疑義のある衛生加工剤は使用しないこと

(2)燃焼性試験

　燃焼性に関する消費者苦情は，主にセルロース繊維の甘撚りの起毛やパイル地のセーター，トレーナーやパジャマなどの表面フラッシュ事故である。

　表面フラッシュとは，袖口など生地の表面の毛羽に，ガスコンロなどの火が着炎し，毛羽の表面を早いスピードで炎が走ることである。

　試験結果の良くない素材は，取扱い注意表示を付けて注意を喚起する必要がある。試験方法は，表面フラッシュ燃焼性試験方法(JIS L 1917)に示されている。

2.2.9　繊維鑑別・混用率試験

　家庭用品品質表示法では，その製品の組成を表示することが，法律により義務付けられている。そのためにも繊維鑑別および混用率試験は重要な試験といえる。

　繊維鑑別試験とは「繊維の組成が何かを調べる」ことであり，混用率試験とは「組成を定量し，その割合を調べる」ことである。

2.3　苦情事故を発生させないために

　衣服の商品企画では，対象消費者層の要求を把握して，その期待を満足させることができるよう品質設計する。しかし，消費者の要求や期待は多様であり，状況によって変動するから，どのような場合にも対応できる商品をつくることは困難である。よく売れる商品は，消費者の期待に対応するなんらかの特長をもっているが，また反面ではその特長に関連する弱点を内在していることがある。

　苦情事故を防止するために最も重要であるのは，すべての関連分野に対する情報の伝達と連携である。事故調査では，発生した損害を補償することに捉われて，責任の所在だけを問題視されることがある。しかし，損害賠償によって

387

事故原因は解消されず，対策を実施しなければ，同様事故の再発を防止することは不可能である。

消費者基本法によれば，事業者は，"消費者の権利の尊重及びその自立の支援その他の基本理念にかんがみ，その供給する商品及び役務について，消費者に対し必要な情報を明確かつ平易に提供する"ことが，責務の1つに掲げられている。

そのため，家庭用品品質表示法にもとづく繊維製品品質表示規程，不当景品類及び不当表示防止法にもとづく適正な表示や商品の原産国に関する不当な表示などの法規を遵守し，適正な表示をしなければならない。

繊維製品，特に衣服に関する主な表示を分類すると図 7.13 のようになる。

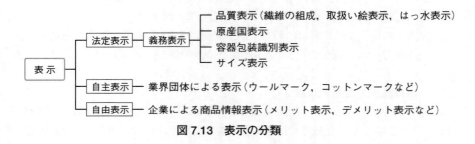

図 7.13 表示の分類

消費者に関する次の法律や規程は，いずれも消費者に的確な情報を伝達し，事故の発生を防止することが求められている。

2.3.1 家庭用品品質表示法と繊維製品品質表示規程

家庭用品品質表示法は，家庭用品の品質に関する表示の適正化を図り，一般消費者の利益を保護することを目的として，1962 年に施行された。この法律は，繊維製品，合成樹脂加工品，電気機械器具および雑貨工業品を対象とし，繊維製品については，繊維製品品質表示規程によって個々の表示内容が詳しく規定されている。

繊維製品品質表示規程に定める表示事項は，繊維の組成，家庭洗濯等取扱い方法およびはっ水性の3つであり，表示対象品目ごとに決められている（表 7.17 [10] 参照）。また，表示に際して，表示者の氏名または名称，および住所または電話番号を付記しなければならない。

表示ラベル例を図 7.14 に示す。

第2章　アパレルの品質

表7.17　繊維製品と表示事項の一覧表(抜粋)[10]

品　目		表　示　事　項		
		繊維の組成	家庭洗濯等取扱方法	はっ水性
上衣		◎	◎	
ズボン		◎	◎	
スカート		◎	◎	
ドレス及びホームドレス		◎	◎	
プルオーバー，カーディガン，その他セーター		◎	◎	
ブラウス		◎	◎	
オーバーコート，トップコート，スプリングコート，レインコート，その他コート		◎	◎	◎ (注1)
子供用オーバーオール及びロンパース		◎	◎	
下着	繊維の種類が1種類のもの	◎	◎	
	その他のもの	◎	◎	
寝衣		◎	◎	
靴下		◎		
手袋		◎		
ハンカチ		◎		
タオル及び手拭		◎		
マフラー，スカーフ及びショール		◎	◎	
ネクタイ		◎		
水着		◎		
帽子		◎	◎	

・(注1)のはっ水性の表示は，レインコートなど，はっ水性を必要とするコート以外の場合は，必ずしもはっ水を表示する必要はない。
・上記の表示事項(繊維の組成，家庭洗濯等取扱方法，はっ水性)に加えて，表示者名と住所または電話番号は，全品目必須である。

(2017年4月の改正についてのポイント)
(a)帽子は，これまでは東京都条例に準じて表示されていたが，本改正で法制化された。
(b)マフラー，スカーフ，ショール等について，取扱方法が追加された。
(c)ズボンについて，膝および身頃の裏生地が表示対象となった。
(d)合成皮革および人工皮革の定義の見直し。靴，衣料および手袋の人工皮革，合成皮革の定義を統一し，判別が困難な場合，人工皮革であっても合成皮革と表示してもよいことになった。

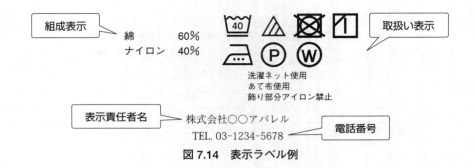

図 7.14　表示ラベル例

(1) 組成表示（繊維の名称）

　繊維の名称を表示する場合は，家庭用品品質表示法で決められた表 7.18 のように「指定用語」を使用しなければならない。上記以外の繊維は，2017 年 3 月までは「指定外繊維（　）」で表示し，（　）内に繊維名称または繊維商標を付記していたが，改正後は「指定外繊維」の用語が廃止され，7 つの分類名等を用いて表示する。また，プロミックス繊維，ポリクラール繊維は，2017 年 4 月の改正で，指定用語としては廃止となった。

　なお，2017 年 4 月の改正では，合成繊維のなかで新たに「複合繊維」の表示が規定された。ここでいう複合繊維とは，性質の異なる 2 種類以上のポリマーを口金で複合した繊維のことである。すべてのポリマーが指定用語に該当する場合は，指定用語のみで表示し，この場合は商標は使えない［例：複合繊維（ナイロン/ポリエステル）］。

　上記以外の場合は，複合繊維（商標）または複合繊維（ポリマー名/ポリマー名または指定用語）で表示し，大きい順に 3 種類書くことができる。

(2) 組成表示（混用率）

　繊維の混用率は，製品に使用されているすべての繊維の混用割合を質量％で混用率の多い順に表示しなければならないが，以下の「分離表示」や「列記表示」でも表示できる。

　①**分離表示**：製品に使用されている繊維名を，使用部位ごとに分離して，全体に対する重量割合を混用率（％）表示できる。

　②**列記表示**：デザインの複雑さや混用率の％表示が困難な特定の繊維製品について。

　　(a)混用率の大きいものから順次列記表示する方法，あるいは繊維が 3 種類以上の時，少なくとも 2 つ以上の繊維を列記表示し，それ以外の繊維名

表 7.18　繊維の指定用語 [10)]

分類	繊維等の種類		指定用語（表示名）			
植物繊維	綿		綿	コットン	COTTON	
植物繊維	麻	亜麻	麻	亜麻	リネン	
植物繊維	麻	苧麻	麻	苧麻	ラミー	
植物繊維	上記以外の植物繊維		植物繊維（〇〇）　繊維名称の用語または商標			
動物繊維	毛	羊毛	毛	羊毛	ウール	WOOL
動物繊維	毛	アンゴラ	毛	アンゴラ		
動物繊維	毛	カシミヤ	毛	カシミヤ		
動物繊維	毛	モヘヤ	毛	モヘヤ		
動物繊維	毛	らくだ	毛	らくだ	キャメル	
動物繊維	毛	アルパカ	毛	アルパカ		
動物繊維	毛	その他のもの	毛（〇〇）　繊維名称の用語または商標			
動物繊維	絹		絹	シルク	SILK	
動物繊維	上記以外の動物繊維		動物繊維（〇〇）　繊維名称の用語または商標			
再生繊維	ビスコース繊維	平均重合度が 450 以上のもの	レーヨン	RAYON	ポリノジック	
再生繊維	ビスコース繊維	その他のもの	レーヨン	RAYON		
再生繊維	銅アンモニア繊維		キュプラ			
再生繊維	上記以外の再生繊維		再生繊維（〇〇）　繊維名称の用語または商標			
半合成繊維	アセテート繊維	水酸基の 92% が酢酸化されているもの	アセテート	ACETATE	トリアセテート	
半合成繊維	アセテート繊維	その他のもの	アセテート	ACETATE		
半合成繊維	上記以外の半合成繊維		半合成繊維（〇〇）　繊維名称の用語または商標			
合成繊維	ナイロン繊維		ナイロン	NYLON		
合成繊維	アラミド繊維		アラミド			
合成繊維	ビニロン繊維		ビニロン			
合成繊維	ポリ塩化ビニリデン系合成繊維		ビニリデン			
合成繊維	ポリ塩化ビニル系合成繊維		ポリ塩化ビニル			
合成繊維	ポリエステル系合成繊維		ポリエステル	POLYESTER		
合成繊維	ポリアクリルニトリル系合成繊維	アクリルニトリルの質量割合が 85% 以上のもの	アクリル			
合成繊維	ポリアクリルニトリル系合成繊維	その他のもの	アクリル系			
合成繊維	ポリエチレン系合成繊維		ポリエチレン			
合成繊維	ポリプロピレン系合成繊維		ポリプロピレン			
合成繊維	ポリウレタン系合成繊維		ポリウレタン			
合成繊維	ポリ乳酸繊維		ポリ乳酸			
合成繊維	上記以外の合成繊維		合成繊維（〇〇）　繊維名称の用語または商標			
無機繊維	ガラス繊維		ガラス繊維	ガラス繊維		
無機繊維	炭素繊維		炭素繊維			
無機繊維	金属繊維		金属繊維			
無機繊維	上記以外の無機繊維		無機繊維（〇〇）　繊維名称の用語または商標			
羽毛	ダウン		ダウン	フェザー		
羽毛	その他のもの		フェザー	その他の羽毛		
分類外繊維	上記各項目に掲げる繊維以外の繊維		分類外繊維（〇〇）　繊維名称の用語または商標			

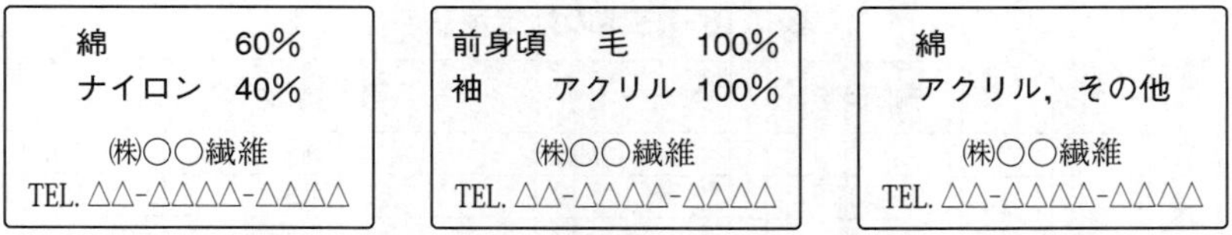

第7編　アパレル製品の基礎知識

綿　　　　60% ナイロン　40% ㈱○○繊維 TEL. △△-△△△△-△△△△	前身頃　毛　　100% 袖　　アクリル 100% ㈱○○繊維 TEL. △△-△△△△-△△△△	綿 アクリル，その他 ㈱○○繊維 TEL. △△-△△△△-△△△△
混用率の多い順に表示	分離表示	列記表示

図 7.15　各表示例

は「その他」で一括表示ができる。

　(b)列記表示できる(特定製品例：靴下，ブラジャーなどのファンデーショ
　　ンガーメント，手袋，水着など)。

　各表示例を図 7.15 に示す。

(3)取扱い絵表示

　わが国では，長年 JIS L 0217 にもとづく洗濯取扱い絵表示を使用してきたが，
グローバルな流れのなか，ISO 規格(ISO 3758)と整合化した JIS L 0001 が
2014 年 10 月に制定されたことを受け，繊維製品表示規程が 2015 年 3 月に改
正され，さらに 2016 年 12 月から新 JIS 取扱い表示として，運用が義務化され
ている。JIS L 0217 と JIS L 0001 の記号の対比表を表 7.19(p.394〜399)に示す。

2.3.2　サイズ表示

　既製衣料品のサイズ表示は，着用者を乳幼児，少年，少女，成人男子，成人
女子に区分し，基本身体寸法(チェスト，バスト，ウエスト，ヒップ，アン
ダーバスト，身長，足長および体重)8 種のうちから定められたものを用いて，
着用者の身体寸法，または一部例外として衣料寸法を表記する。サイズピッチ
と体型区分は，体型調査の結果にもとづいて着用区分ごとに示される。

　海外の表記方法との間の相関性は乏しく，通販業者ではサイズの読み替えが
行われているが，人種による体型の違いもあり，完全に整合化させることは困
難であろうと考える。

　消費者が既製衣料品を購入するに当たり，必ずサイズを確認しているため，
サイズ表示は商品にとって欠かせない表示である。

(1)サイズ表示におけるルール

　サイズ表示は，以下(a)〜(d)の表示ルールに則る。

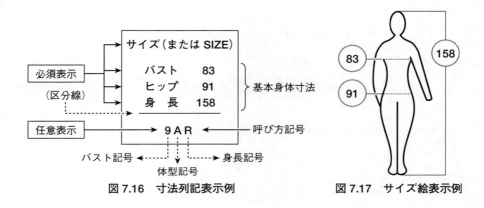

図 7.16　寸法列記表示例　　　　図 7.17　サイズ絵表示例

(a)サイズ表示は JIS 規格の人体サイズ表にもとづき表示し，基本身体寸法，特定衣料寸法が決められている。
　・基本身体寸法…サイズの基礎となる身体部位の寸法：チェスト，バスト，ウエスト，ヒップ，アンダーバスト，身長，足長，体重
　・特定衣料寸法…衣料のできあがり寸法：股下丈，スリップ丈，ペチコート丈，ブラスリップ丈
(b)服種により，表示すべきサイズの表わし方と，表示順位が決められている。
(c)サイズの表示は「寸法列記表示」と「サイズ絵表示」の2つがある。寸法列記表示例を図 7.16 に，サイズ絵表示例を図 7.17 に示す。
(d)サイズの呼称に「呼び方」の記号がある。サイズの呼称は覚えやすい数値や記号で示され，JIS 規格では基本身体寸法の数値や，記号(バスト，体型，身長)の組み合わせで呼び方が決められている(後述の(5)項①を参照)。
　なお，呼び方記号は，以下2点のルールを守らなければならない。
　(ⅰ)JIS 規格にもとづかない任意のサイズ表示をする場合は，この呼び方記号およびこれらとまぎらわしい記号は使用してはならない。
　(ⅱ)呼び方記号だけによるサイズの表示はしてはならない。

(2)サイズ規格の構成

　JIS 規格は乳幼児，少年，少女，成人男子，成人女子の5つに区分し，それぞれに表示すべき基本身体寸法，特定衣料寸法，表示の順位およびその「呼び方」などを定めた規格以外に，3つの規格(ファンデーション，靴下類，ワイシャツ)を含め，8つのサイズ規格(表 7.20 参照，p.400)があり，JIS サイズ表示をする場合は，JIS 規格を運用しなければならない。

第7編　アパレル製品の基礎知識

表 7.19　JIS L 0217 と JIS L 0001 の記号対比表 (1)

JIS L 0217
1．洗い方（水洗い）の記号

101	
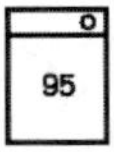 [記号 95]	101：液温は 95℃を限度とし，洗濯機による洗濯ができる
	（該当なし）
102	
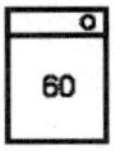 [記号 60]	102：液温は 60℃を限度とし，洗濯機による洗濯ができる
	（該当なし）
103　**104**	
[記号 40]　[記号 弱 40]	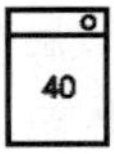  103：液温は 40℃を限度とし，洗濯機による洗濯ができる 104：液温は 40℃を限度とし，洗濯機の弱水流または弱い手洗いがよい
105	
 [記号 弱 30]	105：液温は 30℃を限度とし，洗濯機の弱水流または弱い手洗いがよい
106	
 [記号 手洗イ 30]	106：液温は 30℃を限度とし，弱い手洗いがよい 　　　洗濯機は使用できない
107	
 [記号 ✕]	107：家庭で水洗いはできない

394

第2章　アパレルの品質

JIS L 0001		
1．洗濯処理の記号		
190		
[symbol: 95]	190：液温は95℃を限度とし，洗濯機で通常の洗濯処理ができる	
170		
[symbol: 70]	170：液温は70℃を限度とし，洗濯機で通常の洗濯処理ができる	
160	161	
[symbol: 60]	[symbol: 60]	160：液温は60℃を限度とし，洗濯機で通常の洗濯処理ができる 161：液温は60℃を限度とし，洗濯機で弱い洗濯処理ができる
150	151	
[symbol: 50]	[symbol: 50]	150：液温は50℃を限度とし，洗濯機で通常の洗濯処理ができる 151：液温は50℃を限度とし，洗濯機で弱い洗濯処理ができる
140	141	142
[symbol: 40]	[symbol: 40]	[symbol: 40]	140：液温は40℃を限度とし，洗濯機で通常の洗濯処理ができる 141：液温は40℃を限度とし，洗濯機で弱い洗濯処理ができる 100：液温は40℃を限度とし，洗濯機で非常に弱い洗濯処理ができる
130	131	132
[symbol: 30]	[symbol: 30]	[symbol: 30]	130：液温は30℃を限度とし，洗濯機で通常の洗濯処理ができる 131：液温は30℃を限度とし，洗濯機で弱い洗濯処理ができる 132：液温は30℃を限度とし，洗濯機で非常に弱い洗濯処理ができる
110		
[symbol: hand]	110：液温は40℃を限度とし，手洗いによる洗濯処理ができる	
100		
[symbol: crossed]	100：洗濯処理はできない	

395

表 7.19　JIS L 0217 と JIS L 0001 の記号対比表 (2)

JIS L 0217

2．塩素漂白の可否の記号		
201	![201]	201：塩素系漂白剤による漂白ができる
202	![202]	202：塩素系漂白剤による漂白はできない

3．絞り方の記号		
501	502	501：手絞りの場合は弱く，遠心脱水の場合は短時間で絞るのがよい 502：絞ってはいけない
ヨワク	✕	

4．干し方の記号
（タンブル乾燥）
（該当なし）

（干し方）		
601	602	601：つり干しがよい 602：日陰のつり干しがよい
603	604	603：平干しがよい 604：日陰の平干しがよい

第2章 アパレルの品質

JIS L 0001

2. 漂白処理の記号

220	210	
△	⟁	220：塩素系および酸素系漂白剤による漂白処理ができる 210：酸素系漂白剤による漂白処理ができるが，塩素系漂白剤による漂白処理はできない

200	
⊠	200：漂白処理はできない

3. 絞り方の記号

（該当なし）

4. 乾燥処理の記号

（タンブル乾燥処理）家庭でのタンブル乾燥のみの記号

320	310	300	
⊙⊙	⊙	⊠	320：洗濯後のタンブル乾燥ができる 　　　高温乾燥：排気温度の上限は最高80℃ 310：洗濯後のタンブル乾燥ができる 　　　低温乾燥：排気温度の上限は最高60℃ 300：洗濯後のタンブル乾燥はできない

（自然乾燥処理）

440	445	430	435	
▯	▨	▯▯	▨▨	440：脱水後，つり干し乾燥がよい 445：脱水後，日陰でのつり干し乾燥がよい 430：濡れつり干し乾燥がよい 435：日陰での濡れつり干し乾燥がよい

420	425	410	415	
▭	▱	▤	▨	420：脱水後，平干し乾燥がよい 425：脱水後，日陰での平干し乾燥がよい 410：濡れ平干し乾燥がよい 415：日陰での濡れ平干し乾燥がよい

397

第7編　アパレル製品の基礎知識

表 7.19　JIS L 0217 と JIS L 0001 の記号対比表 (3)

JIS L 0217

５．アイロンの掛け方の記号

301	302	303	301：210℃を限度とし，高い温度（180 〜 210℃まで）で掛けるのがよい 302：160℃を限度とし，中程度の温度（140 〜 160℃まで）で掛けるのがよい 303：120℃を限度とし，低い温度（80 〜 120℃まで）で掛けるのがよい
高	中	低	

304	
	304：アイロン掛けはできない

６．ドライクリーニングの記号

（ドライクリーニング）

401	
ドライ	401：ドライクリーニングができる。溶剤は，パークロロエチレンまたは石油系のものを使用する

402	
ドライ セキユ系	402：ドライクリーニングができる。溶剤は，石油系のものを使用する

403	
ドライ	403：ドライクリーニングはできない

（ウエットクリーニング）

（該当なし）

398

第2章 アパレルの品質

JIS L 0001

5．アイロン仕上げ処理の記号			
530	520	510	アイロン仕上げ処理ができる 530：底面温度 200℃を限度 520：底面温度 150℃を限度 510：底面温度 110℃を限度として，スチームなしでアイロン仕上げ
500			500：アイロン仕上げ処理はできない

6．商業クリーニング処理の記号		
（ドライクリーニング処理の記号）		
620	621	パークロロエチレンおよび記号Ⓟの欄に規定の溶剤でのドライクリーニング処理（タンブル乾燥含む）ができる 620：通常の処理 621：弱い処理
610	611	石油系溶剤（蒸留温度 150〜210℃，引火点 38℃〜）でのドライクリーニング処理ができる 610：通常の処理 611：弱い処理
600		600：ドライクリーニング処理ができない

（ウエットクリーニング処理の記号）			
710	711	712	ウエットクリーニング処理ができる 710：通常の処理 711：弱い処理 712：非常に弱い処理
700			700：ウエットクリーニング処理はできない

399

第7編　アパレル製品の基礎知識

表7.20　JIS サイズ規格一覧

JIS 番号	タイトル	対　象
L 4001：1998	乳幼児衣料のサイズ	主として，乳幼児が着用する既製衣料品
L 4002：1997	少年用衣料のサイズ	主として，身長の成長がまだ停止していない乳幼児以外の男子が着用する既製衣料品
L 4003：1997	少女用衣料のサイズ	主として，身長の成長がまだ停止していない乳幼児以外の女子が着用する既製衣料品
L 4004：2001	成人男子用衣料のサイズ	主として，身長の成長がすでに停止した男子が着用する既製衣料品
L 4005：2001	成人女子用衣料のサイズ	主として，身長の成長がすでに停止した男子が着用する既製衣料品
L 4006：1998	ファンデーションのサイズ	〈独立規格〉補整機能を有する品目
L 4007：1998	靴下類のサイズ	〈独立規格〉タイツ，パンスト等靴下類
L 4107：2000	ワイシャツのサイズ	〈独立規格〉成人男子用…「一般衣料品」の附属書1(規定)に規定されている

表7.21　基本身体寸法の種類と測り方

基本身体寸法	測り方(単位：cm)
①チェスト(胸囲)	男子の静立時における腕付根下端に接する水平囲長。ただし，少年の場合は乳頭を通る胸部の水平囲長とし，名称は胸囲とする
②バスト(胸囲)	女子の静立時における乳頭を通る水平囲長。なお，下垂している乳房の場合はブラジャーを付けたような状態での最大水平囲長
③ウエスト(胴囲)	静立時におけるろっ骨の最下端と腰骨の中間の周囲長
④ヒップ(腰囲)	静立時における腰部の最大水平周囲長
⑤アンダーバスト	女子の静立時における乳房直下における胸部の水平周囲長
⑥身長	静立時における床面から頭頂点までの垂直距離
⑦足長	静立時におけるかかとの後端から最も長い足指の前端までの距離
⑧体重	身体の質量(単位：kg)

(3)基本身体寸法の種類と測り方

　基本身体寸法によるサイズ表示は，衣料品のできあがり寸法を表示するのではなく，衣料を着用する人の身体寸法(ヌード寸法)を表示する。表 7.21 に基本身体寸法の種類と測り方を示す。

(4)服種別サイズの表わし方

　服種および着用区分により，また，同じ服種でもフィット性の有無によってサイズの表わし方が異なる。フィット性を必要とするものは着用範囲の狭い

第 2 章 アパレルの品質

表7.22 服種別サイズの表わし方（JIS L 4005 成人女子用衣料サイズの場合）

服種及び着用区分			サイズの表わし方	基本身体寸法及び特定寸法及び表示順位		
				1	2	3
コート類	フィット性を必要とするもの		体型区分表示	バスト	ヒップ	身長
	フィット性をあまり必要としないもの		範囲表示	バスト	身長	－
ドレス及びホームドレス類	フィット性を必要とするもの		体型区分表示	バスト	ヒップ	身長
	フィット性をあまり必要としないもの		範囲表示	バスト	身長	－
上衣類	フィット性を必要とするもの		体型区分表示	バスト	ヒップ	身長
	フィット性をあまり必要としないもの		単数表示又は範囲表示	バスト	身長	－
スカート類	フィット性を必要とするもの		単数表示	ウエスト	ヒップ	
	フィット性をあまり必要としないもの		単数表示又は範囲表示	ウエスト	－	
ズボン類	長ズボンですそ上げが完成しているもの	フィット性を必要とするもの	単数表示	ウエスト	ヒップ	また下丈
		フィット性をあまり必要としないもの	単数表示又は範囲表示	ウエスト		
	その他	フィット性を必要とするもの	単数表示	ウエスト	ヒップ	
		フィット性をあまり必要としないもの	単数表示又は範囲表示	ウエスト		
事務服及び作業服類	全身用		単数表示又は範囲表示	バスト	身長	－
	上半身用		範囲表示	バスト	身長	－
	下半身用		範囲表示	ウエスト	－	－
セータ, カーディガン, プルオーバーなどのセータ類			範囲表示	バスト	身長	－
ブラウス類			単数表示	バスト	身長	－
シャツ類			範囲表示	バスト	身長	－
寝衣類			範囲表示	バスト	－	
下着類（ブラジャーなどのファンデーションは除く）	全身用	スリップ類	単数表示又は範囲表示	バスト	スリップ丈	－
		その他	範囲表示	バスト	ヒップ	－
	上半身用		単数表示又は範囲表示	バスト	－	－
	下半身用	ペチコート類	範囲表示	ヒップ	ペチコート丈	－
		その他	範囲表示	ヒップ	－	－
水着類			単数表示又は範囲表示	バスト	ヒップ	

401

第7編　アパレル製品の基礎知識

「体型区分表示あるいは単数表示」で表わし，フィット性をあまり必要としないものは「範囲表示」で表わす。

　服種別サイズの表わし方は，少年，少女，成人男子，成人女子でそれぞれ異なっており，成人女子用の場合を表 7.22 に示す。

(5)サイズの表わし方の種類

　サイズの表わし方の種類には体型区分表示，単数表示，範囲表示がある。

①体型区分表示

　コート類，ドレス類，上衣類などのフィット性を必要とする服種が対象であり，成人女子用の場合は，表 7.23 に示した 4 つの体型に区分されている。また，表 7.24 にバストの記号を，表 7.25 に身長の記号を示す。

　成人女子用では，バスト，体型，身長の記号を組み合わせたサイズの呼び方が，体型・身長別に規格表で示されている（例：9 AR…9：バスト 83 cm，A：A 体型，R：身長 158 cm）。

表7.23　体型区分（成人女子用）

体　型	意　味
A 体型	日本人の成人女子の身長を 142 cm，150 cm，158 cm および 165 cm に区分し，さらにバスト 74〜92 cm を 3 cm 間隔で，92 cm〜104 cm を 4 cm 間隔で区分した時，それぞれ身長とバストの組み合わせにおいて出現率が最も高くなるヒップサイズで示されている人の体型
Y 体型	A 体型より 4 cm 小さい人の体型
AB 体型	A 体型よりヒップが 4 cm 大きい体型。ただし，バストは 124 cm までとする
B 体型	A 体型より 8 cm 大きい体型

表7.24　バストの記号（成人女子用）

記号	身体寸法	記号	身体寸法	記号	身体寸法
3	74	13	89	23	108
5	77	15	92	25	112
7	80	17	96	27	116
9	83	19	100	29	120
11	86	21	104	31	124

表7.25　身長の記号（成人女子用）

記　号	意　味
R	身長 158 cm：普通レギュラー（Regular）
P	身長 150 cm：小プチット（Petite）
PP	身長 142 cm:P より小さく P を重ねる
T	身長 166 cm：高いトール（Tall）

（身体寸法：cm）

第 2 章　アパレルの品質

表7.26　範囲表示（成人女子用）：身長 154〜162 cm の場合

呼び方		S	M	L	LL	EL
基本身体寸法（cm）	バスト	72〜80	79〜87	86〜94	93〜101	100〜106
	ヒップ	82〜90	87〜95	92〜100	97〜105	102〜110
	身長	154〜162				
	ウエスト	58〜64	64〜70	69〜77	77〜85	85〜93

```
┌─────────────┐
│   サイズ     │
│             │
│ バスト   83  │
│ ヒップ   91  │
│ 身 長   158  │
├─────────────┤
│    9 A R    │
└─────────────┘
```
図 7.18　体型区分表示
（フィット：婦人上衣）

```
┌─────────────┐
│   サイズ     │
│             │
│ ウエスト 64  │
│ ヒップ   91  │
│             │
├─────────────┤
│   64 − 91   │
└─────────────┘
```
図 7.19　単数表示
（フィット：スカート）

```
┌─────────────┐
│   サイズ     │
│             │
│ バスト  79〜87 │
│ 身 長 154〜162 │
│             │
├─────────────┤
│     M       │
└─────────────┘
```
図 7.20　範囲表示
（婦人セーター）

②単数表示

　成人女子用の場合，フィット性を必要とするスカート，ズボン，ブラウスやフィット性をあまり必要としない上衣類に適用される。

③範囲表示

　着用範囲の大きいフィット性を必要としない服種に適用される。表 7.26 に成人女子用（身長 154〜162 cm の場合）の範囲表示を示す。

　体型区分表示，単数表示，範囲表示の成人女子用例を図 7.18〜7.20 に示す。

2.3.3　不当景品類及び不当表示防止法（略称：景品表示法）

　商品および役務の取引に関して，過大な景品販売や，虚偽誇大な表示によって一般消費者に誤認を与えて商品を購入させないように，公正な競争を確保し，一般消費者の利益を保護することを目的とした法律である。

　ここでいう表示とは，事業者が商品やサービスを購入してもらうために，その内容や価格などの取引条件について，消費者に知らせる広告や表示全体を指し，商品や容器類に添付した広告や表示，チラシ・広告・パンフレット類や口頭によるもの，ポスター・POP・看板や陳列物，新聞・雑誌・テレビラジオ広告などがある。

403

第7編　アパレル製品の基礎知識

〈不当な表示の禁止〉

　事業者は，自己の供給する商品または役務の取引について，次に挙げた3つの表示をしてはならないとあり，繊維製品の場合，優良誤認と原産国表示が対象になりうる。

　(a)優良誤認(商品の内容についての不当表示)

　(b)有利誤認(商品の取引条件についての不当表示)

　(c)内閣総理大臣が指定する不当表示(商品の原産国に関する不当な表示など
　　6種類)

　以下に，機能性商品の内容について，優良誤認とされる【悪い例】(不当な表示)と【良い例】を表7.27に示す。なお，これらの文言の決定については，根拠となる客観的な試験データが必要であり，当該試験データ提出を求められた場合に提出できない時は，不当表示(措置命令に該当)とみなされる。

表7.27　優良誤認とされる【悪い例】(不当な表示)と【良い例】

機能性訴求項目	優良誤認とされる【悪い例】(不当な表示)	【良い例】
吸汗速乾性	抜群の吸水・速乾性	汗を吸い取り，すばやく発散
	世界一優れた吸水・速乾性	優れた吸水・速乾性
消臭性	すべてのにおいに対応します	汗のにおいを消臭します
抗菌防臭性	すべての菌の増殖を抑制	繊維上の菌の増殖を抑制し…
保湿性	かさかさを解消します	保湿加工で繊維中の水分を保つ
形態安定性	縮みません	防縮性に優れています
マイナスイオン	ストレスを解消します	マイナスイオンが出ます(データ要)
静電気	静電気をシャットアウトします	発生した静電気を低減します
はっ水性	雨を通しません	優れたはっ水性があります

2.3.4　原産国の不当な表示

　原産国表示は，日本製を外国製と見間違えたり，または外国製を日本製であるかのように紛らわしい表示を規制するもの，つまり，どこで生産されたかを消費者に知らせる表示であり，商品の原産国に関する不当な表示が以下のように指定されている。

　(a)国内で生産された商品について，その商品が国内で生産されたものであることを，消費者が判別することが困難であると認められたもの。

　(i)外国の国名，地名，国旗，紋章，その他これらに類する表示

第2章 アパレルの品質

(ii)外国の事業者またはデザイナーの氏名，名称または商標の表示

(iii)文字の表示の全部または主要部分が外国の文字で示されている表示

(b)外国で生産された商品について，その商品がその原産国で生産されたものであることを，消費者が判別困難であると認められたもの。

(i)その商品の原産国以外の国名，地名，国旗，紋章，その他これらに類する表示

(ii)その商品の原産国以外の国の事業者またはデザイナーの氏名，名称または商標表示

(iii)文字の表示の全部または主要部分が和文で示されている表示

ここでいう「原産国」とは，その商品の実質的な行為をもたらされた国を指し，その行為は品目別に運用細則が定められている（表7.28 参照）。

表7.28 原産国の定義に関する運用細則（衣料品を抜粋）

品　物	実質的な変更をもたらす行為
織　物	染色しないものおよび染色するものにあっては製織。製織後染色するものにあっては染色。和服用絹織物のうち，小幅着尺又は羽尺地にあっては製織及び染色
エンブロイダリーレース（刺しゅうレース）	刺しゅう
下着，寝衣，外衣（洋服，婦人子供服，ワイシャツ等）帽子，手袋	縫製
ソックス	編立

参考：実質的な変更をもたらす行為と当たらないものの例を示す。
　　　詰め合わせや組み合わせ，ボタン付け等や縫製の一部，製品染めやプリント，カシミヤ製品等の縮絨加工等。

2.3.5　医薬品医療機器等法（薬機法）

この法律は，医薬品，医薬部外品，化粧品および医療機器に関する事項を規制し，これらの品質，有効性および安全性を確保することを目的に製造，輸入，販売，安全性および広告などを規制する法律である。

衣料品は，基本的には雑品（薬事法許可対象外商品）に分類され，医薬的効能効果を謳うことはできず，一般的に，「治す」「効く」「〜効果」などの直接的表現ではなく，遠回しな表現（「〜にやさしい」「健康をサポートする」「〜を維持するのを助ける」）であれば，薬事法に抵触しないと考えられるが，記載内

405

第7編 アパレル製品の基礎知識

容について疑義がある場合は，各都道府県の薬務課に問い合わせることが肝要である。

機能性繊維素材・製品の広告表示について，身体への効能効果をパンフレットなどに記載することは，医薬品，医療機器に該当し，厚生労働大臣の承認を取得していない場合は，薬事法違反となる。

疾病予防や予防などの効果・効能を示す表現や，誤解を与える表現など，使用を避けた方がよいと考えられる例を以下に示す。

①疾病予防や予防などの効果・効能を示す表現

・むくみが治る・肩こりに良い・血行促進・疲れにくい・老化防止・マッサージ効果・高血圧の人に・新陳代謝が良い・腰痛がやわらぐ・腰痛で困っている人に・筋肉の疲れをとる・肌の弱い人に・かぶれやすい人に・美肌と美白に・アトピー体質の人に・ナイロンアレルギーの人に

②誤解を与える表現など

・絹の「皮膚細胞の改善や活性化」などの医学的な効果を掲載する

・医者や博士のコメントや推薦文を掲載する

・着用前後の写真を入れる

・サーモグラフィなどの映像写真だけを掲載する

なお，上記の表現については，前述したように都道府県の薬務課の見解が異なる場合があるので，不明な点は必ず問い合わせをすることである。

2.3.6　容器包装識別表示

2001年（平成13年）4月より，消費者に渡る容器や包装材料には「識別表示」が義務付けられており，「容器包装リサイクル法」の対象となる紙製容器包装およびプラスチック製容器包装には必ず「識別表示」の【紙】や【プラ】などの表示が必要である。

2.3.7　消防法

対象建築物や地下街内などの不特定多数の人が利用する場所および施設などでは，使用するカーテン，どん帳，じゅうたんなどは「防炎対象物品」の防炎基準と同基準合格品の使用義務を規定している。また，防炎ラベルを表示しなければならない。

2.3.8　製造物責任法（PL法）

1995年（平成7年）7月1日より，製造物の欠陥により生じた消費者の被害に対する企業の責任を明らかにする法律である。

406

2.3.9 計量法

取引・証明には，法定計量単位の SI(国際単位系)を使用しなければならない。

2.3.10 消費生活製品安全法

1973 年(昭和 48 年)に制定された，一般消費者に危害をおよぼすおそれのある製造，輸入，販売を規制する法律である。繊維製品では登山用ロープが対象であり，品質の基準や表示が規定されている。

2007 年(平成 19 年)6 月に消費生活用製品安全法の改正があり，消費生活用製品に係る製品事故に関する情報の収集および提供等の措置を新たに設け，製品事故の再発防止を図ろうとするものである。概要は次の 3 項目である。

①製造・輸入事業者に対し，重大製品事故の主務大臣(経済産業大臣)への報告を義務付ける(事故認識から 10 日以内)。

②主務大臣は，重大製品事故による危害の発生および拡大を防止のため必要と認める時は，製品の名称，事故の内容等を公表する。

③関連事業者の責務など。

― 参考文献 ―

1) 日本衣料管理協会刊行委員会(編)；衣生活のための消費科学，p.84，日本衣料管理協会(2011)

2) 繊維ファッション情報センター(編)；アパレル製作技術Ⅱ，p.45，繊維産業構造改善事業協会(1997)

3) 日本衣料管理協会刊行委員会(編)；アパレル設計論・アパレル生産論，p.203，日本衣料管理協会(2013)

4) 日本衣料管理協会刊行委員会(編)；アパレル設計論・アパレル生産論，p.205，日本衣料管理協会(2013)

5) 繊維ファッション情報センター(編)；アパレル製作技術Ⅱ，pp.64-66(1997)

6) 日本衣料管理協会刊行委員会(編)；アパレル設計論・アパレル生産論，p.206，日本衣料管理協会(2013)

7) 日本衣料管理協会刊行委員会(編)；アパレル設計論・アパレル生産論，p.208，日本衣料管理協会(2013)

8) 日本衣料管理協会刊行委員会(編)；アパレル設計論・アパレル生産論，p.209，日本衣料管理協会(2013)

9) 日本衣料管理協会刊行委員会(編)；"第 3 部 家庭用繊維製品の流通，消費と消費者問題"，新訂 2 版 繊維製品の基礎知識，p.4，日本衣料管理協会(2012)

10) 消費者庁の HP

索　引

〈A〜Z〉

A－1法（塩化カルシウム法）	260
A－2法（ウォーター法）	261
B－1法（酢酸カリウム法）	261
B－2法（酢酸カリウム法の別法）	
	261
CV%	99
ICI 形試験機	253
ISO/IEC 17025認定試験所	241
JIS L 0001	251
JIS L 0208	255
JIS L 0217	251
JIS L 1058	255
JIS L 1076	252
JIS L 1099	260
JIS L 4107	241
JNLA登録試験機関	241
KES	348
KES風合いシステム	267
LOI	71
MVS紡績機	116
NP（ネットプロセス）式紡糸法	35
PAN系炭素繊維	79
PAN系炭素繊維の主な用途	80
PAN系炭素繊維の製法	79
PAN系炭素繊維の特性	79
PBI（ポリベンズイミダゾール）繊維	
	77
PBO繊維	29, 72
PBO繊維の製法，特徴	72
PBO繊維の用途	72
PEEK（ポリエーテルエーテルケトン）	
繊維	78
POY-DTY法	26
PPS（ポリフェニレンスルフィド）	
繊維	77

PTFE（ポリテトラフルオロエチレン）	
繊維	76
PTT（ポリトリメチレンテレフタレー	
ト）繊維	5
U%	98
Vベッド横編機	223
W&W性	249

〈あ〉

アイロン記号	251
アイロンプレス収縮	258
アクリル	5, 24
アクリル系繊維	40
アクリル繊維の製法	40
アクリル繊維の特徴	41
アクリル繊維の用途	41
アセテート	5
アセテートの製法	35
アセテートの特徴，用途	36
アタリ	382
アパレル	339
アパレルCAD	346
アルカリ減量加工	38
アルカリ減量処理	298
アルミナ繊維	83
当たり前の品質	375
亜　麻	13
麻	13
麻繊維の外観，構造	14
麻繊維の特性	15
麻の種類	13
麻番手（英国式）	98
圧縮変形	268
編　目	184
綾	147
洗い上げ羊毛	108

洗い加工	324	
安全性試験	385	
インクジェット・プリント	316	
いせこみ	349	
意匠糸	95	
意匠図	142,	143
異形断面繊維	50	
異収縮混繊糸	51	
異収縮混繊法	127	
異方性ピッチ系炭素繊維	81	
医薬品医療機器等法	405	
色泣き	384	
ウェール（wale）	185	
ウェルト（ミス）	192	
ウォーター・ジェット・ルーム	168	
ウォッシュ・アンド・ウェア性	249	
海島繊維	54	
裏毛編	198	
裏 目	184	
エアー・ジェット・ルーム	168	
エアージェットスピニング	116	
エレクトロスピニング	68	
エレメンドルフ形引裂試験機	244	
エンドポイント（限界値）	241	
エンボス加工	323	
衛生機能的特性	259	
液晶紡糸	24	
延 伸	23	
延 反	355	
オート・ドローイング・マシン	165	
オイルトップ	108	
オックスフォード	150	
オパール加工	324	
オリエンタルクレープ	147	
押し込み法	125	
黄 変	384	
筬	164	
筬打ち運動	168	
表 目	184	
織縮み	173	
織物欠点	175	

織物組織の分類	142	

〈か〉

カード糸	104	
カチオン可染ポリエステル繊維	55	
カバードヤーン	91	
カバーファクタ	174	
カレンダー加工	323	
ガーメント・レングス	231	
ガス焼き	107	
ガラス繊維	5,	82
ガラス転移点温度	251	
化学繊維	3	
加工糸	121	
加撚－熱固定－解撚法	121	
荷重－伸長曲線	243	
荷重－伸び率曲線	243	
家庭用品品質表示法	388	
鹿の子編	196	
開 口	158	
開口運動	168	
外観特性	248	
重ね朱子	151	
飾り諸撚り糸	92	
飾り撚り糸	95	
絞染め	301	
絞巻き	107	
片畦編	201	
片袋編	201	
壁 糸	94	
仮撚り法	121	
乾式紡糸	24	
乾湿式紡糸	24	
乾燥性	262	
緩和収縮	257,	380
顔料捺染	312	
キチン・キトサン	64	
キャリア	282	
キャリヤーシャトル	171	
キュプラ	3	

キュプラの製法	34	毛焼き	291
キュプラの特徴	34	景品表示法	403
ギャバジン	149	計量法	407
ギンガム	145	経時変化	242
生　機	158	軽量・保温性繊維	56
基本身体寸法	392	結晶化度	8
着　尺	147	結晶領域	8
機械的特性	242	検　針	367
機能性試験	384	検　品	366
絹	19	捲縮特性	132
絹の特徴	22	牽切加工法	129
逆ハーフトリコット編	210	繭糸の構造	20
吸湿伸長	258	原　型	352
吸湿性	259	原産国表示	404
吸湿発熱性繊維	61	原綿混紡	114
吸水性	261	限界酸素指数	71
吸水性試験法	262	コース（course）	185
吸水性繊維	60	コーティング加工	324
吸放湿繊維	58	コードレーン	145
急斜文	149	コーマー糸	104
凝固液	24	コーマー機	103
金糸，銀糸	95	コーミング作用	102
金属繊維	5，82	コール天	154
クインズコード編	211	コアスパンヤーン	91
クラッシュ	145	コアヤーン	111
クリンプ	108	コットンリンター	3
グラニットクロス	151	コルテックス	16
グリッパー織機	171	コンピュータカラーマッチング	288
グループシステム	357	ゴム編	194
グレーディング	352	ゴム編機	225
グログラン	144	子持ち綾	151
くせとり	349	工業用パターン	352
空気噴射法	127	工業用ミシン	360
口合わせ操作	176	工業用ミシン針	363
鎖　編	207	交　織	144
管巻き機	166	高機能・高感性繊維	50
ケンネル法	125	高性能繊維	70
ゲージ（gauge）	186	高分子	7
ゲル紡糸	24	高分子の結晶構造	9
毛羽加工法	128	抗菌性	266
毛番手（メートル式）	97	抗菌防臭	266

抗菌防臭加工	329	シングルニット	229
抗菌防臭繊維	63	シングルピケ	200
恒重式番手	97	シングル丸編機	224
恒長式番手	96	シングルラッシェル編機	227
鉱物繊維	3	ジャカード	140
合 糸	107	ジャングルテスト	242
合成繊維	3	ジョーゼット	147
混繊糸	91	しわ加工	324
混打綿	101	指定外繊維	390
混 紡	114	指定用語	390
混紡糸	90	紫外線遮蔽（UVカット）加工	331
混 綿	114	紫外線遮蔽繊維	66
混用率試験	387	色 差	290

〈さ〉

		湿式紡糸	24
サージ	148	湿潤限界水分率	262
サーマルマネキン試験機	265	実用性能	270
サーモトロピック液晶紡糸	29	紗	156
サイズ絵表示	393	斜 文	147
サイドバイサイド型コンジュゲート		煮 絨	296
繊維	52	朱 子	149
サイロスパン紡績	117	重 合	7
サテン	150	重合度	7
サブノズル	168	縮 絨	296
サンフォライズ加工	323	消臭加工	330
再生セルロース繊維	11	消費生活製品安全法	406
再生繊維	3	消臭繊維	64
擦過法	126	消費者要求品質	344
三原組織	143	消防法	406
酸化チタン光触媒	65	蒸 絨	320
シーム	359	植物繊維	3
シャークスキン	150	織機の五大モーション	166
シルケット加工	293	織機の歴史	166
シンカー	216	伸長変形	268
シンカーループ	184	スキン・コア構造	24, 32
シンクロシステム	356	ステッチ	357
シングルアトラス編	206	ステッチ形式	357
シングルコード編	205	スナッグ	381
シングルデンビー編	205	スナッグ試験法	255
シングルトリコット編機	226	スナッグ性	255
		スポンジング	355
		スライバー	102

スライバー混紡	……………	114
スラッシャーサイザー	…………	163
スラブ状太細加工法	…………	128
スレーキ	………………	149
水素結合	………………	12
寸法安定性	………………	256
寸法列記表示	………………	393
セラミック繊維	………………	5, 83
セル生産方式	………………	357
セルロース	………………	3
せん断変形	………………	268
成型編地	………………	231
制 菌	………………	266
制菌加工	………………	329
制菌繊維	………………	63
制電性繊維	………………	62
精紡交撚糸	………………	110
精 練	………………	21
静電気	………………	265
整経工程	………………	161
製織準備工程	………………	157
製織の原理	………………	166
製造物責任法	………………	406
製品染め	………………	305
製服性	………………	348
接触温冷感	………………	263
接着芯地	………………	351
洗 絨	………………	294
洗濯収縮	………………	257
染色堅ろう度	………………	285
剪毛工機	………………	320
繊維鑑別	………………	387
繊維製品品質表示規程	………	388
繊維の難燃化	………………	75
ソロスパン紡績	………………	117
梳 綿	………………	102
組 織	………………	142
添え糸編	………………	199
相分離法	………………	24
挿入編	………………	207
綜 絖	………………	140

〈た〉

タイイング・マシン	…………	166
タオル織物	………………	155
タックループ	………………	192
タフタ	………………	144
タペット	………………	140
ダーツ	………………	349
ダブリング	………………	104
ダブルアトラス編	………………	211
ダブルツイスター	………………	159
ダブルトリコット編機	…………	227
ダブルニット	………………	230
ダブルピケ	………………	201
ダブルラッシェル編機	…………	227
ダマスク	………………	152
たて編	………………	185
たんぱく質	………………	3
体型区分表示	………………	402
耐水性	………………	262
耐熱型難燃繊維	………………	76
第一次品質	………………	375
第二次品質	………………	375
立毛編	………………	196
脱 色	………………	384
単数表示	………………	402
炭化けい素繊維	………………	83
炭素繊維	………………	5
短繊維（ステープルファイバー）…		5
チーズ染色	………………	301
チーズ糊付け機	………………	164
チュール編	………………	213
虫害性	………………	19
苧 麻	………………	13
長繊維（フィラメント）	………	5
長短複合糸	………………	91
超ミクロクレーター繊維	………	55
超高強力・高弾性率繊維	………	70
超高強力ポリエチレン繊維	……	73
超高強力ポリエチレン繊維の製法，		
特徴	………………	73

索引

超高強力ポリエチレン繊維の物性,
　用途 ……………………………… 74
超高速紡糸 ……………………… 28
超高分子量（超高強力）ポリエチレン
　繊維 ……………………………… 30
超極細繊維 ……………………… 53
超極細繊維の製法 ……………… 54
超極細繊維の特徴，用途 ……… 53
直延伸法（スピンドロー）……… 26
沈降法 …………………………… 262
ツイード ………………………… 149
紬　糸 …………………………… 96
吊　機 …………………………… 225
テカリ …………………………… 382
テックス（tex）表示法 ………… 97
デシテックス（dtex）…………… 9
デシン …………………………… 146
デニール（denier）……………… 9
デニール（denier）表示法……… 97
デニム …………………………… 148
低屈折率ポリマーによる被覆…… 56
滴下法 …………………………… 262
天然繊維 ………………………… 3
トップ …………………………… 110
トップ染め ……………………… 300
トリコット編機 ………………… 226
トロピカル ……………………… 146
ドビー …………………………… 140
ドライトップ …………………… 108
ドラフト ………………………… 104
ドリル …………………………… 147
ドレープ性 ……………………… 269
ドロッパー ……………………… 164
閉じ目 …………………………… 204
等温吸湿曲線 …………………… 260
等方性ピッチ系炭素繊維 ……… 81
透湿性 …………………………… 259
透湿防水加工 …………………… 325
動物繊維 ………………………… 3
導電性繊維 ……………………… 62
特定衣料寸法 …………………… 393

特定芳香族アミン ……………… 385
特定有害物質 …………………… 386
取扱い絵表示 …………………… 392

〈な〉

ナイロン ………………………… 5
ナイロン6 ……………………… 38
ナイロン66 ……………………… 38
ナイロンの製法 ………………… 38
ナイロンの特徴，用途 ………… 39
ナノファイバー ………………… 68
ナノファイバーの効用 ………… 69
流し編地 ………………………… 232
梨地織 …………………………… 151
捺　染 …………………………… 307
難燃繊維 ………………………… 74
ニードルループ ………………… 184
ニットループ …………………… 192
縫い糸 …………………………… 363
縫い目強さ ……………………… 379
ねじれ …………………………… 381
熱収縮 …………………… 258, 381
熱融着繊維 ……………………… 47
撚　糸 …………………………… 107
撚糸の目的 ……………………… 159
燃焼性試験 ……………………… 387
ノボロイド（フェノール系）繊維
　………………………………… 78
伸ばし …………………………… 349
望ましい品質 …………………… 375
糊付け工程 ……………………… 162

〈は〉

ハーフトリコット編 …………… 209
ハイグラルエキスパンション
　………………… 17, 258, 322, 381
パール編 ………………………… 195
パラ系アラミド繊維 ……… 29, 71

413

パラ系アラミド繊維の製法，特徴 ……… 71	引裂強さ ………………… 243，378
パラ系アラミド繊維の用途 …… 71	引張試験 ………………… 243
バイレック法 ……………… 262	引張強さ ………………… 242，378
バインダー ………………… 282	疋 ………………………… 173
バッチ染色 ………………… 303	表面フラッシュ …………… 387
バンドルシステム ………… 356	表面摩擦 …………………… 268
バンドルシンクロシステム …… 357	平 編 ……………………… 192
はっ水・はつ油加工 ……… 326	平組織 ……………………… 142
はっ水性 …………………… 262	開き目 ……………………… 204
羽二重 ……………………… 145	フィックス処理 …………… 286
破裂試験 …………………… 245	フィブリル ………………… 9
破裂強さ ……………… 245，379	フィブロイン繊維のミクロ構造… 21
配 向 ……………………… 8	フェルティング …………… 295
白 化 ……………………… 384	フェルト化 ………………… 18
機掛け ……………………… 165	フェルト収縮 ……………… 380
蜂巣織 ……………………… 151	フェルト化収縮 …………… 257
発汗シミュレーター ……… 264	フラットカード …………… 109
抜染法 ……………………… 310	フラットスクリーン捺染機 …… 313
針 床 ……………………… 217	フランス綾 ………………… 151
半合成繊維 ………………… 3	フランス縮緬 ……………… 146
範囲表示 …………………… 402	フリース …………………… 108
ヒートセット ……………… 297	フリクション式 …………… 115
ピッチ系炭素繊維 ………… 81	フルファッション編機 …… 221
ピリング試験法 …………… 252	プラッシュ ………………… 153
ピリング性 ………………… 252	プリーツ性 ………………… 250
ピ ル ……………… 252，381	プリーツ性試験法 ………… 250
ピンタック ………………… 152	プレッサー ………………… 216
ビーマー …………………… 164	プロジェクタイル織機 …… 171
ビーム（beam） …………… 220	ブレンド紡糸法 …………… 68
ビーム・ツー・ビームサイザー… 163	ブロード …………………… 144
ビスコースレーヨン ……… 3	ブロケード ………………… 152
ビニロン ………………… 5，24	ふくれ織 …………………… 152
ビニロンの製法 …………… 47	不感蒸散 …………………… 264
ビニロンの特徴，用途 …… 47	不感蒸泄 …………………… 264
ひげ針 ……………………… 215	不均一延伸加工法 ………… 129
非晶領域 …………………… 8	不織布 ……………………… 5
非接着芯地 ………………… 350	賦形法 ……………………… 127
杼 口 ……………………… 168	風合い ……………………… 267
微生物（細菌） …………… 266	風通織 ……………………… 153
引裂試験 …………………… 244	複合仮撚り加工法 ………… 128
	複合針 ……………………… 216

分子量	7	防しわ性	248
分割繊維	54	防しわ性試験法	249
分離表示	390	防水性	262
ペンジュラム法	244	防染法	310
ベッチン	153	防抜法	310
べら針	216	紡 糸	23
経通し工程	164	紡糸・延伸法	26
平面製図法	346	紡糸原液	23
編成記号	191	紡糸の基本プロセス	23
ポーラ	145	紡績糸	5
ポプリン	144	膨潤収縮	257, 380
ポリアクリレート系繊維	61	本ビロード	153
ポリアリレート繊維	29, 72		

〈ま〉

ポリアリレート繊維の製法, 特徴		マーキーゼット編	212
	72	マーキング	353
ポリアリレート繊維の用途	72	マーセル化加工	293
ポリイミド繊維	77	マーチンデール摩耗試験機	246
ポリウレタン	5	マズローの5段階欲求説	374
ポリウレタン繊維の製法	43	曲げ変形	268
ポリウレタン繊維の特徴, 用途	42	巻き返し	106
ポリエステル	5	巻き返し機	166
ポリエステル繊維の高発色化	55	摩擦帯電圧	265
ポリエステルの製法	37	摩耗試験	246
ポリエステルの特徴	37	摩耗強さ	246, 379
ポリ乳酸繊維	5	繭の形成	20
ポリ乳酸繊維の概要, 製法	45	丸編機	224
ポリ乳酸繊維の特徴	46	丸縫い方式	356
ポリプロピレン	25	ミューレン形破裂試験機	245
ポリプロピレン繊維の製法	47	ミラニーズ編機	227
ポリプロピレン繊維の特徴, 用途		ミラノリブ	200
	46	みかげ綾	151
ポリマー	7	密 度	173
ボールポイント針	364	むらの評価	98
ボイル	146	無機繊維	3, 79
ボロン繊維	84	無縫製技術	364
保温性	263	メタ系アラミド繊維	78
放 反	355	メタメリックマッチ	289
飽和撚り	93	メリヤス	182
縫製欠点	367	目 付	174
縫製仕様書	353		
防汚加工	327		

415

綿繊維の構造	11	ラッピングヤーン	92
綿繊維の生成	10	ラミネート加工	332
綿繊維の特徴	11	ラ　メ	152
綿の種類	12	リージング・マシン	165
綿の品質	12	リーチング・イン・マシン	165
綿番手（英国式）	97	リード・ドローイング・マシン	165
モスリン	145	リオトロピック液晶紡糸	29
モノマー	7	リップル加工	324
木材パルプ	3	リヨセル	3, 33
捩り経	155	リラックス	297
諸撚り糸	92	立体裁断法	346
紋織物	152	流下緊張紡糸	34

〈や〉

ヤーンクリアラー	107	両畦編	201
有杼織機	168	両頭針	216
有利誤認	404	両頭丸編機	226
優良誤認	404	両頭横編機	223
よこ編	184	両面編	199
余　色	276	両面編機	225
呼び方記号	393	レーヨン	24
撚り係数	94	レーヨン（ビスコースレーヨン）
撚り止めセット工程	160		31
羊　毛	15	レーヨンの製法	31
羊毛の基本構造	16	レーヨンの特徴，用途	32
羊毛の特徴	17	レギュラー針	364
容器包装リサイクル法	406	レピア・ルーム	170
溶融紡糸	24	列記表示	390
溶融紡糸法によるセルロース系繊維		連続染色法	304
	67	ローター式オープンエンド精紡	115
楊　柳	146	ロータリースクリーン捺染機	314
横編機	221	ローラーカード	109
緯糸挿入方式	158	ローラー捺染機	315
緯入れ運動	168	ローラー糊付け機	164
吉野綾	151	ローン	146
		絽	155

〈ら〉

〈わ〉

ラッシェル編機	227	ワーパー	161

416

本書は、株式会社繊維社より下記の履
歴の通り刊行された書籍を加筆修正し
たものである。

第 1 版　2016年10月21日発行
第 2 版　2017年 3 月 7 日発行
第 3 版　2018年 3 月 7 日発行
第 4 版　2019年 3 月20日発行

業界マイスターに学ぶ **せんいの基礎講座**

初 版　第 1 刷　2020年 3 月 5 日発行
　　　　第 2 刷　2022年 4 月11日発行

監　　　修／一般社団法人 繊　維　学　会

編　　　集／一般社団法人 日本繊維技術士センター

発　行　所／株式会社ファイバー・ジャパン 企画出版
　　　　　　〒661-0975　尼崎市下坂部3-9-20
　　　　　　電話　06-4950-6283
　　　　　　ファクシミリ　06-4950-6284
　　　　　　E-mail：info@fiberjapan.co.jp
　　　　　　https：//www.fiberjapan.co.jp
　　　　　　振替：00950-6-334324

印刷・製本所／株式会社 北斗プリント社

禁無断転載・複製　　　　　　　　　　Printed in Japan
Ⓒ Japan Textile Consultants Center　　ISBN978-4-910245-00-3

好評図書案内

【最新刊】もっと知りたい 絹糸昆虫
家蚕と野蚕の魅了とシルク利用の広がり

塚田益裕（元 信州大学繊維学部教授）
小泉勝夫（元 シルク博物館館長）　共著

◆ A5判 256ページ カラー刷り カバー巻き
◆ 定価 3,000円（税別）〒500円

不思議で奥深く魅力的なシルク。そのシルク研究の第一人者である共著者による観察と研究から得られた成果の集大成！カイコと野蚕のライフサイクル、絹糸の構造・物性といった学術面と、化学加工・物理加工・繰糸や染色・仕上げとその技術面といった技術面を丁寧に解説。また、未来に向けた新しい扉を拓く蚕糸科学へ、専門家だけでなく研究者や学生、市民をいざなう入門テキスト！

【最新刊】ケラチン繊維の機器分析による構造解析

編集：繊維応用技術研究会

◆ A5判 210ページ カバー巻き
◆ 定価 3,000円（税別）〒500円

繊維応用技術研究会 技術シリーズ第4弾！古くから多くの人の興味の対象となってきた羊毛・毛髪。それらの形態・内部構造・化学構造・化学組成分析のための機器分析の基礎と応用を詳述した業界初の書。繊維の技術者・研究者のみならず、化学や化粧品関係者にも役立つ必携書!!

これだけは知っておきたい 不織布・ナノファイバー用語集
── 常用1,100語 用語は日・英・中3ヵ国語 ──

矢井田 修
山下 義裕　共著

◆ B6判変形 250ページ
◆ 定価 2,500円（税別）〒500円

成長著しい産業用繊維資材の約6割を占める不織布。この背景にある急速な進展を見せるナノファイバー。躍進する双璧の専門用語から1,100語を抽出した国内初の用語集。①不織布業界と異業種との交流による新市場創出、②先進技術の伝承と革新・発展、③次代につなぐ新衣料・産業資材拡大への礎となる"座右の書"。常用1,100語は日・英・中 3ヵ国語で表記!!

新しい扉を拓くナノファイバー
── 進化するナノファイバー最前線 ──

著者：八木 健吉
（元 東レ㈱、
一般社団法人 日本繊維技術士センター 副理事長）

◆ A5判 200ページ カバー巻き
◆ 定価 2,500円（税別）〒500円

次代の繊維産業の架け橋となる、今話題のナノファイバーの"革新"に迫る業界待望の新刊！細い繊維への流れから、フィラメントによるナノファイバー製造技術、不織布技術によるナノファイバー、解繊技術によるナノファイバー、自己成長性のナノファイバーまで、最先端技術を網羅。さらにナノファイバーの用途展開と今後の展望は、新製品開発・新事業開拓に役立つ情報満載。ナノファイバーの今を知り、未来を創る必携書!!

【増補改訂版】ケラチン繊維の力学的性質を制御する階層構造の科学

編集：繊維応用技術研究会
著者：新井 幸三（KRA羊毛研究所 所長）

◆ A5判 210ページ カバー巻き
◆ 定価 3,000円（税別）〒500円

ケラチンコルテックスを構成するミクロフィブリルやマトリックスのジスルフィド結合による架橋構造に関する一連の研究をもとに、毛髪や羊毛繊維などケラチン繊維の力学物性と階層構造との関係を議論した画期的な内容。ケラチンタンパク質分子、階層構造のもととなるキューティクルやコルテックスなどを詳述。増補改訂版では、著者の"未来への夢"「ワンステップパーマへの夢」を加筆し、パーマ機構の一端を明らかにした！

最新テキスタイル工学 I／II

I：繊維製品の心地を数値化するためには
II：繊維製品に用いられている糸，布とは
【I・II共 第2版】

編著：西松 豊典（信州大学 繊維学部 教授）

◆ A5判 カバー巻き （I：220ページ、II：320ページ）
◆ 定価 I：2,500円（税別）、II：3,000円（税別）〒各500円

本書は全2巻から構成されており、I は繊維製品を使用している時の「快適性（心地）」を数値化するために必要な手法（官能検査方法や計測・評価方法など）、また II は繊維原料や糸、布を作るために必要な紡績工学・製布工学、染色加工・機能加工、衣服の設計・生産方法、洗濯による効果で構成。本書全2巻で「快適な繊維製品」を繊維材料より設計できる入門書!!

【第5版】「染色」って何？
── やさしい染色の化学 ──

編集：繊維応用技術研究会
著者：上甲 恭平（椙山女学園大学 生活科学部 教授）

◆ A5判 120ページ カバー巻き
◆ 定価 2,000円（税別）〒500円

繊維応用技術研究会 技術シリーズ第1弾！"染浴中の染料が繊維内部に拡散吸着する"過程を細かく分け、染色現象における"水""染料""繊維"の三つの役割を、物理化学的な論述ではないやさしい言葉で解説。染色現場に携わる技術者をはじめ、関連業界・学術関係の入門テキストとして最適!!

炭素繊維 複合化時代への挑戦
── 炭素繊維複合材料の入門～
先端産業部材への応用 ──

著者：井塚 淑夫（一般社団法人 日本繊維技術士センター）

◆ A5判 160ページ カバー巻き
◆ 定価 3,000円（税別）〒500円

最近話題となっている複合材料やコンポジットの中で、"軽量""強い""硬い"など多くの優れた特性を持ち、先端複合材料として用途展開が急速に拡大している炭素繊維複合材料にフォーカス。市場動向や用いられる樹脂・中間基材、特性、設計技術、試験法、用途など、基礎から応用までの第一歩!!

● お申し込みは ── 電話／HP／E-mailで!! https://www.fiberjapan.co.jp